新型职业农民技能培训丛书
新型职业农民中等职业教育教材

"阳光工程"培训

畜禽养殖新技术

唐仲明 黄红卫 柳忠祥 赵 斌 刘国荣
王 宁 林乐强 徐春霞 张庆国　　编著

U0301814

山东科学技术出版社

前　言

　　要实现农村社会和谐稳定发展,重点在农业,难点在农民。促进农业发展,加快农民奔小康的步伐,关键在于提高农民素质。促进农民工素质提高,造就新型农民,对建设新农村意义重大。

　　随着城乡一体化建设的逐步推进和农业产业化的快速发展,农村技能培训已成为农民就业致富的一条重要渠道,要不断提高农民自我发展能力,培养有文化、懂技术、会经营的新型农民。新型农民培训应该向3个方面发展:第一,促进农业科技化,关键在于加快农业科技创新,加快农业科技成果的转化应用,使新型农民用先进的技术和装备推进农业现代化。第二,带动农业产业化,农业是一个系统工程,产前、产中、产后是一个整体链,需要以市场为导向,以经济效益为中心,形成具有区域性特色的农产品专业化生产。农民职业培训和教育通过对返乡农民工的培养,发现和培养农业产业化经营的应用型人才,从而全面提高农业产业化水平。第三,推进农业现代化,表现为新型农民对土地耕作、蔬菜栽培、果树种植、畜禽养殖新设备和新技术的应用。

　　本丛书选取了18种关注热点高、成熟度大、能切实给农民朋友带来效益的职业和技能,包括农业新型职业,如农产品质量监督员、农村信息员、农村经纪人、经济合作社管理、休闲农业经营等都是"三农"发展新趋势的产物,贯穿于"三农"的各个生产环节,发挥着日趋重要的作用,也赋予了"三农"新的动力和活力;农业产业创新发展需要的职业及技术,如乡村兽医、畜禽养殖新技术、果树修剪与管理、蔬菜栽培新技术等;农村乡镇企业、农民进城务工需要的技能和职业,如电工、钳工、农机修理员、电子装配工、砌筑工、月嫂等。以上这些新技能和新职业涉及"三农"的方方面面，也有城乡结合、过渡的含义。新型农民只有掌握了新的职业技能，才能适应新的农业生产发展形势的需要，才能成为城乡一体化发展的新的生力军。

本丛书强调以人为本的理念，遵循以灵活多变的培训形式取代规范理论教学模式的原则，具有理论与实践相结合的特点；内容涉及范围极可能广，让农民在有限的精力和时间内掌握尽可能多的有益信息；既立足于现在，又着眼于未来；考虑到农民的文化素质，本丛书力求通俗易懂。真心希望本丛书能够成为农民谋求一技之长，提高技能水平，了解农业产业发展形势，进而发家致富的良师益友。

本丛书可作为新型职业农民中等职业教育教材使用，旨在培养适应现代化发展和新农村建设要求的新型职业农民。

由于我们水平有限，加之农业技术和水平发展迅速，书中难免存在错误和欠妥之处，恳请广大农民朋友们提出宝贵意见，以便改正和更新。

编者

目 录

目录

第一章　肉猪养殖新技术

第一节　猪的品种

一、良种猪

养猪生产的主要目的就是实现养猪业"高效率、高效益",同时为消费者提供"安全、优质、新鲜"的猪肉产品。一般良种猪应具备体质健壮、遗传稳定、生长速度快、繁殖力高、适应性和抗逆性强等优良特性,而不同的历史时期和生产环境都有不同的良种。

1. 良种的含义

通常所说的良种有优良品种和优良种猪两层含义,即从优良品种中培育出来的优良种猪。优良品种和优良种猪是密不可分的,只有二者结合起来,既是优良品种,其种猪质量又极好,才能称为真正的良种。良种猪是指生产性能突出、遗传稳定,而且适应当地生产环境,适合当时社会和市场消费需求的优秀猪种。

自我国从国外引进猪种以来,人们对良种的概念就产生了误解。在很长一段时间里,人们差不多都认为进口猪种(包括大约克夏、长白、杜洛克、皮特兰等)才是"良种",而我国的地方猪种为"劣种"。毫无疑问,在过去30多年来,国外猪种在我国的推广和应用,确实对我国养猪业的发展,尤其是在提高生长速度、瘦肉率、产肉量等方面起到了重要作用。但是,我国是世界第一养猪大国,地方猪种资源丰富。1986年《中国猪品种志》和联合国粮农组织(FAO)统计,我国现有地方猪种48个,是世界上猪种资源最丰富的国家,占全球猪种的34%。随着社会的发展和人民生活水平的提高,中国人对猪肉产品的消费发生了结构、品质、安全、有机等方面的变化和进步,人们不再满足于能吃到猪肉、吃瘦肉,而是要求猪肉味道鲜美、口感细嫩、营养高,还要求无药物残留、绿色安全,这些都是进口品种无法达到的。

利用我国地方猪种资源培育新品种(或品系),在猪肉品质、繁殖性能、适应性和抗病力等方面都要优于国外猪种,也势必将进一步推动我国养猪事业的发展,进一步满足我国未来消费市场的需求。

2. 良种猪应具备的条件

(1)生长发育快:猪的生长发育主要看体重、体尺的增长,体格要大,体形均匀。凡选留作种猪者,体重和体尺均要在全群平均数以上。在良好的条件下,后备猪生长发育迅速。成年猪体格大,育肥期增重快。

(2)屠宰率和胴体瘦肉率高:屠宰率较高,背膘薄,眼肌面积大,腿臀比例大,胴体瘦肉率高。

(3)繁殖性能高:要想普遍提高猪群质量,优良种猪必须具有较高的繁殖性能,不断更新低产猪群,为生产猪群提供更多的优良种猪,为养猪生产带来更多的效益。繁殖性能主要是指受胎率、产仔数、产活仔数、初生窝重、泌乳力和断奶窝重等。

(4)肉质优良:主要包括肉色、系水力、pH、大理石纹、肌内脂肪含量、氨基酸含量等指标,非 PSE(即肉色灰白、质地松软和渗水的劣质肉)和 DFD 肉(即肉色暗红、质地坚硬、表面干燥的干硬肉)。

(5)遗传性稳定:优良种猪不仅本身生产性能要高,还要具有稳定的遗传性能,能将本身优良性能稳定地遗传给后代。

(6)抗应激和适应性强:优良种猪应对周围环境和饲料条件有较强的适应能力,尤其是对饲料营养应有较高的利用转化能力。另外,应具有较好的抗寒性、耐热性、体温调节机能及抗病力,无应激综合征(PSS)等。

二、我国主要地方猪种特点和利用

2006 年6 月,太湖猪、莱芜猪、里岔黑猪、大蒲莲猪、沂蒙黑猪、烟台黑猪、金华猪、香猪等共34 个优良地方猪种(系)被国家农业部确定为国家级畜禽遗传资源保护品种。

1. 太湖猪

太湖猪主要分布在长江下游的太湖流域。包括产于江苏江阴、无锡、常熟等地的二花脸猪、嘉兴黑猪、枫泾猪、米猪、横泾猪、沙头乌猪等。以外形特征耳大和繁殖性能特高而闻名中外。

(1)体形外貌:头大额宽,额部多深皱褶,耳大下垂,耳尖多超过嘴角,全身被毛黑色或青灰色,毛稀疏,腹部皮肤多呈紫红色,也有鼻吻和尾尖白色的。梅山猪四肢末端为白色,俗称"四脚白",分布于西部的米猪骨骼较细,东部的梅山猪骨骼较粗壮,二花脸、枫泾、横泾和嘉兴黑猪则介于二者之间,沙乌头猪体质较紧凑,乳头多为 16 ~ 18 个(图1)。

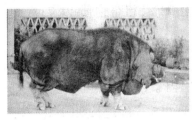

公猪　　　　　　　　　　　母猪

图1　二花脸猪

(2)生长发育:二花脸公猪 6 月龄体重为 48 千克,体长 95 厘米,胸围 81 厘米;母猪 6 月龄体重 49 千克,体长 95 厘米,胸围 82 厘米。类群之间,以梅山猪较大,其他均接近二花脸猪。成年梅山公猪(20 头)体重 193 千克,体长 153 厘米,胸围 134 厘米;成年梅山母猪(81 头)体重 173 千克,体长 148 厘米,胸围 129 厘米。

(3)繁殖性能:太湖猪以繁殖力高著称于世,是世界已知品种中产仔数最高的一个品种。母猪头胎产仔数 12.14 头,经产可达 15.83 头,最高单胎产仔记录为 42 头。在太湖猪的各个地方类群中,又以二花脸的繁殖力最佳。母猪乳头数多,一般 8 ~ 10 对,泌乳力强,哺育率高。

太湖猪性成熟早,排卵数多。据测定,小公猪首次采得精液,二花脸猪为 55 ~ 66 日龄,嘉兴黑猪 74 ~ 77 日龄,梅山猪 82 日龄,枫泾猪 88 日龄。精液中首次出现精子,二花脸猪为 60 ~ 75 日龄,4 ~ 5 月龄的精液品质已基本与成年公猪相似。二花脸母猪首次发情为 64 日龄。母猪在一个情期内的排卵数较多,成年嘉兴黑猪平均排卵数为 26 枚,最高为 43 枚,成年梅山母猪平均排卵 29 枚,最高为 46 枚。

（4）肥育性能:据对 8 头梅山猪测定,在 25～90 千克阶段,日增重 439 克,每千克增重消耗精料 4 千克、青料 3.99 千克。太湖猪屠宰率 65%～70%,胴体瘦肉率不高,皮、骨和花板油比例较大,瘦肉中的脂肪含量较高。类群之间略有差异,枫泾猪和梅山猪的皮所占比例较高,二花脸猪和米猪的脂肪较多。据上海市测定,宰前体重 75 千克的枫泾猪(20 头),胴体瘦肉占 39.92%,脂肪占 28.39%,皮占 18.08%,骨占 11.69%。据浙江省测定,宰前体重 74.43 千克的嘉兴黑猪(14 头),屠宰率 69.43%,胴体瘦肉率 45.08%。据分析,二花脸猪眼肌含水分 72%,粗蛋白质 19.73%,粗脂肪 5.64%。

2. 民猪

民猪原产于东北和华北部分地区,内蒙古自治区也有少量分布。民猪产区气候寒冷,圈舍保温条件差,管理粗放。经过长期的自然选择和人工选择,使民猪形成了很强的抗寒能力,不仅能在敞圈中安全越冬,而且在 -15℃ 条件下也可正常产仔和哺乳。

（1）体形外貌:民猪头中等大小,面直长,头纹纵行,耳大下垂;体躯扁,背腰窄狭,臀部倾斜,四肢粗壮;全身被毛黑色,毛密而长,猪鬃发达,冬季密生绒毛;乳头 7～8 对。

（2）繁殖性能:民猪性成熟早,繁殖力高。4 月龄左右出现初情期,发情征候明显,配种受胎率高,护仔性强。母猪 8 月龄、体重 80 千克初配。平均头胎产仔 11 头,经产母猪产仔 12～14 头。

（3）肥育性能:民猪 90 千克屠宰,瘦肉率 46.13%,肉质优良,肉色鲜红,大理石纹适中、分布均匀,肌内脂肪含量高(背最长肌 5.22%、半膜肌 6.12%),肉味香浓。缺点是皮厚,皮肤占胴体比例为 11.76%。

3. 莱芜猪

莱芜猪中心产区为山东省莱芜市,也分布于泰安市及毗邻各县。莱芜猪是长期选育形成的一个优良地方猪种,以适应性强、繁殖率高、耐粗饲、肉质好著称。

（1）体形外貌：莱芜猪体形中等，体质结实；被毛全黑，毛密鬃长，有绒毛；耳根软，耳大下垂齐嘴角，嘴筒长直，额部较窄有6~8条倒"八"字纵纹；单脊背，背腰较平直，腹大不过垂，后躯欠丰满，斜尻，铺蹄卧系，尾粗长；有效乳头7~8对，排列整齐，乳房发育良好（图2）。

公猪　　　　　　　　　　　母猪

图2　莱芜猪

（2）繁殖性能：莱芜猪性成熟早，繁殖力高。初情期平均4月龄左右，莱芜母猪初配期应以6月龄60千克为宜，公猪应在7月龄60~70千克为宜。初产母猪平均产仔11头左右，活仔10头。经产母猪平均产仔14~16头，产活仔数12~15头，最高产仔28~30头，产活仔22头。

（3）肥育性能：据测定，在每千克日粮含消化能12.54兆焦、可消化粗蛋白130克水平下，采用一贯育肥法，体重27.55~80.78千克阶段，平均日增重421克，每增重1千克需精料4.19千克。莱芜猪90千克体重屠宰，瘦肉率45.79%，大理石纹适中、分布均匀，肌内脂肪含量高（背最长肌5.22%、半膜肌6.12%），肉质优良，肉色红嫩，肉味鲜香。

4. 里岔黑猪

里岔黑猪以其产地和毛色而得名。主产于山东省胶州市里岔乡，主要分布于胶州、胶南、诸城三市交界的胶河流域。1990年统计，种群规模1万多头。

（1）体形外貌：体质结实，结构紧凑，毛色全黑；头中等大小，嘴筒长直，额有纵皱，耳下垂；身长体高，背腰长直，腹不下垂；乳头7~8对以上，呈平直线附于腹下；四肢健壮，后躯较丰满（图3）。

母猪 公猪

图3 里岔黑猪

（2）生长发育：据1989年测定，二世代里岔黑猪后备公猪26头，6月龄体重74.50千克，体高58.19厘米，体长120.08厘米，胸围92.50厘米；88头母猪，6月龄体重77.14千克，体高59.24厘米，体长120.31厘米，胸围95.33厘米。一世代57头成年母猪体重209.70千克，体高81.89厘米，体长169.80厘米，胸围142.61厘米。

（3）繁殖性能：后备公猪初次出现爬跨行为平均为93日龄、体重29.69千克；初次出现交配动作平均为113.3日龄、体重32.5千克；出现爬跨动作，阴茎伸出包皮，射出精液具有正常交配能力在130日龄左右、体重48.63千克。后备母猪，性成熟平均为177.35日龄、体重81.74千克。发情持续期5.24天，第二情期197.85天、体重91.25千克，发情持续期5.35天，发情周期20.13天。初产母猪断奶后10天左右发情，经产母猪断奶后12天左右发情。

据选育群一、二世代母猪统计，初产母猪平均产仔9头以上，个别达15头；经产母猪平均产仔12头以上，最高达21头，20天泌乳力初产为32千克，经产40千克以上。60日龄断奶窝重初产133.6千克，经产172.82千克。

（4）肥育性能：据一、二世代201头同胞育肥测定，在前后期每千克混合料含消化能12.62兆焦、12.33兆焦，可消化粗蛋白质126.9克、107.23克的营养水平下，体重20.12～95.00千克阶段，平均日增重586±7克，每千克增重耗混合料3.68千克，精料3.44千克。据一、二世代100头猪屠宰测定，平均宰前体重99.34千克，屠宰率72.81%，眼肌面积

26.08平方厘米,皮厚0.44厘米,膘厚3.18厘米,后腿比例27.79%,胴体瘦肉率47.03%。据32头育肥测定,肉色3.43分级,大理石纹2.55分级,pH6.17,失水率19.95%,熟肉率68.83%。

5. 大蒲莲猪

大蒲莲猪又名"五花头"、"大褶皮"、"莲花头",主要分布于济宁市西部、菏泽地区东部的南旺湖边沿地区,又名"沿河大猪"。是山东省体形较大的华北黑猪,具有抗病耐粗、多胎高产、哺育力强、肉质好等优良特性。

(1)体形外貌:大蒲莲猪体形较大,结构松弛。头长嘴窄,有"川"字形纵纹,呈莲花形。嘴粗细中等、长短适中微上翘,耳大下垂与嘴等长。胸部较窄,欠丰满,单脊背,背腰窄长,微凹,腹大下垂,臀部丰圆,斜尻,后驱高于前驱。四肢粗壮,卧膝,尾粗细中等,长而下垂过飞节。皮松,在后肢飞节之前及前肢肩胛骨后下方,各有数条较深的皱褶。全身被毛黑色,颈部鬃长14～16厘米,最长达23厘米。乳头8～9对,排列整齐(图4)。

公猪　　　　　　　　　　　　母猪

图4　大蒲莲猪

(2)生长发育:成年母猪体重为130千克,体高72.25厘米,体长130.0厘米,胸围124.5厘米。

(3)繁殖性能:大蒲莲母猪性成熟较早,一般3～4月龄、体重20～30千克达性成熟,多在5月龄以后开始配种。母猪发情明显,有停食、尖叫、精神不安等表现。发情周期18～20天,持续期4～5天,一般于发情开始后第三天配种,一次即可受胎,空怀失配的极少。一般初产8～10头,经产10～14头,产15～19头者为数不少,最多有达33头者。仔猪初生重

0.75 千克左右,30 日龄个体重 5.0~6.5 千克。大蒲莲猪母性强,护仔性好,哺育率达 98% 以上。

(4)肥育性能:大蒲莲猪体形大,经济成熟晚,一般喂养 1 年体重可达 100 千克以上,皮松膘厚,不受群众欢迎。

6. 沂蒙黑猪

沂蒙黑猪产于山东省临沂北部沂南、沂水、莒县交界地区。沂蒙黑猪为巴克夏猪与当地母猪的杂交后代,具有体躯长、生长快、肉质好、适应性强的特点。

(1)体形外貌:体形中等,结构紧凑,体质健壮,四肢结实,表皮灰色,毛色浅黑,被毛细短较稀;头大小适中,额宽,有金钱形皱纹;耳中等大,耳根硬,耳尖向前倾罩;嘴筒断而微翘,颈部宽短;胸宽而深,背腰平直且宽。乳房和生殖器发育良好,乳头 7~9 对(图 5)。

公猪   母猪

图 5　沂蒙黑猪

(2)生长发育:在规模猪场条件下,6 月龄公猪体重 61.4 千克,母猪 65.12 千克;成年公猪体重可达 199 千克,母猪 154.33 千克。

(3)繁殖性能:小母猪一般 3~4 月龄即性成熟,于 7~8 月龄体重 80 千克以上时初配。公猪利用年限为 4~6 年,母猪 5~7 年。初产母猪每窝产活仔数 8.77 ± 0.2 头,断奶窝重 101.81 ± 1.92 千克;经产母猪分别为 10.81 ± 0.17 头,133.73 ± 1.72 千克。

(4)肥育性能:如果以中高配方饲料进行育肥,日增重为 524 克,屠宰率可达 76%,膘厚 3.4 厘米,眼肌面积 27.5 平方厘米,腿臀比例 25.6%,板油 1.8 千克,瘦肉率 47.16%。

7. 烟台黑猪

烟台黑猪是在原华北胶东灰皮猪基础上,引入巴克夏、新金、垛山猪血液经杂交选育而成的一个优良地方猪种,分为甲、乙两型。甲型主要分布于莱阳、栖霞、海阳、文登等地,乙型主要分布于莱州市、黄县、蓬莱、莱西等地。

(1)体形外貌:全身被毛全黑,稀密适中,皮灰色;体形中等,头长短适中,额部较宽,嘴筒粗直或微弯,耳中等大小、下垂或半下垂;背腰较平直,腹中等大,臀部较丰满;体质结实,结构匀称,四肢健壮,有效乳头多为8对,排列整齐(图6)。

公猪　　　　　　　　　　母猪

图6　烟台黑猪

(2)生长发育:6月龄公猪(50头)体重64.62千克,6月龄母猪(448头)体重62.25千克。8月龄公猪体重95.98千克,体长128.88厘米;8月龄母猪体重96.89千克,体长128.44厘米。

(3)繁殖性能:烟台黑猪性成熟较早,一般4月龄出现发情,发情周期为20天左右,持续2～5天,发情明显。哺乳母猪多在断乳后5～10天内发情。社会猪群初配年龄多在4～5月龄,体重30～40千克;猪场多在6月龄,体重60千克以上。烟台黑猪护仔性强,哺育率多在95%以上,平均窝产仔数9.97头,平均窝重9.18千克。

(4)肥育性能:在每千克混合饲料含消化能11.45兆焦、粗蛋白15.3%的营养水平下,体重20～90千克阶段平均日增重649.50克。屠宰体重90千克,背膘厚3.20厘米,眼肌面积17.75厘米^2,瘦肉率48.74%。

8.金华猪

金华猪原产地为浙江省金华地区。金华猪以肉质好、适于腌制火腿和腊肉而著称。鲜腿重6～7千克,皮薄、肉嫩、骨细、肥瘦比例恰当、瘦中夹肥、五花明显。以此为原料制作的金华火腿是我国著名传统的熏腊制品,为火腿中的上品。该猪肉皮色黄亮,肉红似火,香烈而清醇,咸淡适口,色、香、味形俱佳,且便于携带和贮藏,畅销于国内外。

(1)体形外貌:体形中等偏小。耳中等大,下垂不超过嘴角,额有皱纹。颈粗短。背微凹,腹大微下垂,臀较倾斜。四肢细短,蹄质坚实呈玉色。皮薄,毛疏,骨细。毛色以中间白、两头黑为特征,即头颈和臀尾部为黑皮黑毛,体躯中间为白皮白毛,因此又称"两头乌"或"金华两头乌"猪,但也有少数猪在背部有黑斑。乳头多为8对。

金华猪按头型可分寿字头型、老鼠头型和中间型3种,现称大、小、中型。寿字头型,体形稍大,额部皱纹较多较深,历史上多分布于金华、义乌两县;老鼠头型体形较小,嘴筒较窄长,额面较平滑,结构紧凑细致,背窄而平,四肢较细,生长较慢,但肉质较好,多分布于东阳县;中间型则介于二者之间,是目前产区饲养最广的一种类型。

(2)生长发育:据对农村调查,6月龄公猪(213头)体重30.98千克,母猪(934头)34.15千克。据规模养殖场对6月龄种猪的测定,公猪(83头)体重34.01千克,体长83.71厘米,胸围71.43厘米,体高46.37厘米;母猪(137头)体重41.16千克,体长88.38厘米,胸围76.02厘米,体高47.79厘米。在农村散养条件下,成年公猪(20头)体重111.87千克,体长127.82厘米,胸围113.05厘米;成年母猪(126头)体重97.13千克,体长122.56厘米,胸围106.27厘米。

(3)繁殖性能:据东阳县良种场测定,小公猪64日龄、体重11千克时即出现精子,101日龄时已能采得精液,质量已近似成年公猪。小母猪的卵巢在60～75日龄时已有发育良好的卵泡,110日龄、体重28千克时已有红体,证明性成熟早。公、母猪一般在5月龄左右、体重25～30千克时初配,近年来初配时期有所推迟。在规模猪场条件下,三胎及三胎以上母猪平均产仔数13.78头,成活率97.17%,初生个体重0.65千克,20日龄窝重32.49千克,60日龄断乳窝育成11.68头,哺育率87.23%,断乳窝重 116.34 千克,个体重 9.96 千克。

(4)肥育性能:据在较好饲养条件下测定,59 头猪体重从 16.76 千克增至 76.03 千克,饲养期 127.65 天,日增重 464 克,每千克增重耗精料 3.65 千克、青料 3.33 千克。又据 40 头肥育猪测定,宰前体重 67.17 千克,屠宰率 71.71%,皮厚 0.37 厘米,腿臀比例 30.94%,胴体中瘦肉占 43.36%,脂肪占 39.96%,皮占 8.5%,骨占 8.14%,可见金华猪具备皮薄、骨细、瘦肉多、腿臀发达的特点。

9. 香猪

香猪是一种特殊的小型地方猪种,早熟易肥,肉质香嫩,哺乳仔猪或断乳仔猪宰食时,无奶腥味,故誉之为"香猪"。中心产区在贵州从江县和广西壮族自治区环江县。

(1)体形外貌:体躯矮小。头较直,额部皱纹浅而少,耳较小而薄,略向两侧平伸或稍下垂;背腰宽而微凹,腹大丰圆触地,后躯较丰满;四肢短细,后肢多卧系;毛色多全黑,少数具有"六白"或不完全"六白"特征;乳头 5~6 对,多为 5 对。

(2)生长发育:据环江县调查,1~3 岁公猪平均体重 37.37 千克,体长 81.5 厘米,胸围 78.1 厘米,体高 47.4 厘米。在较高饲养水平下,公猪 4 月龄体重 7.87 千克,6 月龄 16.02 千克,8 月龄 26.33 千克,母猪 4 月龄 11.08 千克,6 月龄 26.29 千克,8 月龄 40.39 千克。据调查,可认定主要体尺 24 月龄已基本稳定,达到成年。成年母猪一般体重 40 千克,体长 80 厘米,胸围 75~86 厘米,体高 45 厘米左右。

(3)繁殖性能:性成熟早。公猪 75~85 日龄时产生精子。母猪初情期在 120 日龄,发情周期 18 天,持续期 4.76 天。产仔数,头胎平均 4.5 头,经产为 5~8 头。

(4)肥育性能:60~70 日龄断乳后上槽,以青粗饲料为主"吊架子"肥育,后期催肥时加喂精料,从 3.65 千克养到 37.62 千克需 250.6 天,日增重 136 克。据贵州农学院 1981 年对香猪(16 头)在较好条件下进行肥育测定,从 90 日龄、体重 3.72 千克开始,养至 180 日龄体重达 22.61 千克,日增重 210 克,每增长 1 千克活重消耗混合料 3.19 千克、青料 0.37 千克;养至 240 日龄时,体重达 38.8 千克,日增重 234 克,每增长 1 千克活重消耗混合料4.67千克、青料0.21千克。由此可见,香猪早熟易肥,适于早期屠宰。10头体重38.8千克的香猪屠宰测定结果:屠宰率65.74%,胴体长53.9厘米,膘厚3.0厘米,胴体中肉占46.7%,脂占29.4%,皮占14.0%,骨占10.0%。

三、国外引进的瘦肉型猪种

曾对我国猪种改良影响较大的国外引进猪种,主要有巴克夏猪(Berkshire)、约克夏猪(Yorkshire)、前苏联大白猪(Soviet White)、克米洛夫猪(Kemiroff)、长白猪(Landrace)等。20世纪80年代起,国内较多地引进了杜洛克(Duroc)、汉普夏(Hampshire)和皮特兰(Pietran)猪,用于经济杂交。与此同时,一些国际著名猪育种公司的专门化品系及配套系相继进入我国市场,如PIC、迪卡(Dekalb)、达兰猪(Dalland)和斯格猪(Seghers)等。随着时代的发展和市场需求的变化,有些引进猪种逐步被淘汰,如巴克夏、苏白和克米洛夫猪。目前对我国养猪生产影响较大的引入猪种,主要有大白猪、长白猪、杜洛克猪和皮特兰猪等。与中国地方猪种相比,这些引入猪种的种质特性具有以下共同特点。

生长速度快:在我国标准饲养条件下,20~90千克肥育期平均日增重650~750克,高的可达800克以上,料肉比2.5:1~3.0:1;国外核心群生长速度更快,肥育期平均日增重可达900~1 000克,料肉比低于2.5:1。

屠宰率和胴体瘦肉率高:体重90千克时的屠宰率可达70%~72%;背膘薄,一般小于2厘米;眼肌面积大,胴体瘦肉率高;在合理的饲养条件下,90千克体重屠宰时的胴体瘦肉率为60%左右,优秀个体达65%以上。

繁殖性能较差:母猪通常发情不太明显,配种较难,产仔数较少。长白和大白母猪经产仔数为11~12.5头,杜洛克、皮特兰和汉普夏猪一般不足10头。

肉质欠佳:肌纤维较粗,肌内脂肪含量较少,口感、嫩度、风味不及中国地方猪种,出现PSE和DFD肉的比例较高,尤其是皮特兰猪的PSE肉发生率较高,汉普夏的酸肉效应明显。

抗逆性较差:对饲养管理条件的要求较高,在较低的饲养水平下生长发育缓慢,有时生长速度还不及中国地方猪种。

1. 大白猪(Large white)

大白猪又称约克夏猪,原产于英国北部的约克郡,迄今已有220余年的培育历史。约克夏猪有大、中、小三型,目前最为普遍的是大约克夏猪,因其体形大、毛色全白,又名大白猪。大白猪是目前世界上分布最广的品种之一。大白猪在全世界猪种中占有重要的地位,因其既可用作父本,又可用作母本,且具有优良的种质特性,在欧洲被誉为"全能品种"。

(1)体形外貌:大白猪体躯大,体形匀称,被毛全白,少数额角皮上有小暗斑,颜面微凹,耳大直立,背腰多微弓,腹充实而紧,四肢较高。引入我国后,体形无明显变化,在饲养水平较低的地区,体形变小或腹围增大。

(2)生产性能:相对其他国外引进猪种,大白猪的繁殖性能较高。据统计,经产母猪平均产仔12.15头,产活仔数10头。母猪泌乳性较强,哺育率较高。性成熟期相对中国地方猪种较晚,母猪初情期在5月龄左右。

大白猪具有增重快、饲料转化率高的优点。畜牧业发达国家的大白猪经高度选育,已具有很高的生产水平。根据丹麦国家测定中心的报道,20世纪90年代试验站测试,公猪30~100千克阶段平均日增重982克,饲料转化率2.28,胴体瘦肉率61.9%;农场大群测试,公猪平均日增重892克,母猪平均日增重855克,胴体瘦肉率61%。

(3)总体评价:大白猪具有增重快、饲料转化率高、胴体瘦肉率高、产仔数相对较多、母猪泌乳性良好等优点,且在我国分布较广,有较好的适应性。在杂交生产中,既可用作父本也可用作母本,肉质性状一般。

2. 长白猪(Landrace)

长白猪原产于丹麦,因其体躯特长,毛色全白,故在我国通称为长白猪。长白猪作为优秀的瘦肉型猪种,在世界上分布很广。

(1)体形外貌:长白猪外貌清秀,体躯呈流线型。被毛纯白且浓密柔软,头狭长,颜面直,耳大前倾,颈、肩部轻盈,背腰特长,腹部直而不松弛,体躯丰满,后腿肌肉发达,皮薄,骨细结实,乳头6~7对。引入我国的长白猪经长期驯化,体质由纤弱趋于强壮,蹄质变得坚实,体形由清秀趋向疏松。

(2)生产性能:长白猪的繁殖性能较好,自引入我国后,产仔数有所增加。据在黑龙江调查,初产母猪平均数产仔数为10.8头,经产母猪平均产仔数为11.33头。性成熟期和初配日龄因我国南北气候差异而有所不同,在东北严寒的气候条件下,性成熟期多在6月龄左右,10月龄体重130~140千克开始配种;而在江南一带,初配日龄有所提前,初配期为8月龄,体重120千克左右。

国外畜牧业发达国家长期以来非常重视长白猪生长性状和胴体性状的选育,卓有成效。据丹麦国家测定中心报道,20世纪90年代试验站长白测试,公猪30~100千克肥育期平均日增重可达950克,饲料转化率2.38,胴体瘦肉率61.2%。农场大群测试公猪肥育期平均日增重880克,母猪840克,胴体瘦肉率61.5%。我国自20世纪80年代以来加强了长白猪的选育工作,生产性能也有了很大提高,6月龄体重可达90千克以上,饲料转化率在3.0以下,胴体瘦肉率可达62%以上。

(3)总体评价:长白猪具有生长快、饲料转化率和胴体瘦肉率高,母猪产仔较多、泌乳性能较好等优点,但对饲养条件要求较高;存在体质较弱、抗逆性较差等缺点,经长期驯化得以较大改善;肉质欠佳,氟烷基因阳性率在国外引进猪种中仅次于皮特兰猪。

3. 杜洛克猪(Duroc)

早期杜洛克为皮薄、骨粗、体长、腿高、成熟迟的脂肪型品种,20世纪50年代后转向瘦肉型猪方向发展,并逐渐达到了目前的品种标准,成为世界著名的瘦肉型猪种,在世界上分布很广。

(1)体形外貌:杜洛克猪体形大,被毛红色,从金黄色到暗棕色深浅不一,樱桃红色最受欢迎。该猪耳中等大,耳尖下垂,颜面微凹,体躯深广,肌肉丰满,四肢粗壮。

(2)生产性能:杜洛克猪产仔数不高,平均窝产仔数9~10头。母性好,仔猪生命力强,断奶存活率较高。增重速度快,饲料利用率高,胴体瘦肉较多。杜洛克公猪30~100千克肥育期平均日增重936克,饲料转化率2.37,胴体瘦肉率59.8%;农场大群测试,公猪平均日增重866克,母猪平均日增重816克,胴体瘦肉率59%。体重20~90千克杜洛克肥育猪平均日增重761克,饲料转换率2.55,90千克体重时的屠宰率为74.38%,胴体瘦肉率62.4%。杜洛克猪相对其他国外引入猪种体质更为强健,肌肉结实,尤其是腿肌和腰肉丰满;比较耐粗,对饲料选择不严格,对各种环境的适应性较好,且肉用品质较好,肌肉脂肪含量较高,美系杜洛克达 3.66%;大理石纹分布均匀,嫩度和多汁性较好,氟烷基因阳性率最低,PSE 和 DFD 肉少。

(3)总体评价:杜洛克猪具有生长速度快、饲料消耗少、体质强建、抗逆性较强、肉质较好等优点,但也存在产仔较少、早期生长较差的缺点。在二元杂交中一般作为父本,在三元杂交中多用作终端父本。

4. 皮特兰猪(Pietrain)

(1)体形外貌:皮特兰猪体形中等,体躯呈方形。被毛灰白,夹有形状各异的大块黑色斑点,有的还夹有部分红毛。头较轻盈,耳中等大小,微向前倾,颈和四肢较短,肩部和臀部肌肉特别发达。

(2)生产性能:皮特兰猪产仔数不多。法国皮特兰猪平均产仔数10.2头,断奶仔猪数8.3头。生长速度和饲料转化率一般,特别是 90 千克后生长速度显著减缓。胴体品质较好,突出表现在背膘薄、胴体瘦肉率很高。据法国资料报道,皮特兰猪背膘厚 7.8 毫米,90 千克体重胴体瘦肉率高达 70% 左右。肉质欠佳,肌肉纤维较粗,氟烷阳性率高,易发生猪应激综合征(PSS),产生 PSE 肉。1991 年后,比利时、德国和法国等国选育了抗应激皮特兰专门化品系。

(3)总体评价:皮特兰猪具有背膘薄、胴体瘦肉率极高的特点,但产仔数不多,生长发育相对较缓慢,氟烷隐性基因频率很高,肉质欠佳,易发生 PSE 肉。在杂交体系中多用作终端父本,与应激抵抗型品种(系)母本杂交生产商品猪。

5. PIC 猪

PIC 是"种猪改良集团"的英文缩写。该集团最早是在英国成立,后总部移至美国,1999 年在我国上海设立分部。由世界 4 个著名的公猪品种相互间杂交(丹麦长白猪、英国大约克夏猪、美国杜洛克猪、比利时皮特兰猪),采用品系选育的方法,以我国著名的地方品种——梅山猪作为基础母本,生产出优质五元瘦肉型商品猪,通常也把 PIC 当作这种商品猪的代号。该猪具有三方面显著优势:生长快、耗料低,料肉比2.8∶1,达100 千克体重仅需 155 天左右;出肉率高,屠宰后出肉率均值在 79% 左右;背膘薄,至 100 千克时背膘厚仅为 1.5 厘米。

(1)生产性能:PIC 猪产仔数高。一般猪种的产仔数为 9 头,PIC 猪的产仔数达到 15 头。PIC 猪作为种猪,还具备泌乳量高、性情温驯、易管理、猪应激基因检测显阴性、生长速度快等优点;作为肉猪,又集胴体瘦肉率高、背膘薄、肉质鲜嫩、肌间脂肪均匀等优点于一身。

(2)总体评价:PIC 配套系猪是英国 PIC 公司运用 21 世纪最前沿的分子遗传学技术,利用全世界 36 个优良猪种的优良基因,进行专门化培育而成的优良猪种,是当今世界最先进的猪种之一,具有良好的生产性能和繁殖性能。目前,PIC 猪的世界猪种占有率达到 90% 以上。

6. TOPIG 猪

荷兰托佩克种猪(TOPIG)是 20 世纪 60 年代由世界第二大种猪公司荷兰托佩克国际种猪公司培育的达兰猪。这种猪生长快、抗病力强、遗传性能稳定,是目前欧美"当家"猪种。托佩克国际种猪公司拥有母系 6 个,父系 5 个,我国引进的是 A 系、B 系、E 系三系配套,对气候、环境适应能力强,管理相对比较粗放,适合于中国当前养猪业的大环境。

(1)繁殖性能:托佩克种猪与现有的国外引进配套系猪的不同点在于,三系配套比较简练灵活,生产体系的种用率比较高,繁殖性能好;母猪发情明显,特别是哺乳母猪断奶后 1 周内发情率很高。托佩克猪原种各系母猪的乳房发育良好,奶头饱满,泌乳能力强,窝产仔数高,仔猪活力高、强壮、生长速度快,抗病力强,肉质好。

(2)育种体系:托佩克致力于种猪的平衡育种,在保证母猪良好繁殖性能的同时,还考虑了新生仔猪的活力;在保证商品猪生长速度快的同时,兼顾良好的肉质、肉色、屠宰率。

托佩克 A 系:A 系是在纯种大白猪基础上选育的,具有母性强、产仔数高、仔猪成活率高、瘦肉率高的特点。因此,A 系主要以其繁殖能力强作为育种目的,一般作为母系的母本。

托佩克 B 系:B 系被公认为优秀的母系父本,具有 100% 应激阴性,在育种目标上 75% 为繁殖能力,体现在窝产仔数高和哺乳期成活率高,25% 为肥育性能(即生长快、背膘薄和肉质品质)。

托佩克 T40 系:A 系母猪用 B 系公猪配种,后代为 T40 系(F1 代),特点是发情明显,肢体结实,采食量高;泌乳力强,母性强,产仔数高,仔猪成活率高;使用年限长,无应激,生产性状稳定。全世界范围内每年平均提供断奶仔猪数 25.2 头,被誉为"产仔冠军"。

托佩克 E 系:E 系具有出生仔猪活力强,采食量高,四肢肌体强壮,仔猪均匀度高,优秀的育肥性状,饲料转化率高,育肥猪上市均匀的特点。

(3)杂交利用:托佩克采用荷兰先进的生物工程和生物技术,为中国养猪业提供最优秀的种猪。目前国际种猪托佩克公司已在法国、巴西、中国等国家成立了 25 个分公司。经过几年的适应性发展,托佩克在中国养猪场市场深受广大用户的欢迎,主要原因是托佩克猪体形整齐、四肢结实、生长快、肉质好、抗病力强、繁育性能好。商品猪 150 天体重可达 110 千克,胴体瘦肉率超过 65%,平均背腰厚 1.8 厘米以下。父代、母代猪产仔数平均超过 12.7 头。

(4)总体评价:托佩克猪是世界上最优秀的种猪源之一,它可以用最低的成本生产出最好的猪肉产品。

第二节　肉猪的营养需要及饲料

一、肉猪的营养需要与平衡

猪生长过程中需要的营养物质主要为能量、蛋白质、碳水化合物、矿物质、维生素和水。

1. 能量

能量的作用是维持猪生命活动和生产的能量消耗,主要的能量饲料为玉米、大麦、小麦、高粱、糠麸类、甘薯、马铃薯、糟渣类、油脂、乳清粉等。这类饲料含有较多的淀粉,有机物消化率高,但是蛋白质含量低且氨基酸不平衡,尤其是赖氨酸和色氨酸含量较低。此类饲料不适宜单独喂猪,需与蛋白质饲料合理搭配使用。

2. 蛋白质

蛋白质的基本单位是氨基酸,机体对蛋白质的需要实际上是对氨基酸的需要。一般以理想蛋白质模式和标准回肠可消化氨基酸作为蛋白质和氨基酸需要的指标,进行科学的猪饲料配方设计。蛋白质饲料主要有大豆饼粕、花生饼粕、棉子饼粕、菜子饼粕等植物性蛋白饲料;鱼粉、血粉、肉骨粉、饲用酵母、喷雾干燥血浆蛋白粉等动物性蛋白饲料;一些蛋白质含量较高的豆科牧草、单细胞蛋白质饲料,也是较好的蛋白质补充饲料。特别是豆科牧草,既能提供蛋白质,又能起到青饲料的作用,对母猪尤为重要。

3. 氨基酸

氨基酸是构成蛋白质的基本单位,是一种含氨基的有机酸,饲料中的蛋白质并不能直接被猪吸收利用,而是在胃蛋白酶和胰蛋白酶的作用下被分解为氨基酸,吸收进入血液,运输到全身组织器官参加新陈代谢。氨基酸在机体代谢中可合成组织蛋白质,变成酸、激素、抗体、肌酸等含氮物质,转变为碳水化合物和脂肪,氧化成二氧化碳、水、尿素而产生能量。因此,氨基酸不仅提供了合成蛋白质的重要原料,而且给促进生长、进行正常代谢、维持生命提供了物质基础。

构成蛋白质的氨基酸有 20 多种,分为必需氨基酸和非必需氨基酸两大类。必需氨基酸是指在体内不能合成或合成的速度慢,不能满足猪的生长和生产需要,必须由饲料供给的氨基酸,必需氨基酸是蛋白质营养的核心。猪所需的必需氨基酸有 10 种,即赖氨酸、蛋氨酸、色氨酸、精氨酸、组氨酸、亮氨酸、异亮氨酸、苯丙氨酸、苏氨酸和缬氨酸。其中,赖氨酸、蛋氨酸、色氨酸在猪常用饲料中比较缺乏,不能满足需要,并成为限制其他氨基酸利用率的因子,又称为限制性氨基酸。特别是赖氨酸,在能量饲料中含量均不足,猪最易缺乏。因此,在猪饲料中应适当添加赖氨酸,以提高饲料的利用率。

4. 矿物质

矿物质分为常量矿物质元素和微量矿物质元素,在猪组织代谢中发挥着重要作用。常用的矿物质饲料以补充钙、磷、钠、氯等常量元素为主,主要包括食盐、含磷矿物质、含钙矿物质、含磷钙的矿物质。矿物质元素之间存在着复杂的关系:过量的钙影响磷的吸收,反过来过量的磷也影响钙的吸收利用;过量的镁干扰钙的代谢;过量的锌干扰铜的代谢;铜不足影响铁的吸收,过量的铜抑制铁的吸收。

5.碳水化合物

碳水化合物是来源最广泛,而且是饲粮中占比例最大的营养物质,是猪主要的能量来源。在谷实类饲料中含可溶性单糖和双糖很少,主要是淀粉。淀粉在消化道内由淀粉酶分解成葡萄糖后,吸收进入血液,在体内经生物氧化提供能量。

6.维生素

维生素是指动物生长、繁殖、健康和维持所必需的。维生素是机体生命代谢活动的润滑剂,在机体内不能合成或合成量不能满足需要,而必须由饲料摄入的一类微量有机化合物。维生素不能由动物本身合成,而植物和微生物能合成各种维生素,所以猪通过采食植物性饲料便能获取其所需的维生素。植物组织特别是新鲜青绿饲料,维生素含量丰富。

维生素一般分为脂溶性维生素和水溶性维生素两类。脂溶性维生素包括维生素 A、维生素 D、维生素 E、维生素 K 等。水溶性维生素包括硫胺素(B_1)、核黄素(B_2)、泛酸、胆碱、烟酸、维生素 B_6、维生素 B_{12}、生物素、叶酸、维生素 C 等。猪在维生素供给充足情况下,脂溶性维生素可以在体内贮存,当饲料中短时间缺乏时不会出现缺乏症。水溶性维生素在猪体内基本上不能贮存,只能从饲料中供给。一般维生素 C 在猪的体内合成量足够供给需求。在猪能接受阳光照射的条件下,也能合成足够的维生素 D。但在现代养猪生产中,猪一般见不到阳光,因此必须由饲料供给维生素 D。

7.水

水是家畜最主要的营养物质。仔猪体重的 2/3 是水,猪乳中含有70% ~80% 的水,所以仔猪和哺乳母猪就更需要水。猪只要有水喝,就可以耐受长时间的饥饿。当猪消耗掉绝大部分脂肪、50% 蛋白质、体重减轻50% 时仍能生存,但失水 10% 就会代谢紊乱,失水 20% 就会死亡。饮水是机体摄取钾、钙、镁等无机元素的重要途径。

机体内大部分水与蛋白质结合成胶体状态,这种结合水能使组织有一定形态、硬度和弹性。机体内的化学反应,如水解、氧化还原、有机物质合成及细胞呼吸过程都要在水的参与下进行。水是重要的溶剂,营养物质的吸收和输送,代谢产物的排出,都要溶解在水中才能进行。水对体温的调节起重要作用。家畜通过排尿、呼气和排汗时排出的水分将体热散发出去,维持体温的恒定。水是润滑剂,关节腔内的润滑液能使关节转动时减少摩擦。水对神经系统如脑脊髓液的保护性缓冲作用也是非常重要的。

8. 猪的营养平衡与生长

营养平衡是指日粮中能量、蛋白质、矿物质、维生素、微量元素等要种类齐全、比例适当,能满足猪不同生理阶段的需要,保证猪的健康和提高生产性能。日粮中各种营养物质之间具有协同和拮抗的作用,关系极为复杂,要想提高猪的生长速度和生产性能,营养平衡是关键的因素。如果机体中营养元素不协调,会导致猪生长缓慢,饲料利用率低,成本高,经济效益就差。营养均衡的日粮不仅能最大限度地发挥猪的生长和繁殖潜能,而且能降低饲养成本,减少氮磷的排放和药物残留,减少对环境的污染。营养均衡的日粮还能提升猪机体的免疫系统的功能,提高动物免疫力,预防疾病的发生,保障动物健康。

通常在配制营养平衡日粮前,要考虑饲料中可被利用的营养成分含量、饲料构成、饲料的品质、猪的品种、生理阶段、饲喂方法等因素,并注重饲料原料多样化。

二、猪饲养标准

饲养标准是指猪在一定生理生产阶段,为达到某一生产水平和效率,每头每日供给的各种营养物质的种类和数量,或每千克饲粮各种营养物质的含量(百分比)。饲养标准有安全系数(高于最低营养需要),并附有相应饲料成分及营养价值表。

1. 猪饲养标准的作用

饲养标准由国家的主管部门颁布,作为核计日粮(配合日粮、检查日粮)及产品质量检验的依据。核计日粮对饲料生产计划、饲养计划的拟制和审核起着重要作用。它是计划生产和组织生产以及发展配合饲料生产,提高配合饲料产品质量的依据。饲养标准对于提高饲料利用效率和生产力有着极大的作用。

2. 国外猪的饲养标准

美国 NRC、英国 ARC 猪的饲养标准,是世界上影响最大的两个猪饲养标准,被很多国家和地区采用或借鉴。现在美国 NRC 标准已经更新出版到第十版(NRC1998)。NRC1998 为各个生产阶段的猪提供了营养需要的估计量。必须提出的是,这些推荐估测量没有考虑因猪品种不同,养分的可利用率和含量水平的差异,或者维生素在加工和贮存过程中的损耗等对营养需要量的影响。因此,正常的饲喂量应该比该标准要高一些,尤其是维生素和微量元素。

3. 中国猪的饲养标准

新中国成立前,我国曾沿用德国 Kellner(凯尔纳)饲养标准和美国 Morrison(莫礼逊)的饲养标准。新中国成立后改用前苏联饲养标准,对我国影响较大,流行很广。20 世纪 70 年代初又用美国 NRC 的"营养需要"。因此,长期以来没有我国自己的饲养标准。1958 年以后,虽有个别单位制订了猪、马、奶牛的饲养标准,但这些标准仅在一些单位使用,都未经国家主管部门正式批准公布。1983 年正式制订了我国《肉脂型猪的饲养标准》。1987 年国家标准局正式颁布《瘦肉型生长肥育猪饲养标准》,2004 年国家又颁布了《猪饲养标准》(NY/T65-2004)。

三、不同种类的饲料及营养特点

1. 米类(玉米、大米)饲料

(1)玉米:玉米是谷实类饲料的主体,也是主要的能量饲料。玉米的适口性好,没有使用限制。

①玉米的可利用能量高。玉米的代谢能为 14.06 兆焦/千克,高者可达 15.06 兆焦/千克,是谷实类饲料中最高的。玉米中粗纤维含量很少,仅2%;而无氮浸出物高达72%,且消化率可达90%;另一方面,玉米的粗脂肪含量高,为 3.5% ~ 4.5%。玉米中还含有大量镁,镁可加强肠壁蠕动,促进机体废物的排泄。

②玉米的亚油酸含量较高。玉米的亚油酸含量达到 2%,是谷实类饲料中含量最高的。如果玉米在日粮中的配比达 50% 以上,仅玉米即可满足猪对亚油酸的需要量。

③玉米的蛋白质含量偏低,且品质欠佳。玉米的蛋白质含量约为8.6%,且氨基酸不平衡,赖氨酸、色氨酸和蛋氨酸的含量不足。

④玉米中钙含量很少,为0.02%;磷含量为0.25%,但有63%的磷以植酸磷形式存在,单胃动物的利用率很低。其他矿物元素的含量也较低。

⑤玉米中脂溶性维生素中维生素E较多,约为20毫克/千克。黄玉米中含有较多的胡萝卜素,维生素D和维生素K几乎没有。水溶性维生素中含硫胺素较多,核黄素和烟酸的含量较少,且烟酸是以结合型存在。

(2)大米:目前猪饲料中,主要用糙米替代部分或全部玉米。糙米是指稻谷经过脱壳处理而没有经过碾白的米,因在加工过程中保留了胚、种皮以及糊粉层,具有较高的营养价值。糙米的粗蛋白、粗脂肪和粗纤维比高蛋白质玉米略低;无氮浸出物、粗灰分、总钙、总磷和非植酸磷均相应略高;猪消化能、代谢能与高蛋白玉米持平,糙米或碎大米的营养价值相当于玉米的107%。早稻糙米的蛋白质品质较优,与赖氨酸含量高的饲料合理搭配、科学加工后,可作为一种品质较优的饲料原料,其氨基酸的表观消化率和利用率高于或接近玉米,高于其他植物性饲料。在生长肥育猪日粮中,糙米部分或完全取代玉米是可行的,饲喂糙米日粮猪的日增重、料重比等同或优于饲喂玉米日粮,对猪肉品质无不良影响,同时饲料成本明显降低。糙米部分取代断奶仔猪日粮中的玉米,对仔猪的日增重和料重比无不良影响。但由于糙米中胡萝卜素的含量低于玉米,因此,要在相应的预混料或浓缩料中解决。由于米粒的质地坚硬,不如玉米质地疏松,因而粉碎粒度一定要比玉米细,须全部通过16目标准筛,有利于消化。由于糙米的适口性较玉米差,因而也要通过浓缩料或预混料调整适口性问题。

大米加工过程中产生的大米次粉主要含有淀粉(80%)和大米蛋白(8%),故畜禽饲粮中添加大米次粉,可减少蛋白质饲料原料在饲粮中的添加比例,降低饲料成本。大米次粉中粗纤维的含量相对偏低,其适口性优于玉米、小麦等能量饲料,用大米次粉替代玉米作为能量饲料是可行的。

2.麦类饲料(大麦、小麦、黑麦、燕麦等)

(1)大麦:大麦是谷物类饲料中含蛋白质较高的一种精料,粗蛋白质占 10% ～12% ,比玉米略高;赖氨酸含量也较高,是育肥猪的好饲料;但粗纤维含量较多,约为 7% ;无氮浸出物较低,其消化能相当于玉米的 90% 。用大麦喂猪可以获得高质量的硬脂胴体。大麦不能直接替代玉米作为主要能量饲料,需加入特定的酶制剂(如木聚糖酶、葡聚糖酶、纤维素酶),才能获得良好的经济效益,同时大麦型日粮对改善猪肉的储存性有一定的作用。

(2)小麦:小麦的营养价值与玉米相当,蛋白质含量 14.7% ;粗纤维含量高于玉米,粗脂肪含量低于玉米,分别为 2.4% 和 1.8% ;小麦含的能量稍低于玉米。小麦的蛋白质含量和质量高于玉米,粗蛋白水平为 13% 左右,赖氨酸的含量较高,但苏氨酸的含量较低。小麦所含碳水化合物中主要是淀粉,但非淀粉多糖的含量比玉米多,主要是阿拉伯木聚糖。如果猪日粮中配入较多的小麦,添加非淀粉多糖酶制剂是必要的。在肥育后期,饲粮中配入一些小麦来代替玉米,猪胴体脂肪会更白、更硬、质量更好。由此可见,在生长育肥猪日粮中用小麦替代部分玉米,对猪的生长性能无负面影响,同时还可以明显降低饲料成本和猪每千克增重的成本。日粮中小麦的适宜添加量为 26% ～55% ,小麦的添加量与猪的生长阶段成正相关。母猪日粮中小麦的适宜添加量为 30% ～50% 。在小麦型日粮中添加适宜的酶制剂,能明显改善猪的生长性能,显著提高经济效益。

(3)小黑麦:小黑麦是将黑麦与小麦进行远缘杂交的一种饲粮兼用的作物。小黑麦主要用作动物饲料,小黑麦中所含氮的总量接近小麦,赖氨酸的含量远远高于所有的粮食作物,蛋白质的含量至少相当于小麦,黑麦子粒蛋白含量为 10% ～15% ,赖氨酸含量 0.51% 。面粉中无面筋,食用品质较差。在猪日粮中添加 40% 的小黑麦替代玉米,不影响猪的生长性能,同时可减少豆粕和磷酸二氢钙的添加量,降低饲料成本。但是添加 80% 的小黑麦,则会影响猪的生长性能。

(4)燕麦:我国栽培的燕麦以裸粒型为主,普通燕麦子粒蛋白质含量 12% ～18% ,氨基酸组成较平衡,赖氨酸含量较高,脂肪 4% ～6% (其中 38% ～52% 为亚油酸),淀粉 21% ～55% ,钙、磷、铁和核黄素的含量也为各种谷物之首。燕麦茎叶柔软多汁,适口性好,蛋白质、脂肪、可消化纤维含量高于其他谷类作物的秸秆,是较理想的饲草。猪日粮中燕麦添加

20%～50%不影响其生产性能,而高脂肪燕麦的添加量可适当增加。

3.动物性蛋白质饲料

动物性蛋白饲料主要包括鱼粉、肉类和乳品加工副产品以及其他动物产品。

(1)鱼粉:鱼粉是优质的蛋白质饲料,不仅蛋白质含量多,而且赖氨酸、含硫氨基酸和色氨酸等必需氨基酸含量均很丰富,消化率高。鱼粉含粗蛋白质55%～75%,国产鱼粉粗蛋白质含量为40%～50%。优质鱼粉的营养价值相当于豆粕的165%。在猪的饲料中,特别是仔猪、泌乳母猪日粮和公猪日粮中添加适量鱼粉,能改善日粮结构,平衡日粮,提高猪的生产性能。

(2)肉骨粉和肉粉:肉骨粉和肉粉是用不能用作食品的畜禽尸体及多种废弃物,经高温、高压灭菌处后脱脂干燥制成,含骨量大于10%的称肉骨粉。肉骨粉一般含蛋白质35%～40%,并含有一定量的钙、磷和维生素B_{12}。优质肉骨粉的营养价值相当于豆粕的85%。肉粉的粗蛋白质含量为50%～60%,因原料不同和加工方法不同,其营养成分有所变化。肉骨粉和肉粉的蛋氨酸和色氨酸含量较鱼粉少,因此饲喂猪时能与鱼粉搭配或补充所缺氨基酸,可提高饲料利用率,适口性不佳,在猪日粮中的添加量不应过高(5%以下)。

(3)血粉:血粉是牲畜屠宰的鲜血经过加工而成,蛋白质含量在80%以上,是优质的蛋白饲料,还富含矿物质(如铁等)。我国血粉资源丰富,而且销量呈上涨的趋势。采用低温、喷雾干燥法制成的血粉或者经过二次发酵的血粉,溶解性好,消化率高。血粉赖氨酸含量高在7%以上,但氨基酸极不平衡,异亮氨酸非常低。在猪的日粮中可以添加3%～5%血粉,与豆饼粕结合,外加氨基酸,也能获得好的效果。

(4)喷雾干燥血浆(SDPP):喷雾干燥血浆呈浅黄色或浅粉色,蛋白质含量70%左右,赖氨酸含量高、消化率高、适口性好。用喷雾干燥血浆饲喂仔猪,能显著提高采食量和生长速度,对小于6周龄的仔猪尤其明显,但对大猪的作用不明显。

4.植物性蛋白质饲料

植物性蛋白质饲料是蛋白质饲料中使用最多的一类,主要为饼粕类及某些其他产品的副产品,常用的有大豆饼粕、棉子饼粕、花生饼粕及玉米蛋白等。

(1)大豆饼粕:大豆饼粕可分为大豆饼和大豆粕,是我国常用的一种植物性蛋白质饲料。一般粗蛋白含量为40%~46%,赖氨酸可达2.5%,色氨酸0.1%,蛋氨酸0.38%,胱氨酸0.25%;富含铁、锌,其总磷中约一半是植酸磷。在仔猪料中未经处理的豆粕添加量一般不要超过20%,经过膨化后可提高仔猪的适口性和消化率,可有效降低因断奶引起的营养性腹泻。

(2)花生饼粕:带壳花生饼含粗纤维15%以上,饲用价值低。国内一般都去壳榨油,去壳花生饼含蛋白质40%~47%,消化能比较高,但其赖氨酸和蛋氨酸含量不足。花生饼本身虽无毒素,但储存时易感黄曲霉素。花生饼是猪饲料中较好的蛋白源,猪喜食,但不宜多喂,添加量一般不超过15%,否则猪体脂肪会变软,影响胴体品质。

(3)棉子饼:棉子饼粗蛋白质一般为32%~38%,去皮棉粕粗蛋白达40%。棉子饼与豆饼相比,消化能为豆粕的83.2%,粗蛋白质为80%,赖氨酸含量为1.48%,色氨酸含量为0.47%,蛋氨酸含量为0.54%,胱氨酸含量为0.61%。一般棉子仁中含有大量的色素、腺体,含有对动物有害的棉酚。猪对棉子饼中蛋白质的消化率达80%左右。乳猪、仔猪及母猪日粮中一般不用棉子饼,但在生长猪和育肥猪日粮中可添加4%~6%。另据报道,日粮中添加1∶1的亚铁和游离棉酚时,可改善棉子粕的饲用价值。

(4)菜子饼粕:菜子饼粕是油菜子提取油脂后的副产品,粗蛋白质一般为31%~40%,赖氨酸含量为1.0%~1.8%,色氨酸含量为0.3%~0.5%,蛋氨酸可达0.5%~0.9%,稍高于豆饼与棉子饼。菜子饼粕含毒素较高,具有苦涩味,影响适口性和蛋白质的利用率,影响猪的生长,因此,未去毒菜子饼粕的喂量必须控制。一般乳猪、仔猪最好不用,生长猪、育肥猪和母猪可在日粮中添加4%~8%,不影响增重和产仔,也不会发生中毒现象。

5.单细胞蛋白质饲料

单细胞蛋白质饲料是由某些单细胞有机体所获得的蛋白质,主要包括酵母、细菌、真菌、微型藻类和某些原生物。饲用酵母是真菌一种,饲用酵母含粗蛋白质为40%~50%,蛋白质的生物学价值介于动物蛋白质与植物蛋白质之间,赖氨酸含量高。饲料酵母主要是猪饲粮蛋白质和维生素的添加成分,以改善氨基酸的组成,补充B族维生素,提高饲粮的利用率。饲料酵母具有苦味,适口性差,在猪饲粮中一般不超过5%。另外,还有石油酵母、藻类用作饲料,蛋白质含量比较丰富。

6.氨基酸营养饲料及应用

(1)赖氨酸:赖氨酸为碱性必需氨基酸,为第一限制性氨基酸。赖氨酸可以调节机体代谢平衡,为合成肉碱提供结构组分,而肉碱会促进细胞中脂肪酸的合成。赖氨酸可刺激胃蛋白酶与胃酸的分泌,提高胃液分泌功效,起到增进食欲、促进动物生长与发育的作用。赖氨酸还能提高钙的吸收及其在体内的积累,加速骨骼生长。赖氨酸缺乏则引起蛋白质代谢障碍及功能障碍,导致生长障碍。

日粮中的赖氨酸水平对猪的生长有较大的影响。仔猪(10~30千克)日粮中的赖氨酸水平以1.05%为宜,此时仔猪生长速度快,饲料转化率较高;20~35千克生长猪日粮中总赖氨酸推荐需要量为0.95%,仔猪适宜的赖氨酸和蛋白质比例为5.8%。长撒二元生长猪(20~60千克)日粮中赖氨酸为0.75%,育肥猪(60~90千克)日粮中赖氨酸水平为0.57%,猪的生长性能和饲料利用率最好。在实际生产中,应根据猪的品种和实际的饲养条件,参照饲养标准,设计日粮中赖氨酸的实际需要量。

(2)蛋氨酸:蛋氨酸是含硫必需氨基酸,又名甲硫氨酸。鱼粉中含有丰富的蛋氨酸,而一般植物性蛋白质中的蛋氨酸含量不能满足动物的需要,特别是最常用的大豆饼粕中较缺乏蛋氨酸,所以蛋氨酸是饲料最易缺乏的一种氨基酸。在各种配合饲料中,蛋氨酸一般是第一或第二限制性氨基酸。

猪日粮中添加蛋氨酸,可提高生长性能和机体免疫力。

(3)色氨酸:色氨酸又名α-氨基-β-吲哚丙酸,有DL-、D-、和L-色氨酸3种异构体,天然存在的只有L-色氨酸。动物体内不能合成色氨酸,而植物性饲料中的色氨酸通常不能满足畜禽的需要,需要在饲料中添加。缺乏色氨酸可导致动物采食量下降、生长迟缓、被毛粗糙。色氨酸在代谢过程中与碳水化合物、蛋白质、脂肪、维生素和微量元素等有着复杂的互相作用机制。日粮中添加色氨酸,可提高猪的生长性能,增加猪的采食量,同时可提高猪的抗应激能力。

第三节　肉猪健康养殖

一、猪消化系统的发育及消化吸收特点

1. 猪消化器官的发育

猪的消化器官由一条长的消化道和与其相连的一些消化腺组成。消化道起始于口腔,向后依次为咽、食管、胃、小肠(包括十二指肠、空肠和回肠)、大肠(包括盲肠、结肠和直肠),最后终止于肛门。消化腺包括唾液腺、肝、胰和消化道壁上的小腺体。消化腺合成消化酶,分泌消化液,经导管输送到消化道内,促使饲料中的蛋白质、脂肪和糖类发生水解作用。猪的消化器官发育最快的阶段是在 20～70 日龄。

2. 消化酶的变化规律

(1)胃液酸度:初生仔猪的胃液中缺乏游离盐酸。一般仔猪从出生后 20 天开始,才有少量游离盐酸出现,随着年龄增长而逐渐增加。

(2)胃液消化酶的发育规律:仔猪胃液中的消化酶主要是胃蛋白酶和凝乳酶。凝乳酶对初生仔猪已有作用,哺乳期间随日龄增长,凝乳能力也逐渐增强。

(3)胰酶的发育规律:仔猪刚出生时胰淀粉酶活性很低,一直到 4 周龄才有显著增长,仔猪断奶后胰脏和小肠内胰淀粉酶活性都有明显下降。

(4)小肠酶的发育规律:小肠分泌 6 种碳水化合物分解酶(乳糖酶、海藻糖酶、异麦芽糖酶、蔗糖酶、麦芽糖酶Ⅱ及Ⅲ)、4 种蛋白质分解酶和 2 种脂肪酶。初生仔猪小肠内麦芽糖酶和蔗糖酶活性都很低,而乳糖酶的活性较高,是肠道内的优势酶;2～5 周龄乳糖酶的活性持续下降,而麦芽糖酶和蔗糖酶活性迅速增加,到 10～16 日龄达到最高峰。

(5)纤维素酶:猪体自身并不产生纤维素消化酶,而是由寄生在肠道

内的微生物分泌的,仔猪大肠的发育明显滞后于小肠和胃。3周龄前仔猪大肠内微生物群落区系发展很不稳定,纤维酶浓度和活性均很低,故3~4周龄断奶仔猪日粮纤维含量不宜超过3%。成猪大肠内微生物群落区系发展稳定,消化粗纤维的能力增强,日粮中粗纤维的含量可达8%~12%。

猪消化系统的发育规律受猪种、日粮、管理、疾病等因素影响。

3.猪生长发育规律

猪的生长发育按照皮、骨、肉、脂的顺序,即小猪长皮、中猪长骨、大猪长肉、肥猪长膘,表现在体重增长的变化、体组织的变化和体化学成分的变化。在了解猪的生长发育规律的基础上,可以根据不同时期体组织的变化给予相应的饲料营养,加速或抑制生长发育程度,并可调控猪的体形结构和胴体品质,确定猪的适宜屠宰体重。

4.猪的消化吸收特点

猪是单胃、杂食动物,消化道相对较短、容积有限,这就使猪不能利用大量粗副饲料,而适合消化精饲料。消化过程可分为物理消化、酶消化和微生物消化。饲料中的各种营养物质必须先被消化成很小的简单分子,然后通过消化道黏膜进入循环系统被利用。因此,消化是吸收的先决条件,不能消化的营养物质是没有营养价值的。

(1)哺乳仔猪消化生理特点:哺乳仔猪消化器官不发达,消化机能不完善。消化器官的相对重量和容积较小,胃的重量为4~8克,占体重的0.44%,容积为30~40毫升。随着日龄增长仔猪的胃迅速扩大,20日龄时胃重35克左右,容积120~160毫升,扩大了3~4倍;小肠长度增加5倍,容积扩大了50~60倍。哺乳仔猪食物排空的时间短,15日龄时约为1.5小时,30日龄为3~5小时,60日龄为16~19小时。仔猪出生时胃内仅有凝乳酶,胃蛋白酶很少,蛋白质消化利用率低。因此,新生仔猪只适宜于消化乳蛋白,直到第14日龄后非乳蛋白才被有限消化吸收,40日龄时胃蛋白酶才具备消化乳汁以外多种饲料的能力。哺乳仔猪肠腺和胰腺发育比较完全,胰蛋白酶、肠淀粉酶和乳糖酶活性较高,因此,对乳糖、半乳糖、葡萄糖等碳水化合物的消化吸收较好,乳糖酶活性在生后很快达到最高峰。哺乳仔猪对植物源长链脂肪酸消化能力较小。

哺乳仔猪体温调节机能不完善。哺乳仔猪体内能源贮备少,每100毫升血液中血糖含量为100毫克,血糖水平下降幅度取决于环境温度和初乳摄入量。因仔猪大脑皮层发育不全,对体温的调节能力差。

仔猪出生时缺乏先天免疫力,抵抗疾病能力差。10日龄后自身产生抗体,但30~35日龄前数量还很少。因此,3周龄以内哺乳仔猪免疫能力差,此时胃液内又缺乏游离盐酸,对随饲料、饮水等进入胃内的病原微生物没有消灭和抑制作用,易患消化道疾病。

(2)生长育肥猪消化生理特点:根据育肥猪的生理特点和发育规律,按体重划分为生长期和育肥期。体重30~60千克为生长期,猪机体各组织、器官的生长发育功能仍处在不断完善时期。尤其是刚30千克体重的猪,消化系统的功能较弱,消化液中某些有效成分不能满足猪的需要,影响营养物质吸收和利用。猪胃容积较小,神经系统和机体对外界环境的抵抗力在逐步完善阶段。这个阶段主要是骨骼和肌肉的生长,而脂肪的增长比较缓慢。60千克至出栏为肥育期,此阶段猪的器官、系统的功能都逐渐完善,尤其是消化系统对各种饲料的消化吸收能力增强;神经系统和机体对外界的抵抗力提高,能快速适应周围温度、湿度等环境因素的变化。此阶段猪的脂肪组织生长旺盛,肌肉和骨骼的生长较为缓慢。

(3)母猪的消化生理特点:母猪肠道后段发酵能力强,纤维分解菌的数量约为生长猪的6.7倍。母猪的采食潜力大,远大于其妊娠、泌乳的需要量,妊娠和泌乳母猪营养物质代谢旺盛。

①妊娠母猪:母猪妊娠后由于妊娠代谢加强,加之胎儿前期发育慢,所以营养物质的需要相对减少,消化粗纤维的能力较高,饲粮中青粗饲料搭配可以多些。母猪饲粮的营养水平,在满足胎儿生长需要的前提下适度增加即可,过高容易使母猪过肥,导致胚胎死亡率增加而减少产仔个数。母猪体况过肥,会影响下一个繁殖周期,能停止发情,因此,一般在妊娠以后都要适当降低其营养水平。相反,如果营养不足,不仅影响产仔数和初生重,而且影响哺乳期的泌乳性能。

母猪在怀孕后期胎儿体积增长很快,腹围显著增大、腹内压力增加,胃肠道受到挤压,胃肠道蠕动和消化能力受到很大影响,易发生消化不良、腹泻或便秘。因此,要多餐少喂,逐步减少粗饲料,缩小饲料体积。

②哺乳母猪:母猪的分娩会消耗很多体力,机体处在疲惫状态,相应的消化吸收能力较弱。除了提供安静舒适环境让母猪充分休息外,还要供给少量易消化、温和无刺激的饲料,最好是粥状料。经过三四天的恢复,再按哺乳母猪常规饲养。

哺乳母猪的采食潜力很大,既要维持自身的生命需要、产后恢复,又要泌乳供给仔猪,所以母猪哺乳期间要供给高营养的日粮。

二、哺乳仔猪养殖技术

哺乳期是仔猪发育最快、物质代谢最旺盛,但消化和体温调节机能不完善、抗逆性较差的生长阶段,是幼猪培育的最关键时期。因此,要想提高养猪生产的经济效益,就必须提高哺乳仔猪的成活率。科学的饲养管理将直接影响到哺乳仔猪的成活率,今后的生产性能、育成率、断乳体重,以致生产效益。

1. 环境控制

(1)控制环境温度:仔猪出生前后环境温度等变化较大,控制不当易出现死亡。仔猪从出生到断乳死亡率高达 10% ~25%,特别是生后 7 日龄内的死亡数最多,占断乳前死亡数的 65% 左右。因此,仔猪适宜的环境温度为,出生 1 周内为 32℃以上,第2 ~3周为 25 ~30℃,以后至保育期不低于 25℃左右。

①地暖保温法:地暖供热是以 60℃的热水,在埋置于水泥地面下(或地板下)的盘管系统内循环流动,加热整个水泥地面(或地板),通过地面均匀向舍内辐射散热的一种供暖方式。热媒一般采用热水管道或发热电缆、电热膜等。地暖供热,仔猪会尽量将腹部贴在温暖的水泥地面上。地暖供热是一种新型的舍内保暖技术。

②塑料棚增温法(适用于冬春季节):槽型棚猪舍(以走廊式猪舍为例),从猪舍前缘连接运动场部分开始,沿墙顶加设拱形塑料棚。根据饲养规模可一圈一棚,也可多圈设一棚,将运动场扣在棚内。脊形棚猪舍,将猪圈顶部和两侧各以木杆固定成脊形棚架,然后扣上薄膜,使整个猪圈置于棚内。无论采取槽形或脊形,在棚顶部都留一个活动通气孔,用以调节温度,便于排出有害气体。

③红外线灯增温法：采用笼养仔猪，在仔猪卧床高40~50厘米处悬吊150~250瓦红外线灯泡一个，使床温保持在30℃左右。以木棚栏作笼把仔猪隔开，可以每两窝仔猪共用一个灯泡。灯泡高度随仔猪日龄增长而逐渐提高，或逐步减少照射时间，调整舍内至适宜的温度。

④保温灯、保温箱、电热板法：有条件的养猪场（户）特别是规模化的养猪场，多采用这种方法。在舍内放置节能电热板，根据仔猪的要求来调节电热板的温度，保温效果好。或在仔猪保温箱内设置保温灯，多用100~175瓦灯泡。将灯泡吊在仔猪躺卧处，通过调节距地面的高度来控制温度。

对在寒冷天气中不慎受冻的仔猪，要及时采取急救措施。将仔猪浸入40℃温水内，促进血液循环，轻轻擦拭干净，放入保温箱内。在炎热的夏季，要采取必要措施保持室内温度，防止仔猪中暑死亡。

（2）环境湿度控制：产房内的湿度很容易被多数管理人员忽视。湿度过大，容易孳生许多病原微生物，理想的舍内相对湿度在55%~60%。在实际生产中，夏季容易出现高温高湿现象，冬季则容易出现低温高湿现象，都会严重影响哺乳仔猪的生长发育。在保证舍内正常温度的前提下，进行合理的通风，不仅可以去除舍内的湿气，还可以去除舍内的有害气体。

2. 确保仔猪尽快吃足初乳

（1）尽快吃足初乳：仔猪饲养管理的关键是确保每个新生仔猪吃到充足的初乳。初乳是母猪分娩后最初分泌的乳汁。仔猪及时吃足初乳，可以增强体质和抗病能力，提高对环境的适应能力，促进排胎便，有利于消化道活动。

仔猪出生后应立即擦干黏液，断脐带消毒，立刻吃初乳。饲养员应经常观察刚出生仔猪，帮助虚弱的仔猪接近母猪乳头并吮吸母乳。"分批吮乳"即在乳猪出生后不久，将半数乳猪从母猪身边移走，置于暖温而干燥的箱子内，另一半仔猪在母猪旁吮乳。两批乳猪轮流被放在母猪旁，使每头乳猪都可以最大程度地吮吸初乳。确保仔猪得到初乳的另一种方法，是给吮乳不足的虚弱乳猪口服（用一个小的注射器）冷冻初乳。目前，从市场上可以买到含抗体和高能物质的代乳料，让乳猪口服这些产品可能会减轻仔猪对母猪初乳的依赖。不会吃乳的仔猪可以先口服 10% 葡萄糖,再用注射器灌服 10 毫升初乳,然后人工辅助吃奶。

(2)固定乳头:仔猪有专门吃固定奶头的习性。仔猪生后 2~3 天内,应进行人工辅助固定乳头。固定乳头是项细致的工作,宜让仔猪自选为主,人工控制为辅。每次吃奶时,都坚持人工辅助固定,经过 3~4 天即可建立起吃奶的位次,固定奶头吃奶。

固定奶头的原则:为使仔猪能专一有效地按摩乳房(放奶前后仔猪都要按摩乳房)和不耽误吃奶,一头仔猪专吃一个奶头。为使全窝仔猪发育整齐,宜将体大强壮的仔猪固定在后边奶少的奶头,体大仔猪按摩乳房有力,能增加泌乳量。将体小较弱仔猪固定在前边奶多的奶头,能弥补其先天不足。为保证母猪所有乳房都能受到哺乳刺激而充分发育,提高母猪利用强度,只要母猪体力膘情正常,所有有效奶头都尽量不空(没有仔猪吃奶乳房的腺即萎缩)。如果仔猪头数不够,可以从其他窝过入。

3. 寄养与并窝

母猪发生产后无乳、发病或死亡时,可把仔猪给产仔时间相近、健康的其他母猪寄养,并做好记录。寄养时先用来苏儿喷洒寄养母猪、被寄养仔猪,消除异味;寄养应在傍晚进行;产期尽量接近(不超过 3 天),否则难以成功;寄养的仔猪必须吃过初乳;寄养母泌乳量要高。

4. 防止压踩

初生仔猪体质较弱、行动迟缓,对复杂的环境不适应,有可能被踩致死。母猪产后疲劳;或因母猪肢蹄有病疼痛,起卧不方便;也有个别母猪母性差,不会哺育仔猪,造成压踩仔猪。产房环境不良、管理不善,造成压踩仔猪。

防止措施:设置母猪限位架。母猪产房内设有排列整齐的分娩栏,在栏的中间部分是母猪限位栏,供母猪分娩和哺育仔猪,两侧是仔猪吃奶、自由活动和吃补助饲料的地方。保持环境安静。产房内防止突然的响动,防止闲杂人等进入,去掉仔猪的獠牙,固定好乳头,防止因仔猪乱抢乳头造成母猪烦躁不安、起卧不定,可减少压踩仔猪的机会。另外,产房要有人看管,夜间要值班,一旦发现仔猪被压,立即哄起母猪救出仔猪。

5.免疫防病

(1)猪瘟超前免疫:对于受猪瘟威胁严重的猪场,仔猪超前免疫是有效办法。仔猪出生后立即注射1头份猪瘟弱毒疫苗,2小时后再吃初乳。初生仔猪吃进初乳的母源抗体3小时后,才可以在血清中检查出来,6~12小时达到高峰,此时的疫苗抗原不致被母源抗体中和。母猪在怀孕70天时,胎儿的免疫系统可以对抗原的刺激产生免疫应答。应该注意的是,在超前免疫时不给仔猪吃初乳,实现完全"乳前"免疫。

(2)防止腹泻:仔猪腹泻病是一个总称,包含了多种肠道传染病,最常见的有仔猪红痢、仔猪黄痢、仔猪白痢和传染性胃肠炎等。预防仔猪腹泻病应采取综合措施。

①养好母猪:加强妊娠母猪和哺乳母猪的饲养管理,保证胎儿的正常生长发育,产出体重大、健康的仔猪,母猪产后有良好的泌乳性能。哺乳母猪饲料稳定,不吃发霉变质和有毒的饲料。保证乳汁的质量。

②药物预防:对仔猪危害很大的黄白痢病,需注射或灌服对肠道菌敏感的抗生素。在母猪妊娠后期注射 K88、K99、987P 等大肠杆菌多价菌苗,母猪会产生抗体,再通过初乳或者乳汁供给仔猪。母猪妊娠期间,必须做好影响仔猪成活的传染性疾病免疫接种,如仔猪红痢、仔猪白痢、仔猪黄痢和猪传染性胃肠炎等。

③加强管理:产房最好采取"全进全出",前批母猪仔猪转走后,地面、栏杆、网床及空间都要彻底清洗、严格消毒,消灭引起仔猪腹泻的病菌病毒,特别是严格消毒被污染的产房。产房最好是经过取样检验后再进母猪产仔。妊娠母猪进产房时要对体表喷淋、刷洗消毒,临产前用0.1%高锰酸钾溶液擦洗乳房和外阴部,减少母体对仔猪的污染。产房的地面和网床上下不能有粪便存留,随时清扫。产房应保持适宜的温度、湿度,控制有害气体,保持良好的环境卫生。

6.适时补料

新生仔猪在哺乳期生长发育很快,但母猪泌乳量在产后3周后就会逐渐下降,满足不了仔猪所需的营养,要及时补料。补料一般从5~7日龄开始。仔猪出生后6~7天开始长牙,牙床发痒,爱吃东西,给些饲料让它自由啃食,可防止啃咬垫草、泥土而产生的消化不良、下痢等疾病。仔猪补料的早晚关系到生长速度。常规补料应根据母猪的哺乳能力强弱而定。通常在 7 日龄时,给仔猪料槽内放入少许干净和新鲜的乳猪料进行诱食;亦可将仔猪料放在干净的地面上,让仔猪效仿母猪采食,投喂量要由少到多,并保证每天给的仔猪料都是新鲜的。

仔猪认料开食有多种训练方法,如利用仔猪出外活动时,让日龄大、已开食的仔猪诱导采食;或在饲喂母猪时在地面上撒些饲料,让仔猪认食。最有效的方法是强制补料。仔猪 7 日龄时,定时将产床的母猪限位区与仔猪活动区封闭,在仔猪补料槽内加料,仔猪因饥饿而找寻食物。然后解除封闭,让仔猪哺乳,短期内即可提前开食。饲料形态、适口性以及环境温度,均会影响仔猪的认料开食。

7. 标记称重

仔猪吃足初乳后,应及时对仔猪标记称重,特别是种猪场。标记称重便于种猪场查对血统和建立档案,对于商品猪场也可以评价母猪的生产性能。标记有耳缺和耳洞法,比较容易辨认且终生携带,但比较麻烦,对仔猪应激较大;耳标法,标记后准确称取仔猪的初生重,并做记录。

8. 剪牙(商品猪)断尾

仔猪出生后就有成对的上下门齿和犬齿(俗称獠牙,共 8 枚)。这些牙齿对仔猪哺乳没有不良影响,但哺乳时由于争抢乳头而咬痛母猪,造成母猪起卧不安,易压死仔猪。另外,有时会咬伤同窝仔猪的颊部,引起细菌感染。所以,在仔猪出生后打耳号的同时,要用锐利的钳子从根部切除这些牙齿,注意断面要剪平整。剪牙钳要锋利,用 75% 的酒精充分消毒,牙齿要剪平,在牙的一半处剪断,切勿伤到牙龈和舌头,防止链球菌等病菌感染;同时灌服 2 毫升庆大霉素,防止感染和拉痢。基于对剪牙造成的不良影响和牙齿生长规律的考虑,许多种猪场的仔猪剪牙,育肥猪场的仔猪不剪牙。仔猪出生 24 小时内剪尾,一般尾巴留 2.5 ~ 3 厘米长,即母猪可以盖住阴户,公猪到阴囊中部即可,断尾后用碘酊涂伤口。

三、断奶仔猪养殖技术

仔猪断奶期间生长受阻,疾病发生率会显著升高,以断奶后腹泻发生率最高(死亡率约为 5%)。为了提高母猪生产力和降低生产成本,仔猪早期断奶已经成为当代集约化养猪生产工艺流程的重要环节。为了减小应激,应加强断奶仔猪的管理。

1.断奶方法与防止应激

断奶方法有一次断奶法、分批断奶法、逐渐断奶法、超早期隔离断奶4种。

(1)一次断奶法:当仔猪达到预定断奶日龄时,将母猪隔出,仔猪留原圈饲养。此法由于断奶突然,易因食物及环境突然改变,易引起仔猪消化不良,母猪乳房胀痛、烦躁不安或发生乳房炎,对母猪和仔猪均不利。但该方法简便,适宜规模化、集约化养猪使用。一次断奶法应注意对母猪和仔猪的护理,断奶前3天要减少母猪精料和青料量,以减少乳汁分泌。

(2)分批断奶法(小规模或散养用):小规模或散养模式下,饲养设施简陋,每年按春秋两季和市场行情出售仔猪。具体做法是在母猪断奶前7天先从窝中取走一部分个体大的仔猪,剩下的个体小仔猪数日后再行断奶,以便仔猪获得更多的母乳,增加断奶体重。该法缺点是不利于母猪再发情,目前一般不用。

(3)逐渐断奶法:在断奶前4~6天开始控制哺乳次数,第一天让仔猪哺乳4~5次,逐渐减少哺乳次数,使母猪和仔猪都有一个适应过程,最后到断奶日期再把母猪隔离出去。此种断奶方法较麻烦且费人力。

(4)超早期隔离断奶(SEW法):是美国养猪界在1993年开始试行的一种新的养猪方法,母猪在分娩前按常规程序进行有关疾病的免疫注射。仔猪出生后保证吃到初乳,按常规免疫程序进行疫苗预防接种后,在10~21日龄断奶,然后把仔猪在隔离条件下保育饲养。保育仔猪舍要与母猪舍及生产猪舍分离开,隔离距离为250米到10千米,根据隔离条件的不同而选择。

2.断奶仔猪的饲养管理

断奶是仔猪生活中的突变。例如,从吃母乳加饲料转变为独立采食植物性饲料为主的饲料,失去母仔共居的温暖环境,换圈,混群打架,饲料及饲喂方法突变等。

(1)搞好饲料过渡:断奶后第一周的饲料应与哺乳期相同,逐渐换成断奶仔猪料,使仔猪有个适应过程。对饲料的种类、营养水平不应作太大的调整,可在饲料中添加一些抗应激剂(如维生素、矿物质、抗生素等)。仔猪断奶后,要维持原来的饲料半个月内不变,以免影响食欲和引起疾病。断奶仔猪正处于身体迅速生长的阶段,要喂给高营养水平的饲料。断奶后继续饲喂断奶前饲料,并保持 18% ~20% 的蛋白水平、15.15 兆焦/千克的消化能,以满足仔猪的营养需要,防止饲料突然变化给仔猪造成不适。配制断奶仔猪饲料时,适当添加乳清粉、乳糖、喷雾干燥血浆粉、优质鱼粉、膨化大豆等消化吸收的原料,以及酸化剂、酶制剂、高铜高锌、诱食剂等。

(2)注意饲养制度过渡:仔猪断奶后半个月内,每天饲喂的次数应比哺乳期多 1~2 次,这主要是加喂夜食,免得仔猪饥饿不安。每次的喂量不宜过多,以七八成饱为度。根据每次采食状况改变投料量,日喂 4 次比日喂 3 次好。第二次喂食前,如食槽中还有少量饲料且不成堆,则表明上顿投喂量适中;若槽底舔净并有唾液,则说明上顿喂量过少,应增加喂量;若食槽内有较多的剩料,则表明上顿喂量过大,喂量要适当减少。粪便软硬及颜色正常,则投喂量合适;圈内有少量粪堆,呈黄色,粪中有未消化酸臭的饲料细颗粒,则为个别仔猪过食,投喂量应减为上次的 70% ~80%;粪便呈淡灰色、腥臭,并有未消化的饲料颗粒,则为全窝仔猪下痢,应停喂一顿,下次喂量减半,并及时投服抗生素或中草药(如大蒜、马齿苋、白头翁等)加以预防。

(3)注意环境过渡:仔猪断奶后最初几天,常表现精神不安、鸣叫,寻找母猪。为了减轻仔猪的不安,最好仍将仔猪留在原圈,也不要混群。在调圈分群前 3~5 天,使仔猪同槽吃食,一起运动,彼此熟悉。再根据性别、个体大小、吃食快慢等进行分群,每群数量视猪圈大小而定。让断奶仔猪在圈外多运动,圈内保持清洁、干燥、冬暖、夏凉,并且进行在固定地点排泄粪尿的调教。刚断奶仔猪对低温非常敏感。一般仔猪体重越小,要求的断奶环境温度越高,并且稳定。

(4)预防仔猪消化道疾病:断奶后仔猪由吃母乳改变为独立吃料生活,胃肠不适应,易发生消化不良,所以断奶后的半个月要精心饲养。断奶第一周要适当控制喂料量,如果哺乳期是按顿喂,则断奶后头半个月每天饲喂次数仍保持与哺乳期相同,以后逐渐减少,至 3 月龄可改为日喂

4 次。

（5）要保证饮水、保持卫生：缺水会影响仔猪食欲和消化吸收，加重断奶应激。不能以调和饲料的水代替饮水。一般 5 千克体重的小猪，每天自然饮水量不低于 0.8～1.2 千克。同时要防止仔猪饮水过多，以免仔猪大量排尿造成猪台潮湿，而引发疾病。饮水应清洁。圈舍内要保持干燥卫生。

（6）断乳仔猪的网床饲养：在规模化饲养场中，仔猪断乳后从产房转入封闭式仔猪培育舍的网床上饲养。由于网床饲养不直接接触地面，仔猪与地面粪尿接触减少，可防止细菌的感染，减少发生腹泻，所以仔猪生长发育快，饲料利用率高。据试验证明，在同样温度环境和饲养营养条件下，网床饲养比地面上培育的断乳仔猪平均日增重提高 15% 左右，日采食量提高 60% 左右，饲料利用率提高 6% 左右，而且网床饲养的仔猪健康、生长发育整齐和增重明显。

（7）应用抗生素或微生态制剂：断奶应激会导致仔猪免疫力下降，感染胃肠道传染病，如传染性胃肠炎、肠毒埃希菌病等。在断奶仔猪日粮中添加土霉素、金霉素以及中草药等，能预防细菌性胃肠道疾病，有利于营养成分的消化吸收。添加微生态制剂，有助于肠道内有益菌增殖，抑制有害菌的生长，减少疾病。

3. 保育仔猪环境调控

保育猪对环境的适应能力虽然比新生仔猪明显增强，但较成年猪仍有很大的差距。保育猪的饲养管理主要是控制猪舍环境及猪群内环境，减少应激，控制疾病的发生，提高机体免疫水平和健康水平，为将来的生产奠定基础。

（1）温度的调控。仔猪耐热怕冷，对环境温度的变化反应敏感。断奶仔猪转入保育舍后的前两周温度控制在 28℃，第三、四周控制在 25～28℃，逐渐降低环境温度，保育后期控制在 25℃ 左右。保育舍采用地暖保温，火炉供温，外加红外线灯或玻璃钢电热板级于仔猪躺卧处，进行局部供温等。

（2）室内温度控制：随着生猪的生长，逐渐升高红外线灯的高度或将电热板的温度调至低挡，同时撤去或关掉部分红外线灯，以降低局部小环境的温度;逐渐停掉供热的火炉。适时通风换气,使生猪躺卧自然不挤堆,呼吸均匀自然。

(3)大环境温度控制。一年四季外界气温的变化幅度很大,外界气温对猪舍内温度的影响很大。夏季做好防暑降温工作,防止高温高湿;冬季做好保温工作,防止"贼风"侵袭猪体,同时协调好保温与通风的矛盾;春秋季节,防止舍温的骤升骤降。

(4)湿度的调控。保育舍相对湿度控制在60%~70%,舍内湿度过低时,通过向地面洒水提高舍内湿度,防止灰尘飞扬。偏高时应严格控制洒水量和带猪消毒的次数,减少供水系统的漏水,及时清扫舍内粪尿,保持舍内良好通风。

(5)空气质量的调控。适时通风换气,以降低有害气体、粉尘及微生物的含量。及时清理粪尿,以减少氨气和硫化氢等有害气体产生。保持舍内湿度适宜。及时清理炉灰。清扫地面前适当洒水。抛洒在地面上的粉料应及时扫除。

(6)噪音控制。尽量避免发出声响,防止仔猪的惊群。

4.保育仔猪营养调控

由于保育猪的消化系统发育仍不完善,生理变化较快,对饲料的营养及原料组成十分敏感,因此,应选用营养浓度、消化率都高的日粮,以适应消化道的变化,促使仔猪快速生长,防止消化不良。

仔猪增重在很大程度上取决于能量的供给,仔猪日增重随能量摄入量的增加而提高,饲料转化效率也将得到明显的改善;同时仔猪对蛋白质的需要量也与饲料中的能量水平有关,因此,能量仍应作为断奶仔猪饲料的优先考虑,而不应该过分强调蛋白质的功能。

保育猪在整个生长阶段生理变化较大,为了充分发挥各阶段的遗传潜能,应采用三阶段日粮。第一阶段:断奶到体重8~9千克;第二阶段:8~9千克到15~16千克;第三阶段:15~16千克到25~26千克。第一阶段采用哺乳仔猪料;第二阶段采用仔猪料,保持高营养浓度、高适口性、高消化率,消化能13.79~14.21兆焦/千克,粗蛋白18%~19%,赖氨酸1.20%以上;在原料选用上,降低乳制品含量,增加豆粕等常规原料的用量,但仍要限制常规豆粕的大量使用,可以用去皮豆粕、膨化大豆等替代;

第三阶段,仔猪消化系统已日趋完善,消化能力较强,消化能 13.38 ~
13.79兆焦/千克,粗蛋白质17% ~ 18%,赖氨酸1.05%以上;原料完全可
以不用乳制品及动物蛋白(鱼粉等),而用去皮膨化豆粕等来代替。仔猪
转入保育舍后前一周饲喂哺乳仔猪料,第二周开始转为保育仔猪料。为
减少饲料更换给仔猪带来的应激,采取逐渐更换饲料,用4~7天将饲料
改换过来。

仔猪转入保育舍后的前五天限制饲喂,防止仔猪因过食而引起腹泻,
饲料应遵循勤添少加的原则。一般断奶后三天仔猪采食较少,第三天猛
增,这时注意限饲,以每天300 克/头为宜。饲料不要更换,仍然使用哺乳
期的高档仔猪料,1~2 周后逐渐更换成保育期仔猪料。

5. 不同阶段仔猪的饲料配方

要满足保育猪的营养需要,必须提供营养成分均衡的日粮。仔猪消
化道发育尚未完善,易受抗营养因子影响,因此,日粮的营养组成成分及
其含量对仔猪极为重要。同时,仔猪日粮的适口性也不容忽视。配制断
奶日粮的基本目标是为仔猪提供充足的养分,促进仔猪未成熟消化道的
发育,避免抗营养因子的抑制作用,促进断奶仔猪的生长。

仔猪日粮配制时,首先应确保日粮原料质量,根据各种原料的营养价
值及价格合理设计。

(1)常用日粮原料的选择:

①脂肪和油:仔猪特别在断奶时,对脂肪的类型非常敏感。短链脂肪
酸较中链脂肪酸易消化,长链脂肪酸的消化率最低。3 周龄内的仔猪对
不同类型脂肪酸的消化率差异很大,而且随周龄增加仔猪对脂肪酸的消
化能力逐渐降低。在断奶后的第2 ~3 周,植物油效果优于牛、羊脂肪和
猪油。随着仔猪日龄增加,仔猪对动物脂肪的利用效率提高。为了最大
限度地利用脂肪能量,应尽量减少日粮中钙的含量,降低可消化皂的合
成,控制仔猪日粮中钙的水平。

②血制品:由于鱼粉价格的上涨,人们用喷雾干燥血浆蛋白粉或血球
粉来代替鱼粉。生产喷雾干燥血粉的过程中,必须严格控制胶水层的条
件,以防破坏蛋白质。喷雾干燥的血浆蛋白及血细胞的生产工艺,与喷雾
干燥血粉的工艺基本相同。处理全血液时必须添加抗凝剂,以保持其液

体状。通过离心作用将血浆与血清分离,然后按全血液处理方式,将细胞喷雾干燥。目前人们对血浆蛋白等制品越来越感兴趣,而日粮中血粉的用量愈来愈少。血制品有助于早期断奶措施的成功实施。血制品中蛋氨酸含量非常低,如全血液制品中蛋氨酸与赖氨酸比为 0.12:1,低于肥育猪日粮需要的一半,因此,在配制含血制品日粮时,必须注意日粮蛋氨酸的水平。使用血制品,应注意卫生、安全。

③乳清粉和脱脂奶粉:断奶仔猪日粮生产中通常使用乳清粉,对于断奶仔猪,乳糖和乳蛋白显然优于淀粉和植物蛋白。尽管乳清粉很贵,但喷雾干燥的乳清粉适口性好,乳糖含量高,有利于早期断奶仔猪的生长发育。如果使用高品质的乳清粉,生产者将获得高生产效益。断奶仔猪日粮中也常使用高脱脂奶粉。脱脂奶粉是一种昂贵的乳糖和酪蛋白资源,若价格再便宜些,脱脂奶粉将是仔猪日粮的理想组分。

④脱皮谷物饲料:在仔猪开食料中,脱皮燕麦是一种适口性好的饲料。一些地区通常大量使用玉米以外的谷物饲料。脱皮中提高燕麦可消化能的含量,也可提高燕麦和大麦中的能量含量,仔猪开食料中脱皮燕麦所含的准确能值尚未确定。

⑤去皮膨化豆粕:膨化豆粕在减轻过敏反应和断奶腹泻方面,比膨化大豆、普通豆粕具有明显优势。由于豆粕具有高抗原性,可选用膨化豆粕来代替仔猪日粮中的膨化大豆和普通豆粕。

(2)日粮配方配制:随着断奶饲养制度的发展,日粮配制也在发生变化。本节提供的配方仅作为参考。由于仔猪日粮的配制是一项专业性较强的科学,可显著提高仔猪生产率,因此,生产者有必要与营养师共同讨论仔猪的特殊需要。

第一阶段的日粮适用于断奶至 9 千克体重或 1 周龄的仔猪,有时用做补饲料。第一阶段的各种日粮组成如表 1 所示,可根据断奶日龄来选择日粮。一般仔猪断奶日龄越早,日粮中淀粉及植物性蛋白质的含量越低,乳糖及乳蛋白的含量越高。对于 2 周断奶的仔猪,日粮中乳糖的含量应高于 20%。喷雾干燥的血浆蛋白、血液蛋白及血红非常适合仔猪。仔猪日粮中各种血制品的添加量,取决于圈舍条件和经济效益。

表1　保育仔猪日粮配方

日粮组成(%)	第一阶段 断奶日龄<15天		第一阶段 断奶日龄<21天		第一阶段 断奶日龄21~28天		第二阶段 (8千克左右)		第三阶段 (16千克左右)	
小麦	–	37.55	–	39.39	–	40.73	–	51.68	–	69.37
玉米	36.69	–	39.01	–	41.37	–	52.52	–	66.38	–
豆粕(CP47%)	15.00	15.00	20.00	20.00	25.00	25.00	25.00	25.00	28.65	25.00
乳清粉	25.00	25.00	20.00	20.00	25.00	25.00	15.00	15.00		
乳糖	5.00	5.00	5.00	5.00	–	–				
鱼粉	2.50	2.50	–	–						
喷雾干燥血浆	6.00	6.00	5.00	5.00	2.50	2.50				
蛋白质	2.00	2.00	2.50	2.50	1.25	1.25	2.50	2.50	–	–
喷雾干燥血粉	0.21	0.15	0.11	0.03	0.10	0.04	0.08	–	0.12	0.13
L-赖氨酸盐酸	0.14	0.11	0.11	0.08	0.13	0.10	0.08	0.04	0.10	0.10
L-苏氨酸	0.16	0.09	0.17	0.10	0.15	0.08	0.07	0.03	–	–
DL-蛋氨酸	3.80	3.60	4.10	3.90	1.00	1.80	1.00	2.00	0.50	1.15
脂肪/油	3.50	3.50	4.00	4.00	3.50	3.50	3.75	3.75	4.25	4.25
预混料	+	+	+	+	+	+	+	+	+	+
抗生素										
最低营养水平(DE兆焦/千克)	15.05	14.84	15.05	14.84	14.42	14.42	14.42	14.42	14.21	14.21
粗蛋白(%)	22.1	23.9	22.0	23.8	22.2	24.1	20.7	23.1	19.5	21.5
赖氨酸(DE兆焦/千克)	15.12	15.12	15.12	15.12	15.12	15.12	13.44	13.44	12.18	12.18
可消化赖氨酸(%)	1.30	1.28	1.30	1.28	1.24	1.24	1.10	1.10	0.98	0.98
可消化总含硫氨基酸(%)	0.72	0.72	0.72	0.72	0.72	0.72	0.61	0.61	0.55	0.55
可消化蛋氨酸(%)	0.36	0.36	0.36	0.36	0.36	0.36	0.31	0.31	0.28	0.28
可消化苏氨酸(%)	0.85	0.85	0.85	0.85	0.85	0.85	0.72	0.72	0.65	0.65
可消化色氨酸(%)	0.22	0.22	0.22	0.22	0.22	0.22	0.19	0.19	0.17	0.17
钙(%)	0.90	0.90	0.90	0.90	0.90	0.90	0.80	0.80	0.70	0.70
磷(%)	0.70	0.70	0.70	0.70	0.70	0.70	0.65	0.65	0.60	0.60

注:上述配方仅为示例,需经专业营养师的指导才能应用。具体的日粮配方需要结合当地原料的养分构成情况及成本而定。

第二阶段日粮饲喂 16 千克体重的猪。有时生产者会发现 4 周龄仔猪采食该日粮生产性能表现较好,这样就可避免采用第一阶段较贵的日粮;生产性能好或坏将取决于保育质量,生猪健康状况将取决于保育质量及管理员的总体管理水平。

第三阶段的日粮配方设计最简单,不需要添加价格较贵的血浆蛋白和乳清粉等。若血粉的价格不高,也可使用;如果仔猪生产性能不好,可使用乳清粉,但正常情况下,如果前两阶段饲养方案适合,第三阶段的日粮就不再需要乳清粉。

四、生长育肥猪健康养殖

1. 育肥前期营养调控与饲料配制

我们根据育肥猪的生理特点和发育规律,按猪的体重将其生长过程划分为育肥前期和育肥后期。猪体重 20 ~ 60 千克为育肥前期,即生长期,此阶段猪的机体各组织、器官的生长发育功能不很完善。尤其是刚 20 千克体重的猪,消化系统的功能较弱,消化液中某些有效成分不能满足猪的需要,影响了营养物质的吸收和利用。此时生猪胃的容积较小,神经系统和机体对外界环境的抵抗力也正处于逐步完善阶段。这个阶段主要是骨骼和肌肉的生长,而脂肪的增长比较缓慢。

瘦肉型猪育肥前期为满足肌肉和骨骼的快速增长,要求能量、蛋白质、钙和磷的水平较高,日粮含消化能 12.97 ~ 13.97 兆焦/千克,粗蛋白水平为 16% ~ 18%,钙0.5% ~ 0.6%,总磷 0.41% ~ 0.5%,赖氨酸 0.63% ~ 0.75%,蛋氨酸 + 胱氨酸0.37% ~ 0.42%。

(1)提高日粮能量水平:肥育猪日粮中能量和蛋白质水平的高低,对猪生长速度影响极大。一般能量摄取越多,猪增重越快,饲料利用率越高。饲料配制时应首先考虑能量需求。育肥前期饲料消化能较高,为 12.97 ~ 13.97 兆焦/千克。育肥前期猪自由采食,一般不限制采食量。为了提高猪饲料能量含量及增加猪的采食量,饲料中常添加油脂。

(2)提高日粮蛋白水平:为了提高猪的生长速度,育肥前期饲料蛋白质含量较高,为 16% ~ 18%。猪体重越小,饲料蛋白质含量越高。在提高饲料蛋白质含量的同时,还要考虑必需氨基酸之间的平衡和利用率。

根据日粮类型,补充第一、第二、第三等限制性氨基酸尤为必要。育肥前期赖氨酸含量在 0.63% ~ 0.75%,蛋氨酸 + 胱氨酸不宜低于 0.38%,苏氨酸不宜低于 0.45%。一般赖氨酸为主日粮第一限制性氨基酸。猪体重越小,饲料中赖氨酸的含量应越高。提高饲料限制性氨基酸含量,可适当降低饲料蛋白质含量。

(3)控制饲料粗纤维含量:同其他家畜相比,猪利用粗纤维的能力较差。粗纤维的含量是影响日粮适口性和消化率的主要因素,日粮粗纤维含量过低,猪会出现拉稀或便秘。日粮粗纤维含量过高,则适口性差,并严重降低日粮养分的消化率,适当的粗纤维含量可促进猪的生长。为保证日粮有较好的适口性和较高的消化率,育肥前期猪日粮的粗纤维水平不宜超过 5%。在决定粗纤维水平时,还要考虑粗纤维来源,稻壳粉、玉米秸粉、稻草粉、稻壳酒精等高纤维粗料不宜喂肉猪。

(4)注重日粮钙磷含量:日粮中含有适量的钙磷,可提高猪的生长速度。日粮中的磷并不能全部被机体利用。日粮磷含量常用总磷和有效磷两个指标来表示,有效磷含量更有意义。据试验,育肥前期猪(20 ~ 50 千克)日粮有效磷 0.33%(总磷0.58%)、钙 0.72%,肥育后期猪(50 ~ 90 千克)日粮有效磷 0.19%(总磷 0.43%)、钙 0.54%,可获得最佳的生产性能和较好的骨骼发育;当整个生长肥育期间猪供给钙水平分别为 0.60% 和 0.50%时,有效磷水平分别为0.23% 和 0.15%,可基本满足肥育猪的需要,总磷水平分别为 0.48% 和 0.39%。

2. 育肥后期营养调控与饲料配制

猪体重 60 千克至出栏为肥育后期,猪的各器官、系统功能都逐渐完善,尤其是消化系统,对各种饲料的消化吸收能力都有了很大改善;神经系统和机体对外界的抵抗力也逐步提高,能够快速适应周围温度、湿度等环境因素的变化。此阶段猪的脂肪组织生长旺盛,肌肉和骨骼的生长较为缓慢。肥育后期要控制能量,减少脂肪沉积。瘦肉型猪日粮含消化能为 12.30 ~ 12.97 兆焦/千克,粗蛋白水平为 13% ~ 15%,钙0.46% ~ 0.5%,总磷 0.37% ~ 0.4%,赖氨酸 0.63%,蛋氨酸 + 胱氨酸0.32%。其他维生素和微量元素也要保证。

(1)控制日粮能量水平:瘦肉型肥育猪日粮中能量和蛋白质水平的

高低对胴体品质影响极大。一般能量摄取越多,增重越快,饲料利用率越高,胴体脂肪越多。为了获得好的胴体质量,在肥育后期采取限量饲喂,限制能量水平,就可控制脂肪的大量沉积,相应提高瘦肉率。应该注意的是,能量水平控制要适当。如能量水平限制过低,将会导致采食量增加,但进食量有限,到一定程度后进食量的增加不能完全补偿消化能的减少。猪的增重减慢,脂肪减少,胴体较瘦,屠宰率和饲料利用率均降低。用这种低营养高采食量的方法来改善胴体品质,提高瘦肉率是不经济的。生长猪有根据日粮能量高低选择采食的能力,日粮能量高低会影响生长猪的采食量、生长速度、饲料利用率及胴体肥瘦度。当日粮能量水平在10.8兆焦/千克消化能时,生长速度和饲料利用率偏低,而胴体瘦肉率提高。一般瘦肉型猪育肥后期日粮消化能为 12.30 ~ 12.97 兆焦/千克。

(2)保持日粮蛋白质水平:提高日粮中蛋白质水平,除提高日增重外,还可以获得背膘薄、眼肌面积大、瘦肉率高的胴体,但利用提高蛋白质水平来改善肉质不经济。蛋白质对增重和胴体品质的影响,关键在于质量,即氨基酸的平衡。猪需要 10 种必需氨基酸,缺乏任何一种都会影响增重,尤其是赖氨酸、蛋氨酸、色氨酸和苏氨酸等限制性氨基酸更为突出。

对于国外三元等高瘦肉率育肥猪,在体重 60 千克以后,日粮粗蛋白含量以14% ~ 15% 为宜;对于中等瘦肉率育肥猪,育肥后期以 13% ~ 14% 为宜。育肥后期赖氨酸、蛋氨酸 + 胱氨酸、苏氨酸含量不宜低于 0.63%、0.32%、0.38%。

(3)调节日粮粗纤维含量:生长猪消化粗纤维的能力较差,粗纤维含量高则日粮适口性变差,消化率降低,采食量下降,能量获得减少,猪的增重速度减缓,猪的膘厚降低;粗纤维含量过低又会出现拉稀或便秘。调节日粮粗纤维水平也可用于调节猪肥瘦度。育肥后期日粮中粗纤维水平不宜超过8.8%。由于猪不能消化木质素,因此喂猪时应降低木质素含量高的稻壳粉、砻糠等高纤维粗料的含量,甚至不用,否则会降低猪的生长速度。

猪日粮中粗纤维含量受猪种影响。瘦肉型猪利用粗纤维能力弱,而我国本地猪种(如莱芜猪)耐粗饲,利用粗纤维能力强。本地猪日粮中粗纤维含量可适当提高至 10% ~ 12%。

（4）使用饲料添加剂：日粮中应含有足够量的矿物质和维生素，特别是矿物质中某些微量元素的不足或过量时，会导致肥育猪代谢紊乱，轻者增重速度缓慢，饲料消耗增多，重者能引发疾病，甚至死亡。矿物质含量和维生素含量应保持适宜水平。

研究表明，日粮中提高一些维生素含量，能明显改善肉的质量，其中维生素 E、B、C、D 和生物素对肉品质的影响尤为显著。屠宰前日粮中添加镁制剂，也可改善猪肉品质。另外，日粮中添加甜菜碱、肉毒碱、肌肽、色氨酸，也会改善猪肉品质。

3. 育肥猪后期饲喂

根据猪机体生长发育规律，在育肥后期应适当减少脂肪的沉积。通过调整日粮的营养水平，加以科学的饲喂和管理，在育肥猪长到适当体重时及时出栏，有助于改善猪肉品质，提高育肥猪的经济效益。

（1）采取适宜的日粮粒度：日粮的加工细度，会影响生长猪的采食量、生长速度、肥瘦度等。粉料日粮粒度直径在 1.2～1.8 毫米时，猪的适口性好，采食量大，增重快，饲料利用率也高。日粮过细会降低猪的采食量，且胃溃疡发生率增加；若日粮中含有部分青饲料，则可以避免这种情况的发生。为了提高猪的出栏，一些猪场采用颗粒料，可以提高猪的生长速度。

（2）采取适宜的饲喂方法：饲喂方法对猪的影响很大。日粮熟制时会使其中大部分的维生素受损；喂稀料会影响猪的干物质采食量，冲淡胃液，不利于消化；日粮干喂（便于利用自动饲槽饲喂）虽然省工省时，但粉尘大、浪费多。湿喂则可避免上述不足，但加水量不宜过多，一般按料水比 1:（0.5～1）调成湿拌料，加水后手握成团、松手散开即可。注意夏季不要让饲料腐败变质，加喂水时不宜过多。生产中可根据不同的生长生产阶段、饲养模式、规模大小、设备条件等选择适宜的饲喂方法。

①干粉料、颗粒料：自由采食，适宜于大规模集约化饲养的商品猪，优点是可减少营养损失，提高养猪的劳动效率，降低养猪生产成本。

②湿拌料：分次饲喂，适宜于中小型规模饲养的各阶段猪，尤其适宜于怀孕和哺乳母猪。

③粥状料：分次饲喂，适宜于大型规模猪场繁殖母猪的饲养，一般是

采用全自动送料系统。优点是给料准确、适口性强,利于消化吸收,但投资大,饲养成本高。

④日喂次数:从猪的食欲与时间的关系来看,猪的食欲以傍晚最盛,早晨次之,午间最弱,这种现象在夏季更趋明显。所以,对生长育肥猪多采取日喂3次,且早晨、午间、傍晚3次饲喂时的饲料量分别占日粮的35%、25%和40%。日喂次数要根据年龄和饲料类型来掌握,小猪阶段胃肠容积小,消化能力弱,每天宜喂3~4次。随着猪日龄的增加,胃肠容积增大,消化能力增强,可适当减少日喂次数。猪60千克以后,可以每天喂2次。精料型日粮,每天喂2~3次;若饲料中配合有较多的青粗饲料或糟渣类饲料,则每天喂3~4次,可增加采食总量,有利于增重。

研究证明,生长育肥猪按日粮供应计划日喂1次、2次、3次、4次,对增重和饲料报酬影响不显著。为了节省用工,可以采取日喂1次或2次即可。

⑤供给充足饮水:必须供给猪充足的清洁饮水,符合卫生标准,采用自动饮水器较好。如果猪饮水不足,会引起食欲减退,采食量减少,生长速度减慢,严重者患病。猪的饮水量随生理状态、环境温度、体重、饲料性质和采食量等而变化,一般在春秋季节其正常饮水量应为采食饲料风干重的4倍或体重的16%,夏季约为5倍或体重的23%,冬季则为2~3倍或体重的10%左右。猪饮水一般以安装自动饮水器较好,或在圈内单独设一水槽,经常保持充足而清洁的饮水,让猪自由饮用。

4. 育肥猪的适时出栏

不同猪种最佳屠宰体重有较大差异。我国猪种类型和杂交组合繁多,饲养条件差别很大。因此,增重高峰期出现的迟早也不一样,很难确定一个合适的屠宰体重。在实际生产中,生产者应综合诸多因素确定合适的屠宰体重。小型早熟猪,适宜屠宰体重为70千克左右;体形中等的地方猪种及其杂种肉猪,适宜屠宰体重为75~80千克。我国培育猪种和某些地方猪种为母本、国外瘦肉型品种为父本的二元杂种猪,适宜屠宰体重为80~90千克;以地方猪为母本、国外瘦肉型品种为父本的三元杂种肉猪,适宜屠宰体重为90~100千克;国外三元杂种肉猪,适宜屠宰体重为100~114千克。国外许多国家由于猪的成熟期推迟,肉猪屠宰适期已由原来的 90 千克推迟到 110～120 千克。

五、"全进全出"饲养模式

所谓"全进全出",就是在同一单元内只进同一批日龄体重相近的育肥猪,并且全部出场。出场后彻底打扫、清洗、消毒,切断病原的循环感染。消毒后密闭 1～2 周,再饲养下一批。这种饲养制度的最大优点在于便于管理,容易控制疾病。因整栋(或整场)猪舍都是日龄、体重相近的猪,温度控制、日粮更换、免疫接种等极为方便;出场以后便于彻底打扫卫生、清洗、消毒,切断病源的循环感染,保证猪健康高产。现代肉猪生产要求全部采取"全进全出"饲养制度,是保证猪群健康、根除病源的根本措施,并且与"非全进全出"制度相比,增重率高、耗料少、死亡率低。

在采用"全进全出"制度时,要选择生长发育整齐的仔猪,提供良好的饲料和足够的料槽,要采取公和母、强和弱分群饲养,同时要加强疾病的预防保健等措施,只有这样才能做到猪群的同期出场。

1. 生产中"全进全出"出现的问题

(1)猪场领导层及管理人员不重视。有些猪场领导层及生产管理人员对"全进全出"制度实施的重要性及意义认识不足,怕麻烦,不愿意去组织实施"全进全出"制度;或是养猪观念落后,不懂得如何实施"全进全出"制度。

(2)猪舍的规划设计存在问题。现在许多猪场的猪舍仍为大通间式的结构,没有分成若干小单元进行设计建造,虽说容纳的猪数量比较多,但一批猪转出去了,仍有另一批猪在里面养着,不可能做到"全进全出"。

(3)对弱猪的处理不当。同一批猪中由于疾病或其他方面的原因,出现了一些长势较慢的弱猪。由于到转栏时这些猪没有达到转栏体重,出于对这些弱猪的"同情",仍将这些猪在原舍饲养,虽说同一批猪中的大部分转出去了,但并没有做到真正意义上的"全进全出"。

2. 确保"全进全出"的措施

(1)运用小单元设计理念,合理设计猪舍。目的是使一个单元猪舍的猪在转群时做到全进全出,并空舍封闭 7 天进行彻底消毒。方法是按7 天的繁殖节律,以计算出的每周各类猪群的头数,作为该群猪的一个单元。再按该类猪群的饲养日数加空圈消毒时间，计算出该猪群所需的单元数和猪舍幢数。一幢猪舍可以酌情安排数个独立单元，每单元内的猪栏可双列或多列，并南北向布置，各单元北面设一条走廊，类似火车的软卧车厢。每个单元相当于一个包厢，这样任何一个单元封闭消毒时，都不影响其余单元的正常管理。值班室和饲料间可设于猪舍的一端或中间。例如，一个年产万头的商品猪场，约需基础母猪 600 头，平均每头年产 2.2 窝，平均每周产 24 ~ 26 窝，则一个产房单元按 24 ~ 26 窝设计。因母猪临产前 7 天，进产房、哺乳 35 天，空圈消毒 7 天，共占圈 49 天，故需设产房单元 7 个；断奶仔猪原窝转入培育舍，一窝一栏，则每个培育仔猪单元也需安排 24 ~ 26 个栏。因仔猪培育为 35 天、空圈消毒 7 天，共占圈 42 天，故需设培育仔猪单元 6 个。其余的各类猪群均可按 7 天的周期，根据其饲养、空圈日数及每圈饲养头数，算出每单元的圈数和所需单元数。

确定了各类猪群所需单元数和每单元圈数之后，即可根据场地的情况设计每幢猪舍的适宜长度（为布局整齐，各猪舍应长度一致），合理地安排各类猪单元和进行全场的布局设计。这样的猪场设计可以做到各类猪群都可"全进全出"，在发生疫情时可以立即对出现病猪的单元进行封锁、处理、消毒。由于封锁的范围小、隔离的猪数有限，影响面小，防疫效果好，损失也小。

如果是老猪场，应要对猪舍进行相应的改造，可以将原有的大通间结构从中间隔开，成为独立的小单元式猪舍。特别需要注意的是，不同小单元之间的排污一定要独立。另外，如果不能做到全场内每个阶段的猪都"全进全出"，最起码要保证产房和保育舍内的猪"全进全出"。

（2）猪舍转空后消毒要彻底。同一栋猪舍内的猪全部转空后，如不进行彻底的消毒，那么"全进全出"也就丧失了意义。消毒时先用高压水枪将猪舍冲洗干净，包括猪床、饲槽、走道、墙壁、天花板，特别是粪尿沟。用 2% ~ 3% 的氢氧化钠（烧碱）溶液对猪舍进行喷雾消毒，再用高压水枪冲洗干净。接着用另外一种消毒剂（如复合醛类消毒剂）对猪舍进行喷雾消毒，再用高压水枪冲洗。最后用福尔马林和高锰酸钾进行密闭熏蒸消毒。消毒时间加空栏时间达到 7 天后重新进下一批猪。不同猪场可以采用不同的消毒方法。

（3）合理处理弱猪。对待猪群内没有达到转栏体重的弱猪,要根据实际情况恰当处理。对于自身有无法治愈疾病的病猪,应果断淘汰。治疗后无经济价值的猪也应淘汰,绝对不可将其留在原圈继续饲养。

"全进全出"制度是集约化猪场一项基本的管理制度,直接关系到猪场的疫病防控以及最终的生产效益,所以要想方设法保证其在猪场内顺利实施 。

六、母猪阶段性饲养技术

1. 配种期母猪的饲养

配种母猪分为后备母猪初配和经产母猪配种两种情况。后备母猪配种期,可延续后备猪的饲养管理制度不变,直至配种后30天左右,视母猪膘情确定是否调低饲料浓度和限制饲喂量。因为后备母猪初配后,自身发育和妊娠需要同步进行,不可把营养和喂量调整的过低,防止母猪生长不足,影响以后的繁殖潜力。

经产母猪在仔猪断乳后4~6天,可及时发情配种。如果猪群体况和健康良好,则发情期受胎率很高。但如果在哺乳期饲料质与量供应不足,因哺育仔猪透支自身的储备,造成过度消瘦、体况差,就会显著影响受胎率,甚至造成长期不发情,影响以后的繁殖力,使高产猪变成低产猪或淘汰猪。因此,产仔数多、哺育率高的母猪务必注意特殊照顾,给予充足的营养,才能充分发挥高产潜力。

对于体况较差的断奶母猪,要在配种期给予短期优饲,提高能量和粗蛋白质水平。采取优质饲料原料配制日粮,也可短期添加脂肪,增加背膘厚度,在膘情恢复以后再行配种。

2. 妊娠母猪的饲养

根据胚胎和胎儿生长发育规律,采取综合措施,提高胚胎和胎儿的成活率。母猪妊娠期一般分为前后两个阶段,妊娠前期是指配种至妊娠后的80天,后期为80天至产仔。母猪妊娠前期是受精卵附植(妊娠后12~24天)到子宫的不同部位,并逐渐形成胎盘的时期。在胎盘未形成前,胚胎很容易受环境条件的影响,要给予母猪以特殊照顾。如给予营养全面的日粮,不喂霉烂变质有毒饲料或冰冻饲料,禁饮冰水,要防止踢打、挤压、咬架等机械性刺激,预防高热性疾病。

妊娠期母猪除能保证其胎儿和乳腺组织增长外,本身的增重高于空怀母猪。这表明,在同等营养水平下,妊娠母猪比空怀母猪具有更强的沉积营养物质的能力,此阶段母猪饲料利用率高、食欲好、容易上膘。所以在营养供给上应采取"前低、后高"的原则,即妊娠前期采取较低营养水平饲养。在妊娠前期日粮中,可适当增加粗副饲料的比例。如在饲料中增加草粉、糟渣类、藤蔓类、小麦麸等粗纤维含量高的原料,占到日粮的 25% ~ 30% ,粗纤维素含量达到 12% 以上。视饲养猪品种的不同,控制能量在 11.3 ~ 12.0 兆焦/千克,粗蛋白质在 12% ~ 14% 。既能保证营养需要、满足猪的饱食感,又可以防止母猪自身过肥,有效地降低饲料成本。

妊娠前期常通过降低母猪的采食量或降低日粮的营养水平,来调控母猪的采食量。调控母猪采食量,有单独饲喂法、日粮稀释法、隔日饲喂法和使用电子母猪饲喂系统 4 种方法。

①单独饲喂法:利用妊娠母猪栏单独饲喂,最大限度地控制母猪饲料摄入。这种方法节省饲养成本,可以避免母猪之间相互抢食与咬斗,减少仔猪出生前的死亡率。

②隔天饲喂法:在一周的 3 天中(如星期一、三、五),自由采食 8 小时;在一周剩余的 4 天中,母猪需饮水,但不给饲料。研究表明,母猪很容易适应这种方法,繁殖性能并没有受到影响。该方法不适宜于集约化养猪。

③日粮稀释法:即添加高纤维饲料(如苜蓿干草、苜蓿草粉、米糠等),配成大体积日粮,降低日粮的营养水平,任母猪自由采食。这种方法能减少劳动力,但母猪的维持费用相对较高,同时也很难避免母猪偏肥。

④使用母猪自动饲喂系统:使用电子饲喂站,自动供给每个母猪预定的饲料量。计算机控制饲喂站,通过母猪的磁性耳标或颈圈上的传感器来识别个体。当母猪采食时来到饲喂站,计算机就分给它日料量的一部分。该系统适合任何一种料型,如颗粒料或湿粉料、干粉料、稠拌料或稀料。

母猪妊娠期的后 1/3 阶段即妊娠后期,胎儿的生长发育与增重迅速,所需营养显著增加。另外,由于胎儿体积迅速增大,致使母猪子宫膨胀,消化器官受到挤压,消化机能受到影响。因此,这个时期要逐渐减少青粗饲料,增加精饲料,才能满足母猪本身体重与胎儿生长发育的需要。

妊娠后期营养需要与日粮配制应注重浓度,能量为 11.80 ~ 12.80 兆焦/千克,粗蛋白质为 14% ~ 16%,钙磷比例为 1.2:0.6,同时供给充足的维生素和微量元素。此阶段管理主要是控制母猪小气候和饲料安全,防止因感冒、腹泻等引起的产前产后厌食症。

3.哺乳母猪的饲养管理关键

从妊娠到哺乳,中间有产仔前后一周左右称为围产期。围产期是母猪妊娠到哺乳的关键时期,即在产前的 3 ~ 5 天就要为哺乳做准备了。

临近预产期 3 ~ 5 天,要将日喂量从常量逐渐减少 50%,在产仔当天可只供应饮水。气温低时应提供温水。产仔后母猪极度疲惫、胃肠功能虚弱,要注意保持安静,让其充分休息,供给充足的饮水。水中可放入部分人工盐或小麦麸、葡萄糖等,不喂给饲料或少许饲喂。切忌产后喂饱喝足,伤及脾胃,造成消化不良,形成产后不食。实践证明,一旦伤及脾胃,食欲废绝,就很难恢复原有的食欲和消化能力,母猪的免疫力也会降低。一系列的产后疾患如无乳、产后热、厌食等,最终会影响母猪的胎次甚至终生的繁殖力。因此,母猪产后 3 ~ 5 天,应遵循让母猪多休息、少活动、少采食的原则,环境要干净、干燥、温暖。

饲喂方法:视母猪产仔数、健康状况等给予妊娠期日粮常量的25% ~ 50%,注意适口性和易消化。然后逐渐过渡到正常喂量并敞开供应,即母猪能吃多少给多少。实践表明,哺育 10 头以上仔猪的哺乳期母猪,正常日采食风干饲料应在 6 ~ 8 千克。直到断奶前 3 天左右,为预防断奶后患乳房炎而将喂量降至 50% 左右,并且控制饮水量。

七、种公猪的饲养与管理

种公猪对整个猪群的作用很大,自然交配时每头公猪可担负 20 ~ 30 头母猪的配种任务,一年繁殖仔猪 400 ~ 600 头;人工授精时每头公猪一年可繁殖仔猪万头左右。种公猪对其所产后代均会发生遗传影响,农谚说"母猪好管一窝,公猪好管一坡",充分说明了种公猪的重要作用。要提高种公猪的配种效率,必须保持营养、运动和配种利用三者之间的平衡。营养是保证公猪健康和生产优良精液的物质基础;运动是增强公猪体质、提高繁殖机能的有效措施;而配种利用是决定营养和运动需要量的依据。例如,在配种繁殖季节,则应加强营养,减少运动量;在非配种季节,则可适当降低营养,增加运动量,以免公猪肥胖或者消瘦而影响公猪的性欲和配种效果。

1. 种公猪的营养调控

种公猪日粮中能量水平不宜过高,控制在中等偏上水平(每千克日粮含消化能 10.46～12.56 兆焦)即可。长期喂给过多高能量饲料,公猪不能保持结实的种用体况,因体内脂肪沉积而肥胖,造成性欲和精液品质下降;相反,能量水平过低,公猪消瘦,精液量减少,性机能减弱。

日粮中蛋白质的品质和数量,对维持种公猪良好的种用体况和繁殖能力均有重要作用。供给充足优质的蛋白质,可以保持种公猪旺盛的性欲,增加射精量,提高精液品质和延长精子的存活时间。因此,在配制公猪日粮时,要有一定比例的动物性蛋白质饲料(鱼粉、血粉、肉骨粉等)与植物性蛋白质饲料(豆类及饼粕饲料)。在以禾本科子实为主的饲料条件下,应补充赖氨酸、蛋氨酸等合成氨基酸。

矿物质对公猪的精液品质和健康有显著影响。日粮中钙不足或缺乏时,精子发育不全、活力降低或死精子增加;缺磷引起生殖机能衰退;缺锰会产生异常精子;缺锌使睾丸发育不良,精子生成停止;缺硒引起贫血,精液品质下降,睾丸萎缩。公猪日粮多为精料型,一般含磷多含钙少,故需注意钙的补充。食盐在公猪日粮中也不能缺少。在集约化的养猪的条件下,更需注意补充上述微量元素,以满足其营养需要。

维生素 A、D、E 对精液品质亦有很大影响。长期缺乏维生素 A 时,会使公猪睾丸肿胀或萎缩,不能产生精子,失去繁殖能力。缺乏维生素 E 时,亦会引起睾丸机能退化,精液品质下降。公猪可从青绿饲料中获得维生素 A 和 E,在缺乏青饲料时应注意补充多维。维生素 D 影响钙、磷代谢,间接影响精液品质,让公猪每天晒一会太阳,可保证维生素 D 的需要。

2. 公猪的饲养

公猪的饲养方式分为两种:一贯加强的饲养方式,全年均衡保持高营养水平,适用于常年配种的公猪。配种季节加强的饲养方式,实行季节性产仔的猪场,种公猪的饲养管理分为配种期和非配种期,配种期饲料的营养水平和饲料喂量均高于非配种期。于配前 20 ~ 30 天增加 20% ~ 30% 的饲料量,配种季节保持高营养水平,配种季节过后逐渐降低营养水平。配种期间每天可加喂 2 ~ 4 个鸡蛋或小鱼、小虾等动物性蛋白质饲料,以保证良好的精液品质。冬季寒冷时,日粮的营养水平应比饲养标准提高15% ~ 20% 。

种公猪饲喂应定时定量,冬季可日喂 2 次,夏季可日喂 3 次,每次不宜喂得过饱(九成饱),日粮一般占体重的 2.5% ~ 3% ,喂量需要看体况和配种强度而定,宜采用生干料或湿拌料。

3. 公猪的管理

(1)加强运动:合理运动可促进公猪食欲、帮助消化、增强体质、提高生殖机能。因此,在非配种期和配种准备期要加强运动,在配种期适度运动。一般要求上、下午各运动一次,每次 1 ~ 2 小时,距离 1 ~ 2 千米,圈外驱赶或自由运动,在夏季早晚、冬季中午进行。运动不足会严重影响公猪配种能力。

(2)刷拭和修蹄:经常刷拭猪体可保持皮肤清洁,促进血液循环,减少皮肤病和寄生虫病,并且还可使种公猪温驯听从管教。要经常修整种公猪的蹄子,以免在交配时擦伤母猪。

(3)单圈饲养:种公猪必须单栏饲养,与其他公猪合养易相互争咬,造成伤害。与母猪混养要么易性情温顺,失去雄威;要么过早爬跨,无益配种受胎。种公猪实行单栏饲养安静,可减少外界干扰,食欲正常,杜绝了爬跨其他公猪的养成自淫的恶习。在公猪长到 60 千克后就应当单栏喂养。

(4)防寒防暑:种公猪生长适宜的温度为 18 ~ 20℃。冬季猪舍要防寒保温,以减少饲料的消耗和防止疾病。夏季要防暑降温,高温影响尤为严重,轻者食欲下降、性欲降低;重者精液品质下降,甚至会中暑死亡。防暑降温的措施有通风、洒水、洗澡、遮阴等,各地可因地制宜选择。短暂的高温可导致长时间的不育,刚配过种的公母猪严禁用凉水冲身。

(5)定期检查精液品质:实行人工授精的公猪,每次采精都要检查精液品质。如果采用本交,每个月也要检查1~2次,特别是后备公猪开始使用前和由非配种期转入配种期之前,都要检查精液2~3次,劣质精液的公猪不能配种。根据精液品质的好坏,调整营养、运动和配种次数,这是保证种公猪健壮和提高受胎率的重要措施之一。

(6)定期称重:根据体重变化情况检查饲料是否适当,以便及时调整日粮,以防过肥或过瘦。成年公猪体重应无太大变化,但需经常保持中上等膘情。

(7)防止公猪咬架:公猪好斗,偶尔相遇就会咬架。公猪咬架时应迅速放出发情母猪,将公猪引走;或者用木板将公猪隔离开;或用水猛冲公猪眼部将其撵走。对于成年公猪,为了防止互相咬斗受伤或者伤害饲养人员,可以在配种前半个月用钳子或钢锯将犬牙的尖端去掉。

(8)日常的管理工作:如保持栏舍及猪体的清洁卫生、疫苗注射等。

4.公猪的合理利用

(1)公猪初配年龄和体重:不同品种公猪达到性成熟的年龄有所区别,地方品种一般在8~10月龄、60~70千克配种,国外引进品种一般在10~12月龄、90~120千克开始配种。生产中常有公猪过早配种,由于刚性成熟、交配能力不好、精液质量差,母猪受胎率低,且会缩短使用寿命。若过迟配种,则会延长非生产时间、增加成本,还会造成公猪性情不安,影响正常发育,甚至造成恶癖。

(2)配种强度:一般1~2岁的青年公猪,每星期配种2~3次,成年公猪每天可配种1~2次,配种高峰期可每天配种2次,早、晚各配1次,连续配种2~3天,休息1天。如果是采精,青年公猪每星期采2次,成年公猪隔天采1次,老年公猪每星期采1次。公猪精子生成、成熟需要42天,如频繁使用会造成幼稚型精子配种,增加公猪空怀率;使用过少则增加成本,公猪性欲不旺,附睾内精子衰老,受胎率下降。公猪必须合理休养使用。

(3)配种比例:本交时公母性别比为1:(20~30);人工授精可达1:300。

（4）利用年限：公猪繁殖停止期为 10～15 岁，一般使用6～8年，以青壮年 2～4 岁最佳。生产中公猪一般使用 2 年。

第四节　生态养猪与粪污减排

生态学：生态学是研究生物体与其周围环境（包括非生物环境和生物环境）相互关系的科学，目前已经发展为"研究生物与其环境之间的相互关系的科学"。按所研究的生物类别，分为微生物生态学、植物生态学、动物生态学、人类生态学等。

动物生态学：动物生态学是研究动物与其环境之间相互关系的学科，是从生物种群和群落的角度研究动物与其周围环境相互关系的科学，是生态学的分支，是由动物学与生态学等交叉形成的学科。研究内容为：阐明动物与生存条件的关系，生存条件的变化对动物的生理结构、形态特征和行为方式的影响；在一定的生存条件下各种动物种群的数量关系，出生率和死亡率的变化，种群密度和年龄分布；一定的环境条件下种内和种间关系以及它们对动物进化的意义，种内与种间的合作与竞争、捕食与被捕食、种间等各种共生关系，以及动物种群的结构和演化；不同生态条件下动物种群和群落的形成、适应性和演化；人类对动物资源开发利用和动物遗传资源的保护等。

生态畜牧业：是指运用生态系统的生态学原理、食物链原理、物质循环再生原理和物质共生原理，采用系统工程方法并吸收现代科学技术成就，以发展畜牧业为主，农、林、草、牧、副、渔因地制宜，合理搭配，以实现生态、经济、社会效益相统一的畜牧业产业体系。生态畜牧业是解决大力发展畜牧业所造成生态负效应的根本方法。生态畜牧业是一项经济、高效的实用技术，是发展绿色农产品的主要途径。发展生态畜牧业是实现资源、生态、环境可持续利用，建立完整的畜牧业生态体系，优化结构，有利于物种间的相互利用，有利于提高效益，是畜牧业生产发展与环境保护同步进行的必要保证。

一、发酵床养猪技术

1. 发酵床养猪方法的优势

目前中国每年畜禽粪便产生量已达 19 亿吨,超过了工业固体废弃物排放量的 2 倍多。集约化、规模化畜禽养殖场和养殖区污染物问题已提到重要的议事日程上来。目前我国的养猪模式主要有养猪达标排放模式、种养平衡模式、沼气生态模式等,主要问题在于投资较大,运行费用高,对操作人员技术要求高,需要配套大面积的土地以消纳猪粪水,且粪肥施用受农田季节、作物品种、粪肥用量等限制。畜禽养殖业的健康可持续发展应兼顾环境效益和经济效益,提高项目的投资收益率,以较低成本解决环境污染,促进养殖业、环境与人类的和谐发展。发酵床养猪技术作为一种新兴的环保生态养殖技术,日益受到人们的广泛重视。

发酵床养猪技术是一种以发酵床为基础的粪尿免清理的环保养猪技术。发酵床养猪技术起源于日本,得到了广泛的应用。该技术传到韩国,经改进后成为"韩国自然养猪法",经韩国自然农业协会推广,在韩国、朝鲜开始普及。目前"韩国自然养猪法"和"日本发酵床养猪技术"引入我国,在山东省、辽宁省试验推广。发酵床养猪技术在我国有不同的名称,如"韩国自然养猪法"、"日本洛东酵素发酵床养猪法"、"厚垫料养猪技术"、"生态养猪法"等,该类技术实质都是一种发酵床养猪方法。

2006 年山东省农科院与日本企业签订发酵床养猪合同,2007 年经山东省外专局批准,山东省农科院引进日本专家发酵床养猪技术,在济南、临沂、德州等地开始试验推广。2006 年韩国自然养猪法也开始在山东省肥城、枣庄等地开始试验。该养猪技术确实具有环保养猪的优势,同我国传统养猪方法比较,优势主要体现在"零排放、一个提高、两个节约"。

(1)"零排放":即"原位降解粪尿",猪排泄的粪尿经过垫料中的微生物分解、发酵,猪场内外无臭味。该技术将传统集约化养猪粪便污染处理问题提前在养殖环节进行消纳,可实现污染物零排放的目的。应用发酵床养猪技术,可节约建造沼气池成本及改善猪场的环境。"零排放"是本技术最显著的特征。

(2)"一个提高":即提高抵抗力、减少药残。由于猪在发酵床垫料上生长,应激减少,福利程度提高,抗病力明显增强,发病率减少,特别是呼吸道疾病和消化道疾病较传统集约饲养有大幅下降。发酵床养猪模式建议饲料中不添加抗生素,猪活动范围增加,所生产的猪肉抗生素残留明显减少,猪肉品质也明显改善。

(3)"两个节约":即是节约用水和节约劳力。因发酵床养猪技术不需要用水冲洗圈舍,仅需要满足猪饮用和保持垫床湿度的水即可,所以较传统集约化养猪可节省用水85%～90%。由于猪场不需要清粪,饲养人员仅需保证及时喂料、发酵床维护,一个正常劳力可批次饲养几百头育肥猪,相对于过去一人可饲养几十头猪的传统养猪法,可大大节约劳动力。

另外,零排放养猪可消纳大量农副废弃资源。发酵床养猪可使用的垫料有锯末、稻壳、玉米秸秆、花生壳、棉花秸秆、大豆秸秆、甘蔗渣等。利用废弃的垫料生产有机肥和沼气,可实现资源的循环利用。

2. 发酵床养猪技术原理

目前尚没有对发酵床养殖原理进行准确的定义。作者认为发酵床养猪技术是一种猪在发酵床上生长、粪污免清理的养殖技术,技术核心为利用特定的微生物进行的动态好氧发酵控制。该技术将养殖环节与粪污处理有机结合,从而达到促进猪生长,改善养殖环境,实现资源利用的目的。

好氧发酵:发酵床菌种主要为一种纳豆菌(枯草芽孢杆菌),是需氧菌,该菌可分泌大量的蛋白酶。在高温、缺氧等不利环境下,该菌产生孢子,以抵抗不利条件的影响。在有氧情况下该菌可大量繁殖,因此发酵床需保持一定得空隙密度,并进行适当的垫料翻挖。该菌还需要提供一定的水分和碳氮等营养物质,发酵床制作时应控制水分含量,并提供营养源。

对于发酵床有不同的称呼,如零排放发酵床养猪(回归自然,福利角度)、自然养猪法(一种特征)、厚垫料养猪法(一种特征)、生态发酵床(一种特征)。目前日本、韩国、美国、加拿大、荷兰、中国等国都在推广该技术。世界各地育肥猪发酵床饲养工艺流程基本一致(图7)。

3. 发酵床猪舍设计

发酵床猪场选址与布局和我国传统集约化猪场基本相同,应适宜选址、合理布局。养殖场选址位于法律法规明确规定的禁养区以外,通风良

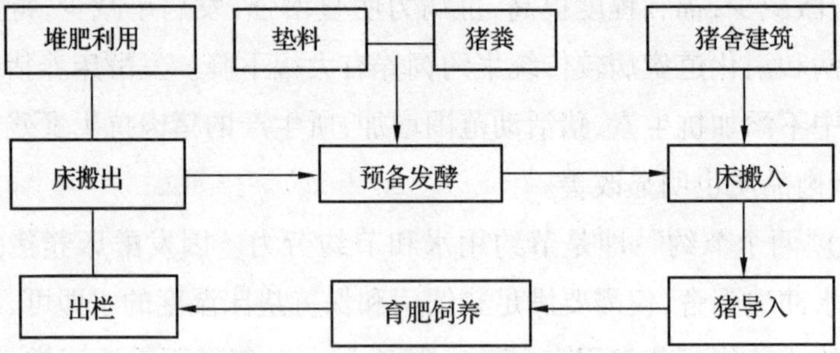

```
┌──────────┐   ┌──────────┐  ┌──────────┐      ┌──────────┐
│  堆肥利用  │   │   垫料    │──│   猪粪    │      │  猪舍建筑  │
└──────────┘   └──────────┘  └──────────┘      └──────────┘
     │  │            │                              │
     ▼  │            ▼                              ▼
┌──────────┐   ┌──────────┐                  ┌──────────┐
│  床搬出   │──▶│  预备发酵  │─────────────────▶│  床搬入   │
└──────────┘   └──────────┘                  └──────────┘
     │                                             │
     ▼                                             ▼
┌──────────┐   ┌──────────┐                  ┌──────────┐
│   出栏    │◀──│  育肥饲养  │◀─────────────────│   猪导入  │
└──────────┘   └──────────┘                  └──────────┘
```

图7　育肥猪发酵床饲养工艺流程

好,给排水相对方便,水质符合要求;距主要交通干线和居民区的距离满足防疫要求;有供电稳定的电源;在总体布局上做到生产区与生活区分开,净道污道分开,正常猪与病猪分开,种猪与商品猪分开。厂址选择时,一般考虑地理位置、地势与地形、土质、水电等因素。发酵床猪舍与我国常规水泥地面猪舍建筑不同。目前国内的育肥猪发酵床猪舍建筑主要有顶棚式、双面坡式和塑料大棚3种。顶棚式猪舍四面通风,较适合我国南方地区。双面坡式适合于我国北方地区。塑料大棚式发酵床猪舍在东北三省较多,山东省不多。不同猪舍适合不同区域,日本猪舍为D型－大棚式较多,韩国钟楼式猪舍建筑较多。

北方发酵床猪舍设计时,应注意夏季防暑、冬季保暖、除湿、通风、水管防冻、饮用水及雨水污染垫料,防止屋顶结水珠和穿堂风,注意发酵床地下水位高低等。南方发酵床猪舍设计时,应注意夏季降温、增加通风、雨水污染垫料及热射病等。各种猪舍设计时,都还应方便猪的进栏与出栏,发酵床废弃垫料的堆积和清理。

(1)发酵床生长育肥猪舍设计:目前国内育肥猪发酵床猪舍建筑存在差异,基本模型如图8~11所示。

发酵床猪舍一般采用单列式,跨度为9~13米。南方猪舍采用立面全开放卷帘式,猪舍屋檐高度3.6~4.5米。栋舍间距要宽些,小型挖掘机或小型铲车可行驶,一般在4米以上。北方猪舍采用双面坡式,猪舍屋檐高度2.0~3.5米,后墙为二四式,新疆地区后墙可采用三七式。

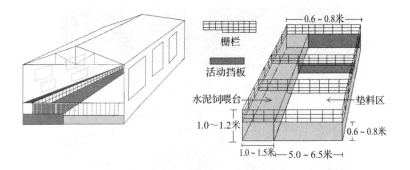

栅栏

活动挡板

水泥饲喂台

0.6~0.8米

垫料区

1.0~1.2米

0.6~0.8米

1.0~1.5米

5.0~6.5米

图 8 发酵床生长育肥猪舍

图 9 单列式双面坡湿帘风机发酵床猪舍

图 10 半钟楼式钢架发酵床猪舍

图11　南方双列卷帘式发酵床猪舍

栏圈面积大小可根据猪场规模大小（即每批断奶转栏数量）而定，不同饲养阶段饲养密度不同（表2），可根据猪体重及饲养阶段来调整。

表2　　　　　　　　　不同猪群发酵床饲养密度

类　　别	垫料厚度（厘米）	垫料体积（米³/头）	垫料面积（米²/头）
保育猪	55～60	0.2～0.3	0.3～0.5
生长猪	60～90	0.7～0.9	0.7～1.0
育肥猪	70～90	1.0～1.2	1.1～2.0
后备猪	70～90	1.0～1.2	1.1～1.5
妊娠母猪	80～90	1.3以上	0.9～1.4
哺乳母猪	80～90	1.5以上	1.7～1.9
种公猪	55～60	1.5～1.6	2.5～2.9

各地在设计不同生猪发酵床猪舍时，可根据生猪类别、猪体重及季节温度进行适当调整。

在猪舍一端设一饲喂台，或在猪舍适当位置安置饮水器，要保证猪饮水时所滴漏的水往栏舍外流，以防垫料潮湿。另一方面，夏天采取滴水降温时，建议将水滴在饲喂台上。猪采食时水可滴落在猪头部，达到降温效果。饲喂台宽度一般为1.2~1.5米,高度为50~80厘米。夏季猪趴在上面,有利于缓解热应激,又便于保护猪蹄壳。在饲喂台与墙体间预留饲喂通道,宽度为1.2~1.5米,便于饲养管理。

尤其注意屋顶建筑。山东地区屋顶建议为瓦泥芦苇结构建筑或彩钢瓦塑料泡沫PVC板结构,都有利于猪舍夏季防暑冬季保温。屋顶不建议采用单层石棉瓦结构,不利于夏季降温和冬季保暖。

猪舍内垫料长时间使用后或垫料进入雨水,污水有可能污染地下水,建议地面水泥固化。如果地下水位高,应固化。新疆地区建议发酵床面为水泥面,以利于保持垫料水分。

常用发酵床猪舍配套设施,如排气扇(用于夏季或天气无风闷热时加强通风)、湿帘(用于夏季高温时节降温)、翻动机械设备(用于垫料制作、垫料日常翻动搅匀,如小型挖掘机或叉子)、活动挡板(猪进出栏用)、喷雾器(调节垫料湿度,洒水)等。

根据猪舍栏种类不同,发酵床猪舍又分为地面槽式结构、半坑道式结构和地下坑道式结构3种(图12)。

地面槽式结构　　　　半坑道式结构　　　　地下坑道式结构
(发酵床在地上)　(发酵床部分在地上,部分在地下)　(发酵床在地下)

图12　发酵床猪舍结构

①地面槽式结构:又称地上式结构,样式与传统中大猪栏舍接近,三面砌墙,高度为保育猪50~70厘米、中大猪60~90厘米,一般要比垫料层高5厘米左右。上方增添50~80厘米铁栏杆,防止猪跑出。优点:猪栏面高出地面,雨水和地面水不易流到垫料上。通风效果好,且垫料进出方便。缺点:猪舍整体高,造价相对高些;猪转群不便;由于饲喂料台高出地面,饲喂不便。地下水位高时,可采用该结构。

②地下坑道式结构:又称地下式结构,根据地下水位情况向地下挖掘,即发酵床垫料在地面水平面以下。深度:保育猪40~60厘米、中大

猪 60~100 厘米。栏面上方增添 50~80 厘米铁栏杆,防止猪跑出。优点:猪舍整体高度较低,造价相对低;猪转群方便;冬季保温效果好,由于饲喂料台与地面平,投喂饲料方便。缺点:雨水容易溅到垫料上;进出垫料不方便。整体通风比地面槽式差。地下水位高时,不易采用该种结构。

③半坑道式结构:又称半地下式结构,即将垫料槽一半建在地下,一半建在地上。垫料发酵床上平面与舍内硬化地面、喂饲走道持平或略高,发酵槽底部高于舍外地平面 40~50 厘米。建槽时将挖取的地下部分土回填到硬化地面和喂饲走道。

(2)育肥猪旧猪舍改造:由于新建发酵床猪舍成本较高,山东省一些猪场开始旧猪舍改造。山东省旧育肥猪舍大多为半开放式,改造如图 13 所示。

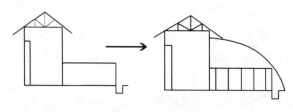

图 13 旧猪舍改造

①在猪运动场上方增加拱形竹竿,覆盖 1~2 层塑料薄膜。竹竿支撑能力应足够,冬季防止雨雪压塌。夏天可在塑料薄膜上方安置遮阳网,冬季添加草帘,利于夏季防暑、冬季保暖。

②猪舍后墙增开窗户,以利于夏季通风降温。

③增设水泥饲喂台,便于猪采食,同时防止饮水器滴水污染垫料。

④根据猪圈面积决定适宜饲养的头数。或将传统猪舍两个相邻猪圈的隔墙打开,合围一个发酵床进行饲养。

⑤注意配套通风设施。

山东省原有的旧猪舍经改造后,冬季发酵床饲养效果较好,猪舍无臭味,猪生长良好,断奶仔猪腹泻率明显降低。但夏季使用时存在一定限制,主要为猪舍高建筑度低,不利于通风;采用遮阳网降温,效果有限。旧猪舍改造后,进行发酵床养殖的投入成本显著降低,冬季饲养效果较好。

缺陷为炎热地区夏季养殖效果存在不足。

　　（3）母猪舍建筑：母猪舍可分为后备母猪舍、妊娠母猪舍和哺乳母猪舍。后备母猪舍、妊娠母猪猪舍和哺乳母猪发酵床猪舍设计基本一致，与育肥猪猪舍建筑的不同在于母猪发酵床饲喂台宽度为2.0米左右，而育肥猪发酵床饲喂台宽度为1.2~1.5米；分娩猪舍常采用分娩栏或产床进行饲养，对保暖性能要求较高。

　　发酵床母猪舍建筑如图14所示，将水泥饲喂台作分娩床的母猪猪舍，在水泥饲喂台和发酵床区间可用铁栅栏分割。发酵床饲养空怀母猪和后备母猪时，可将铁栅栏去掉，空怀母猪和后备母猪可在发酵床上和水泥饲喂台上自由活动。母猪配种后，用铁栅栏将发酵床和水泥饲喂台隔开，妊娠母猪不再进入发酵床区域。妊娠母猪分娩后，乳猪可自由穿过铁栅栏的底部，到发酵床上自由活动。乳猪对外界环境要求较高，可在发酵床一角落设置保暖箱。乳猪可到保暖箱中取暖，也可从铁栅栏底部穿过，到哺乳母猪处吃乳。

图14　水泥饲喂台作产床的母猪舍

　　很多地方利用产床进行发酵床母猪饲养。将产床设置在发酵床上，产床下的发酵床区域可以硬化，也可以在产床床板上生长。乳猪可通过产床底部的空隙自由进入发酵床区域活动（图15）。

图15　使用产床的母猪发酵床

4.发酵床的制作

（1）发酵床垫料及质量要求：制作发酵床时，尽量利用当地廉价的原料，以降低成本。在选择垫料时，尽量选择不易腐烂的材料（即木质素含量较高的材料），垫料选择时可从原料的吸水性、透气性、易发酵性等方面考虑（表3）。当地可利用的原料，有锯末、棉秆、花生壳、豆秆、稻壳、玉米秸秆、甘蔗渣、棉子皮、米糠、麸皮等。

表3　　　　　　　　　　　**发酵床一些垫料原料的特性**

垫料的特征	锯末	稻壳	碎稻谷	废纸	树皮	麦秆
吸水性	○	△	○	◎	△	△
透气性	△	◎	○	△	◎	○
易调整性	○	○	○	○	○	△
易搅拌性	△	○	△	△	×	△
易搬运	○	×	△	◎	△	○
易发酵	○	◎	○	△	◎	△
持续发热性	○	○	○	×	◎	△
易到手	○	△	○	◎	○	○
成本	△	◎	○	○	○	○

注：◎最好；○良好；△可以；×不好。

发酵床养猪技术的重要环节是垫料制作，垫料所用最大宗的原料为农作物下脚料（如谷壳、秸秆）、锯末、树叶等，还需少量的米糠、生猪粪及微生物饲料添加剂。日本专家推荐"锯末—稻壳—米糠—猪粪—菌种"

发酵床,其中锯末主要起保持垫料水分的作用,稻壳或秸秆主要起支撑垫料和增加透气的作用。米糠和生猪粪为发酵床微生物发挥功能的营养源。发酵床微生物添加剂起提高和稳定发酵状态、分解猪粪尿、促进饲料吸收、抑制病菌繁殖的作用。考虑到我国与日本、韩国自然资源不同,同时为了降低成本,锯末、稻壳等可用破碎的棉秆、豆秸、玉米秸秆、玉米芯、甘蔗渣、蘑菇废料等代替。

秸秆需事先切成1~2厘米,最好将玉米秸秆的叶梢去掉。玉米芯经破碎成小块后,也可以应用。锯末等无霉变、无杀虫剂等。锯末经防腐剂处理过的不得使用,如三合板等高密板材锯下的锯末。米糠质量要好,掺杂谷糠或酸败的米糠不得使用。无米糠时,可用玉米面、麸皮等代替。生猪粪要求是一周内的新鲜猪粪。直接用从猪栏内捞起的干清粪,不能用集粪池中的粪便,以母猪粪最好(防止猪粪含有抗生素,一般猪粪也可)。全新猪场没有猪粪,可增加优质米糠或玉米面、麸皮、树叶等替代。

(2)垫料制作:垫料制作其实就是垫料发酵的过程,目的是在垫料里增殖优势有益菌群,通过发酵过程产生的热量杀死有害菌。垫料制作方法根据制作场所不同,可分为集中统一制作和猪舍内直接制作两种。集中统一制作垫料是在舍外场地用较大的机械操作,效率较高,适用于规模较大的猪场,要新制作垫料时通常采用该方法。在猪舍内直接制作,是在猪舍内逐栏把谷壳、锯末、生猪粪、米糠以及微生物添加剂混合均匀后,效率低些,适用于规模不大的猪场。不论采用何种方法,只要能达到充分搅拌,让它充分发酵就可。在新疆地区,因冬季环境温度较低,建议将谷壳、锯末、生猪粪、米糠以及微生物添加剂混合均匀并调整水分含量后,转入发酵床舍中,用透气的草苫或麻布遮盖,进行发酵处理。该工作最好在当日完成。如果发酵垫料在室外堆积发酵,因外界气温低,垫料中的温度难以上升,会导致发酵失败。

发酵床制作时,应确定垫料厚度。一般育肥猪舍垫料层高度冬天为90厘米,夏天为60厘米;保育猪舍垫料层高度为60厘米,夏天为50厘米。根据不同季节、发酵床猪舍面积、所需的垫料厚度,计算出所需要的谷壳、锯末、米糠以及微生物添加剂用量。不同的材料、季节不同,所占的比例不一样。锯末稻壳型发酵床垫料的比例如表4所示。

表4 不同季节所需的垫料比例

季节	稻壳	锯末	鲜猪粪	米糠	微生物添加剂
冬季	40%	40%	20%	3.0 千克/米^3	150~250 克/米^3
夏季	50%	30%	10%	2.0 千克/米^3	100~200 克/米^3

注:夏季也可不用猪粪,适当增加米糠用量。

　　锯末少时,可用玉米秸秆、玉米芯、花生壳、棉花秸秆等代替。干玉米秸秆去除叶梢后,切短成1~2厘米,用量不超过30%。玉米芯可破碎成小块后使用。将所需米糠与适量微生物添加剂混合均匀备用。将谷壳或锯末取10%备用,按图16把谷壳和锯末倒入垫料场内,再倒入生猪粪、米糠和混匀的米糠微生物,用铲车等机械或人工充分混合搅拌均匀。先将底层的谷壳、锯末混合,再用碗、勺、水管等洒水,调整水分含量,然后混合。再铺猪粪和微生物米糠混合物,最后将整个垫料混匀。

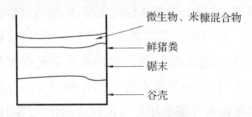

微生物、米糠混合物

鲜猪粪

锯末

谷壳

图16 垫料铺垫示意图

　　原料混合过程中,注意调节水分含量,保持在50%左右,即手握成团、不滴水、料落地散开为宜。垫料水分含量调整尤其关键,水分过大、过小都会导致垫料升温缓慢。如水分不足,可加水后再混匀堆积;如水分过多,可再略微补充干锯末和稻壳(图17)。

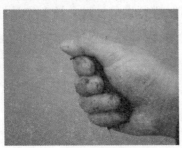
垫料手握不滴水

垫料手握成团

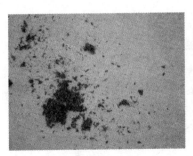
垫料落地散开

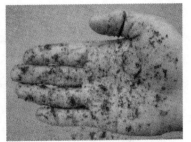
手湿,掌上略有水珠

图17　垫料水分含量判定

①垫料堆积发酵:各原料经搅拌均匀混合后,呈梯形或丘形堆积起来。堆积好后用具有透气性的麻袋或凉席、草帘等覆盖周围中下部。垫料堆积高度一般为1米以上。寒冷季节环境温度低时,堆积体积应足够大。

②垫料堆积过程中温度检测:第二天选择垫料不同部位20厘米深测定温度,达到40℃以上。温度逐渐上升,第三天最高可达60～70℃,保持温度。冬季发酵7～15天,夏季发酵3～7天。摊开垫料,以无粪臭味为标准,正常情况下为淡淡的酸香味,表明发酵成功。一般夏季不加猪粪时发酵3天,冬季发酵7～10天,以垫料温度刚下降时即摊开。

③垫料的铺设:根据外界季节温度的不同,物料经发酵达70℃时,保持3天以上。当物料气味清爽、没有粪臭味时,即可摊开,分到每一个栏舍。高度根据不同季节、不同猪群而定。物料在栏舍摊开铺平后,用预留的10%未经发酵的谷壳、锯末覆盖,厚度约10厘米。铺设完垫料24小时后再进猪。

要求在垫料完全发酵成熟后再放猪。在图18中,夏季A曲线垫料中不加猪粪,温度衰减很快。原因是垫料中的营养(米糠)在发酵中很快被消耗完毕,曲线趋于稳定。冬季B曲线因垫料中含有猪粪等丰富营养,发酵时间延长,温度曲线衰减较慢。垫料发酵成熟与否,关键看温度曲线是否趋于稳定。夏季放猪前,如果是新垫料,温度曲线趋于稳定一般为10天左右;如果是旧垫料,温度曲线趋于稳定一般为15天左右。垫料发酵状况会随着气温的变化而有所变化,以上曲线仅作参考。

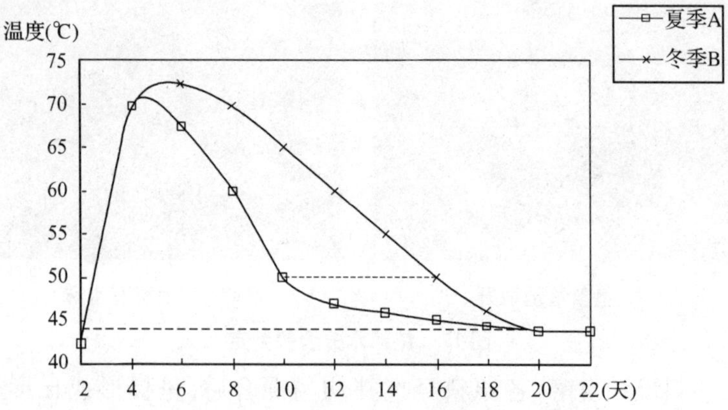

图18   锯末—稻壳—猪粪发酵床垫料堆积发酵温度

④注意事项:调整水分要特别注意,尽可能不要过量。制作垫料时,各种原材料的混合方法都可以考虑,以高效、均匀为原则。堆积后表面应按压,特别是在冬季,周围应该使用通气的麻袋等覆盖,能够保持升温并保温。所堆积的物料散开时,中心部水分比较低,气味应很清爽,不能有恶臭。如散开物料时还有氨臭,应续继发酵。一定要注意第二天物料初始温度是否上升至20~40℃,否则要探究原因。如谷壳、锯末、米糠、生猪粪等原材料是否符合要求,谷壳、锯末、米糠、生猪粪以及微生物比例是否恰当,物料是否混合均匀,物料水分是否在50%左右等。

(3)垫料制作失败的补救措施:在第一次发酵失败或垫料被寄生虫感染后,建议进行第二次堆积发酵。第二次堆积发酵时间适当延长,寒冷地区可延长至20天以上。第二次堆积发酵时,确保最高发酵温度高于60℃。将垫料外翻,重新堆积发酵。堆积过程中,针对第一次失败原因,采取添加垫料、调整水分含量、补充菌种、添加营养源等措施,确保发酵成功。寄生虫在60℃干燥情况下1分钟即可杀死,在湿热情况下5分钟才被杀灭(表5)。

表5   **常见猪传染病病原的最低灭活温度、所需时间**

病原	温度(℃)	时间(分钟)	病原	温度(℃)	时间(分钟)
猪瘟病毒	56	3天	猪败血霉形体	50	20
蓝耳病病毒	56	45	猪传染性胸膜炎	60	5~20
流行性腹泻病毒	60	30	猪丹毒	50	15~20

（续表）

病原	温度（℃）	时间（分钟）	病原	温度（℃）	时间（分钟）
传染性胃肠炎病毒	65	10	猪喘气病	50	10
仔猪副伤寒	60	10	链球菌	50	2 小时
猪伪狂犬病毒	56	15	副猪嗜血杆菌	60	5～20
乙脑病毒	56	30	猪螺旋体痢疾	40	很快死亡
猪肺疫（巴氏杆菌）	60	1	口蹄疫	70	30

　　（4）低成本发酵床制作方法：为了降低垫料成本，养殖户可灵活选用当地原料替代锯末、稻壳，但要保证发酵床的饲养效果。根据季节变化购买廉价原料。一般水稻收获时稻壳便宜，青黄不接时稻壳昂贵。夏季酒糟便宜，冬季原料供应紧张。调整垫料配方，降低垫料成本（表6～表9）。

表6　　　　　　节省成本发酵床所需各原料比例推荐一

季节	稻壳	锯末	花生壳	鲜猪粪	米糠	发酵床微生物
冬季	20%	40%	20%	20%	3.0 千克/米³	150～250 克/米³
夏季	20%	30%	40%	10%	2.0 千克/米³	150～200 立/米³

　　注：花生壳不粉碎为好。夏季可用玉米面代替猪粪，玉米面用量为2.0 千克/米³ 垫料。

表7　　　　　　节省成本发酵床所需各原料比例推荐二

季节	稻壳	甘蔗渣	鲜猪粪	米糠	发酵床微生物
冬季	40%	40%	20%	3.0 千克/米³	150～250 克/米³
夏季	55%	35%	10%	2.0 千克/米³	150～200 克/米³

　　注：夏季可用玉米面代替猪粪，玉米面用量为2.0 千克/米³ 垫料，以干甘蔗渣为好。

表8　　　　　　节省成本发酵床所需各原料比例推荐三

季节	稻壳	锯末	醋糟	鲜猪粪	米糠	发酵床微生物
冬季	15%	40%	25%	20%	3.0 千克/米³	150～250 克/米³
夏季	20%	35%	35%	10%	2.0 千克/米³	150～200 克/米³

表9　　　　　　使用玉米面的发酵床垫料推荐配方

季节	稻壳	锯末	玉米面	发酵床微生物
冬季	55%	45%	3.0 千克/米³	150～250 克/米³
夏季	60%	40%	2.0 千克/米³	150～200 克/米³

①改变垫料结构,降低垫料成本。首先在发酵床猪舍底部铺设一定厚度的干玉米秸秆。玉米秸秆应干燥,不能潮湿。最好将玉米秸秆去掉叶梢部分后再铺设,然后将发酵好的发酵床垫料铺设在已铺好的玉米秸秆上。再在发酵床垫料上平铺锯末或稻壳,隔日后进猪。

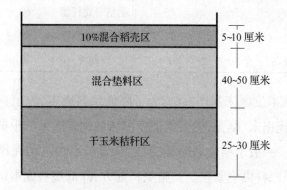

图19 利用玉米秸秆节约成本的发酵床结构

山东省干玉米秸秆区铺垫厚度不宜超过30厘米,东北三省等北方寒冷地区可适当铺至40~50厘米厚。山东省混合垫料区厚度以40~50厘米为好,不宜低于40厘米。东北三省等北方寒冷地区混合垫料厚度45~60厘米为好。夏季混合垫料层厚度可降低,冬季混合垫料层厚度可增加。该方法适合北方玉米主产区,发酵床垫料成本降低30%~40%。该方法不适宜挖掘机机械化翻挖垫料。

②节省人工的垫料铺垫方法。随着发酵床技术的推广,一些企业推广发酵床垫料直接铺垫方法(干撒式发酵床)。具体是将垫料组分稻壳铺垫一层,再铺垫一层锯末,然后洒水,再铺垫营养源和菌种混合物。再在上面铺设稻壳、锯末及营养源和菌种混合物,层层铺垫,最后进猪饲养。直接铺垫垫料法可节省发酵床劳动力,缩短发酵床制作时间,缺陷在于各种垫料组分比例不易掌握,各垫料组分没有混匀,易发酵失败。另外,发酵床垫料温度低,对于病菌、病毒等感染的垫料杀灭效果有限。直接铺垫法不适宜寒冷地区冬季发酵床的制作。预堆积发酵床垫料方法费时费力,但发酵床制作成功率高,易养殖成功,对于病菌、病毒等感染的垫料杀灭效果较好。对于初次发酵床养殖用户,建议采用预堆积发酵法。

5.发酵床垫料管理

（1）发酵床监控指标：发酵床制作好后进猪饲养，人们常忽略对发酵床的管理，但发酵床管理至关重要。良好的垫料管理，可以促进猪健康生长，保持猪舍无臭味，延长垫料使用寿命。

①检测垫料温度：使用温度计测量垫料下 20 厘米处温度，确保在 40~50℃。温度低于40℃时，表明发酵床微生物分解粪尿能力减弱，应进行翻挖。

②检测空气相对湿度：山东地区夏季炎热、空气干燥，空气相对湿度低。冬季猪舍常采取保暖措施，空气流通性差，猪舍相对湿度偏高。要根据猪舍相对湿度变化，采取通风等措施。

③观察垫料泥泞状况：猪在垫料上排泄，长时间不翻挖和猪定点排泄，易导致局部垫料泥泞化。泥泞化区域应小于40%，如果泥泞化区域面积过大，发酵床养殖易失败。

④观察猪舍内氨气情况：猪舍内应氨气浓度很低。饲养管理良好时，猪舍内无氨气味，只有略微的酸香味。猪舍内氨气味过高，表明垫料内可能缺氧，有氧发酵受到抑制，应及时翻挖垫料。

⑤观察垫料表面干燥状况：受外界温度及通风影响，垫料表面的水分易蒸发，导致垫料表面干燥，粉尘增多。猪舍内粉尘含量增加，猪易得呼吸道疾病。在垫料表面喷洒发酵床微生物水溶液。

⑥观察猪行为观察：根据猪的行为判断其健康状况。冬季猪扎堆，表明发酵床温度低或猪舍保暖性能差。猪在水泥饲喂台上长时间趴卧，表明猪受热应激影响。正常情况下，生猪在垫料上散开趴卧或自由活动。

对于初次进行发酵床养殖的养殖户，要先少养，掌握管理技术后再扩大饲养规模。对于发酵床规模化猪场，建议建立管理表格，落实责任到人，每天记录发酵床状况。根据发酵床变化情况，进行垫料翻挖或表面洒水等。正常的垫料中心部应是无氨味，垫料水分含量在45%左右（手握不成团，较松），垫料温度在40℃以上，pH 7~8，否则为不正常。

（2）发酵床垫料管理程序：全国各地根据垫料状况，根据生猪体重大小、饲养季节、饲养方式等灵活翻挖垫料。

①仔猪进入发酵床后：视季节、猪群数量、发酵床状况等，7~30 天翻

挖一次(30厘米深)。

②50天:从放猪之日起50天,大动作地翻垫料一次,目的是为了增加垫料中的氧气含量。在猪舍内,用小型挖掘机或铲车把粪便较为集中处铲开,并从底部反复翻弄均匀;水分较多的地方添加一些锯木粉末、谷壳;视垫料的水分决定是否全面翻弄,如果水分偏多、氨臭较浓,应全面深翻一遍,适当补充米糠与发酵床微生物添加剂混合物。

③猪出栏后:重新堆积发酵一次。猪全部出栏后,垫料放置2~3天;用小型挖掘机或铲车将垫料从底部反复均匀翻弄一遍,适当补充米糠与发酵床微生物添加剂混合物,重新堆积发酵(杀灭病原菌及寄生虫);垫料重新堆积发酵好后摊开,用厚10厘米的谷壳、锯末覆盖,间隔24小时后即可进猪饲养。

6. 发酵床养猪管理

进入发酵舍的猪必须健康无疫,而且最好大小均衡。尽量推行自繁自养、单栋全进全出的生产模式,猪品种一致。本场健康猪可直接发酵床饲养,外购种猪建议从有《种畜禽经营许可证》的种猪场引进。外地猪先饲养于观察栏中,给猪驱虫、健胃并按程序防疫。

(1)仔猪饲养管理:断奶仔猪是指出生3~10周龄的仔猪。仔猪断奶后面临断奶、环境、疾病及心理等一系列应激,尤其是冬季面临寒冷环境的不利影响。该阶段不但要保证仔猪安全稳定地完成断奶转群,还要为育成育肥打下一个良好的基础。同时断奶仔猪阶段也是病菌的高发期,仔猪易消瘦、腹泻,甚至死亡。断奶仔猪阶段是猪场能否取得经济效益的一个关键时期。

发酵床养猪技术是不同于我国传统水泥地面饲养模式的有机农业生产技术,猪在发酵床上生长,垫料始终处于动态的有氧发酵状态。该技术具有粪污免清理,猪生长快,猪肉无抗生素残留,省能、省水、省人工等优点,受到了广泛关注。2006年我们与日本专家共同进行零排放发酵床养猪技术研究,经过多批次试验,发现冬季发酵床饲养断奶仔猪具有腹感温度高,腹泻显著减少;生长快;猪舍无臭味,省能、省人工等优点。

①注意保暖:正常情况下,20厘米深处垫料发酵温度在40~55℃,仔猪腹感温度高,但背部、头部温度还是受舍内环境温度的影响。我国北方

地区冬季气候寒冷,保育猪及断奶仔猪在发酵床上生长,为了提高空间环境温度,可采用火炉和红外线灯等供热保暖。

②注意饲养密度:断奶仔猪发酵床垫料厚度为 55～65 厘米,饲养密度为 0.3～0.5 米²/头。有些养殖户发现发酵床饲养断奶仔猪,腹泻率近乎为零,于是不顾发酵床的承载能力,盲目增加饲养密度,结果导致发酵床养殖失败。发酵床饲养密度增加,垫料温度低,发酵床微生物分解粪尿能力减弱,发酵床养殖容易失败,疾病则会增加。饲养密度增加后,应增加发酵床翻挖次数。

③配制优质无抗生素仔猪饲料:为了保证断奶仔猪的快速生长及抗病力,应配制高营养、易消化的优质饲料。发酵床断奶仔猪饲料一般不添加抗生素,可在饲料中添加制作发酵床的微生态制剂(微生物菌种)、益生元、中草药、酸化剂等。发酵床断奶仔猪饲料与常规断奶仔猪饲料要求一致。

④注重猪舍消毒:断奶仔猪进入发酵床前,除发酵床区域外,舍内、舍外都要彻底清扫、洗刷和消毒,发酵床饲喂台、围栏也应彻底消毒。断奶仔猪进入发酵床后,如遇疾病流行,也可带猪消毒,对发酵床不要消毒。

⑤转群:我国传统保育舍仔猪舍一般每个栏位为 8～10 头猪,发酵床断奶仔猪舍每个栏位一般为 20～40 头,甚至更多。对于每栏的饲养头数没有具体要求,只要饲养密度合理即可。仔猪转群时为减少应激,可夜晚转群。

⑥仔猪调教:转群的仔猪未形成固定区域吃食、趴卧、饮水、排泄的习惯。要加强调教,使其形成良好的生活习惯,既可保持栏内卫生,又为育成、育肥打下了良好的基础,方便生产管理。新转群的猪,可将其粪便放在排泄区,其他区域有粪尿时及时清理。对仔猪排泄进行看管,强制其在指定区域排泄,1 周左右即可形成条件反射。同时为防止仔猪出现咬尾、咬耳等现象,可在猪栏上绑几个铁环,供其玩耍。发酵床舍仔猪调教与常规方法一样。

⑦全进全出管理:发酵床舍与常规断奶仔猪舍管理一致,建议采用全进全出方式,有利于管理及疾病防治。

⑧免疫:给断奶仔猪注射猪瘟、猪丹毒、猪肺疫和仔猪副伤寒等疫苗,

并在转群前驱除内外寄生虫。

(2)生长育肥猪饲养管理:同常规饲养方法一样。猪的品种、饲料品质、饲喂方法、栏舍设施、疾病控制和猪场的管理等因素,都会影响发酵床养猪的经济效益。

①猪种选择:发酵床养猪猪种不同,饲养效果也不同。三元杂交种肉猪比二元杂交种肉猪生长速度快。目前,规模化养猪场大多数是按照相应的杂交方式生产商品肉猪。一般瘦肉型猪要求饲料营养水平高,不耐粗饲;土种猪耐粗饲,生长慢,饲料营养水平相对降低。具体哪个品种更适宜发酵床饲养,尚无定论。

②生长育肥猪的日粮配制、饲养:可参考常规水泥地面饲养模式。

③加强垫料管理:冬季发酵微生物菌种活性会受到寒冷气温影响,应加强管理。冬季发酵床垫料铺设厚度一般为70~90厘米,比夏季厚。同时,适当增加垫料翻挖次数,增加垫料有氧量,提高有益菌种活性。

④调整发酵床饲养密度:随着猪体重的增长,相对密度逐渐加大,垫料被猪只踩踏后变得硬实,并且单位面积内粪污排泄量消纳不了,造成垫料湿度大、不松软,导致垫料中微生物不再发酵,最终会使发酵床功能丧失。生产实践证明,适宜的饲养密度为:30~60千克体重的猪只平均0.6米^2,60~100千克体重猪只平均1.2米^2,成年母猪1.5米^2。因此,在猪只60千克后可适当分群,降低密度,夏季尤其注意。

⑤夏季减缓热应激:采取猪舍安装湿帘—风机降温系统,增加滴水设施,安装遮阳网,扩大发酵床水泥饲喂台面积,垫料减少翻挖次数,调整日粮配方等方法,减缓热应激的不利影响。

⑥冬季注意保暖除湿:由于南方冬季不寒冷,可将卷帘式发酵舍的卷帘放下,或窗外用帆布或草帘轻微遮挡即可。山东省气候寒冷,济南冬季可达到 −12℃,应密封窗户。猪舍后墙建筑常采用二四式建筑,后窗可用双层塑料布封盖或砖堵塞。新疆等地冬季气温更低,后墙建筑采用三七式建筑,并防止贼风进入。北方冬季保暖时,应注意后窗的密封、加厚及天窗(屋顶通风口)的开关。北方后窗可采取双层玻璃密封或多层塑料布遮挡,必要时用砖封窗。天窗开口过多,也会降低舍温。寒冷时,可减少天窗的开口。塑料大棚式发酵床舍外应增铺棉被或草帘进行保温。保

暖的同时注意除湿,防止舍内湿度过大。冬季要防止屋顶水珠落在发酵床上(表10)。

表10　发酵床猪舍室温、湿度与猪生长的关系(温湿指数,ER 指数)

室温	湿度						程度	根据猪体重最适合的 ER 值	
	40%	50%	60%	70%	80%	90%		体重	最适 ER 值
40℃	1 600	2 000	2 400	2 800	3 200	3 600	←危险		
38℃	1 520	1 900	2 280	2 660	3 040	3 420			2 100
36℃	1 440	1 800	2 160	2 520	2 880	3 240			1 740
34℃	1 360	1 700	2 040	2 380	2 720	3 060			1 652
32℃	1 280	1 600	1 920	2 240	2 560	2 880			1 566
30℃	1 200	1 500	1 800	2 100	2 400	2 700	←热		1482
28℃	1 120	1 400	1 680	1 960	2 240	2 520			1 400
26℃	1 040	1 300	1 560	1 820	2 080	2 340			1 320
24℃	960	1 200	1 440	1 680	1 920	2 160	←15 千克以下		1 242
22℃	880	1 100	1 320	1 540	1 760	1 980			1 160
20℃	800	1 000	1 200	1 400	1 600	1 800	←20~35 千克以下	10 千克以上	1 000
18 ℃	720	900	1 080	1 260	1 440				1 640
16℃	640	800	960	1 120	1 280	1 440	←40~85 千克以下		
14℃	560	700	840	980	1 120	1 260			
12℃	480	600	720	840	960	1 080	←90 千克以下		
10℃	400	500	600	700	800	900			
8℃	320	400	480	560	640	720	←冷		
6℃	240	300	360	420	480	540			
4℃	160	200	240	280	320	360	←过冷		
2℃	80	100	120	140	160	180			

说明:ER 指数 = 气温×湿度。

⑦预防接种:自繁自养的猪场可以按照免疫程序接种。外购仔猪进场后,一般为安全起见,要全部预防接种一次。接种疫苗时要按照疫苗标签规定的剂量和要求操作。对于成熟免疫程序不要轻易调整。发酵床养猪应加强疫苗防疫。

⑧驱虫:猪体内以蛔虫感染最为普遍,主要危害 3~6 月龄的仔猪。发酵床养猪主要预防猪蛔虫、鞭虫和绦虫,具体药物及用量按相关说明。

驱虫后应及时翻挖垫料。

⑨出栏：以我国培育猪种和地方猪种为母本、引入国外瘦肉型猪种为父本的二元杂种猪，适宜出栏体重约为 90 千克；两个引入的国外瘦肉型猪种为父本的三元杂种猪，适宜出栏体重为 90～100 千克；全部用引入的瘦肉型猪种生产的杂种猪出栏体重可延至 110～120 千克。日本发酵床养猪出栏体重为 105～110 千克。

（3）母猪饲养管理：妊娠母猪可以使用产床，也可利用水泥饲喂台作为产床。发酵床饲养妊娠母猪的目标和常规妊娠母猪饲养一样，即提高排卵数，确保妊娠成功，保证母猪产出数量多、活力强、个体大的仔猪，产后母猪能顺利泌乳。关键是限制采食量，使母猪达到标准体况。

发酵床妊娠母猪产前 1 个月或 45 天，应限制在水泥台饲养。妊娠后期仔猪发育迅速，母猪趴卧发酵床上，体重大，不易起立，会导致子宫内仔猪缺氧而窒息死亡。母猪怀孕后肚皮大，接触垫料太紧太密，可能会引发皮炎和过敏反应。由于母猪在发酵床长久站立，蹄壳变软，母猪进入产床后肢体难以负重，因此，应提前让母猪从垫料区域出来。

保持猪舍和猪体清洁卫生，注意防暑降温、通风良好。妊娠母猪最适宜生长、繁育的环境温度为 16～22℃，湿度 65%～75%。高于 30℃时，如不及时降温，母猪及胎儿易死亡；低于 6℃时，会造成妊娠母猪生长停滞。夏季要注意防暑，尤其在妊娠初期，在高温（32℃ 以上）情况下易造成胚胎死亡，要采取地面洒水、安装吊风扇或湿帘、良好通风等降温措施，尽量控制在 30℃ 以下。冬季采取炉火升温、设塑料温室等防寒措施，维持舍温保持在 16～22℃。

生产实践表明，利用发酵床模式饲养哺乳母猪，存在粪污处理不方便，仔猪产房不容易清洁，仔猪容易通过后面空隙串圈，母猪体表脏等不良现象，因此，规模养猪时还是采取高床产仔更为适宜。

7. 发酵床养猪面临的技术问题

猪为六畜之首，养猪在畜牧业占有重要的地位。中国人素有吃猪肉的习惯，当环境保护与养猪生产矛盾时，如何破解成为人们普遍关注的问题。注重环境保护而取消养猪业，或注重发展养猪业而不顾环境污染，皆不符合国情。国内外采取将养猪区域划定范围，该种方式是否符合中国国情,是否真正不污染空气环境和地下水资源,有待进一步探讨。

发酵床养猪技术是猪在发酵床上生长、粪污免清理、肉质安全的一项养猪新技术,具有粪污原位分解、猪生长快、节水节能的特点。该技术自从国外引进入中国后,受到了广泛关注。由于该技术存在养猪前期投入高,需用大量锯末、稻壳等问题,尤其在目前养猪市场低迷的情况下,发酵床养猪技术如何发展,成为人们普遍关注的问题。

(1)发酵床养猪面临的技术问题:我国和日本、韩国、美国等的国情不同,因此,有必要将国外先进技术同我国国情相结合,从实际出发,研发新型的发酵床技术。国外零排放发酵床技术在我国推广过程中遇到了许多技术问题,与我国国情不符,非常有必要进行改进创新。

(2)垫料原料选择问题:日本零排放发酵床技术推荐的发酵床垫料主要为锯末和稻壳,由于区域和季节限制,我国很多省份锯末和稻壳短缺。山东省推广发酵床技术后,山东省区域内的锯末和稻壳价格增长1倍多,导致锯末和稻壳难以买到,养猪成本增加。山东省本身木材和稻壳资源缺乏,而玉米秸秆、花生壳、棉秆、小麦秸秆等资源丰富;东北地区的玉米秸秆、大豆秸秆、花生壳等资源丰富。因此,非常有必要进一步开展锯末、稻壳替代原料的选择工作,降低垫料制作成本。南方推广发酵床养猪技术,建议根据当地资源情况寻找替代品。利用各地的常规资源进行发酵床制作,不但会降低垫料成本,还可消纳多种废弃资源,做到资源再利用。

利用各种垫料制作发酵床,面临的一个关键问题为各种垫料原料的添加比例。制作发酵床时,不但要考虑各种原料的碳氮比,还要考虑各种原料的吸水性、易发酵性、机械硬度等。该类数据的缺乏,限制了垫料材料的选择范围,有必要进一步深入研究。

(3)发酵床菌种质量问题:目前市场上主要存在3种发酵床菌种,如芽孢杆菌、土著菌、EM或其他菌种等。芽孢杆菌的属性明确,质量较为安全,因此可以推广使用。对于土著菌,由于是微生物培养,主要存在菌种属性不明确、菌种未经纯化、培养质量因区域、技术差异等问题。对于大型规模猪场,必须由专业技术人员操作,菌种质量才能得到保证;对于中小型规模猪场并不适合推广。对于利用EM或其他菌种制作发酵床,作者并不认同。EM 添加于饲料中或腐熟堆肥,可改善猪粪污的臭味,EM 用于发酵床制作,效果可能不如前两者。菌种质量的差异,对于发酵床制作及后续的管理至关重要。无论是哪种发酵床添加剂,建议相关部门应抓紧制订规范的国家标准或行业标准和企业标准。

(4)发酵床管理问题:经过 3 年来的推广,关于发酵床制作技术,养殖厂已基本能够掌握要领,根据不同的比例添加垫料原料、添加水分,进行堆积发酵。维持堆料温度 60℃以上几天,然后平铺进猪饲养。目前对于发酵床如何管理,则普遍掌握不好,主要问题为间隔多长时间翻挖一次垫料,夏季、冬季如何管理,饲养密度过大等。由于发酵床饲养是利用特殊菌种进行的有氧发酵持续过程,需要不断翻挖垫料,才能使垫料中的芽孢杆菌提供氧气。发酵床垫料翻挖时间过长,底层缺氧,其他微生物厌氧发酵,垫料腐烂,pH 降低,微生物分解粪污能力降低,猪舍臭味浓度增加。发酵床发酵状况,可从垫料温度、相对湿度、pH、臭味轻重、猪行为等方面进行判断。垫料翻挖间隔时间长短,可根据发酵床发酵状况确定,具体时间并无统一规定,一般小猪发酵床垫料翻挖间隔时间长,育肥猪间隔时间短。发酵床饲养密度大,翻挖次数多;饲养密度降低,则翻挖时间相对延长。

(5)发酵床技术适应范围问题:我国幅员辽阔,各地气候条件和自然资源差异很大,加之发酵床技术在我国推广时间短,很难准确判定发酵床养殖技术的适应区域。山东省较早推广了发酵床养猪技术,其他一些省份可能晚一些。从山东、内蒙古等地的试验养殖效果看,发酵床技术比较适应于北方,南方由于气候因素,仍需进一步观察。由于目前缺乏专业化的发酵床垫料翻挖机,大多中小型规模猪场通过人工翻挖垫料,大规模猪场推广机械化发酵床养猪技术仍需进一步研究。

根据发酵床养殖技术推广的现状,有必要进行多种环保养猪技术的推广。目前我国存在多种养猪模式,如"猪—沼—果—鱼","猪—沼—有机肥"等。南方冬季气候温暖,利用猪粪可生产沼气,用于照明、做饭等;北方冬季由于严寒,沼气产量有限。因此,南方可根据当地情况推广"猪—沼—果—鱼"模式,利用猪粪加工有机肥,不但可改良土壤,改变土地过多使用尿素的状况,也是养殖企业增收的一条良好途径。对于大型规模猪场,可利用猪粪进行沼气发电,节约能源。不同环保养猪技术,有着不同的适宜推广区域。

8.猪场臭味控制技术

养猪场的一个重要污染源是臭味污染。臭味不但影响猪群健康,更影响工作环境和周围大气环境,是猪场废物控制的重要问题,也是生态养猪着重解决的问题。

氨气是公认的应激源,是猪圈舍内最有害的气体之一。氨的水溶液呈碱性,对黏膜有刺激性,严重时可发生碱灼伤,引起猪眼睛流泪、灼痛,角膜和结膜发炎,视觉障碍。氨气进入猪的呼吸道,可引起咳嗽、气管炎和支气管炎、肺水肿、出血、呼吸困难、窒息等症状,甚至坏死,造成呼吸机能紊乱。在分娩与离乳期,氨气会灼伤猪上皮黏膜,进而加重呼吸道疾病。在保育期和肥育期,氨气浓度与生猪区域性肺炎的严重度成正比。此外,氨气浓度增加会延缓母猪的初次发情期约10天。特别是冬季,密闭的猪舍臭气浓度大,猪病发病率高,死亡率也高,造成相当大的损失。

养猪场的臭气主要来源于猪排泄的粪尿、猪场废弃物腐败分解的产物、呼吸道排出的气体以及猪体皮肤散发的气体等。养殖场的恶臭气味源于多种气体,组分非常复杂。研究者对畜禽场恶臭气体的成分进行了鉴定,发现臭味化合物有168种,其中30种臭味化合物的阈值≤0.001毫克/米^3。这些恶臭物质可分为:含氮化合物,如氨、酰胺、胺类、吲哚类等;含硫化合物,如硫化氢、硫醚类、硫醇类等;含氧组成的化合物,如脂肪酸;烃类,如烷烃、烯烃、炔烃、芳香烃等;卤素及其衍生物,如氯气、卤代烃等。由于各种气体常混合在一起,所以很难区分出养殖场的气味到底与哪种特定的气体有关,通常认为养殖场的恶臭主要是由氨气、硫化氢、挥发性脂肪酸等所引起的。

(1)调控日粮成分:

①合理配制日粮,提高营养物质的利用率。新鲜粪便产生臭气的浓度因日粮的不同而不同。由于氮是氨和许多其他臭气物质的主要成分,所以一般粪便中氮含量越高,臭气也就越强烈。对猪所需蛋白质的类型和量从营养上进行平衡,可以减少氮的排泄量。任何能改善饲料转化率的技术措施,都有助于减少臭气。

依据"理想蛋白质模式"配制的日粮,即日粮的氨基酸水平与猪的氨基酸水平相适应,提高饲料蛋白、氨基酸的利用率,减少舍内氨气的产生。据报道,通过理想模型计算出的日粮粗蛋白水平每降低1%,粪尿氨气的释放量就下降10%~12.5%。利用氨基酸平衡营养技术,在基础日粮中适量添加限制性氨基酸,相应降低粗蛋白水平,可减少畜禽排泄物中氮的排泄量。试验表明,在日粮氨基酸平衡性较好的条件下,日粮蛋白质降低2%对生长育肥猪的生产性能无明显影响,而氮排泄量却能下降了20%。一般在猪日粮中添加赖氨酸、蛋氨酸、色氨酸、苏氨酸等。

②增加日粮中非淀粉多糖含量。研究发现,增加日粮中非淀粉多糖(NSP)含量,可减少尿氮排泄量,增加粪氮排泄量。由于尿氮转化为氨的速度明显高于粪氮,因而增加日粮中非淀粉多糖,有利于减少氨的产生与散发量。国内试验结果表明,复杂的碳水化合物如 β – 葡聚糖和一些非淀粉多糖等能影响内源氮的排出。

③合理利用饲料添加剂。在日粮中添加酶制剂、酸化剂、益生素和丝兰属提取物等,能更好地维持畜禽肠道菌群平衡,提高饲料消化率,减少环境污染。

日粮中添加酶制剂,可减少氮磷排泄。目前,应用于饲料中的酶依其作用底物有蛋白酶、纤维素(半纤维素)分解酶、淀粉酶、脂肪酶、非淀粉多糖酶、果胶分解酶和植酸酶等。除植酸酶为单一酶制剂产品外,其余多为复合酶。它们主要来源于微生物(包括真菌、细菌和酵母等)发酵物,用于动物生产,可以补充机体内源酶的不足,激活内源酶的分泌,破坏植物细胞壁,使营养物质释放出来,提高淀粉和蛋白质等营养物质的可利用性,破坏饲料中可溶性非淀粉多糖,降低消化道食糜的黏度,增加营养的消化吸收。同时,可以部分或全部消除植酸、植物凝集素和蛋白酶抑制因子等抗营养成分。在生长猪的日粮中添加酶制剂,可显著提高日增重和饲料报酬,降低粪便中氮的含量。

正确合理地使用酶制剂,可有效提高动物的消化率。当猪的日粮干物质消化率由85%提高到90%,则随粪便排出的干物质可减少33%,氮的排泄量减少10%~15%。可见,在猪饲料中添加酶制剂,能有效提高动物对含氮、含硫等营养物的利用率,减少粪便的排泄量及恶臭气体的产

新型职业农民技能培训丛书

畜禽养殖新技术

生,减轻恶臭对环境的污染。

日粮中添加微生态制剂可调控肠道菌群,减少臭气排泄。目前,市场上微生态制剂种类很多,既有单一菌制剂,又有复合菌制剂,使用较多的如酵母、真菌、乳酸杆菌、双歧杆菌、光合杆菌、EM 等。日粮中添加微生态制剂后,可改善胃肠道环境,形成肠道优势有益菌群,从而抑制腐败细菌的生长活动,促进了营养素的消化吸收,减少氨气、硫化氢的释放量和胺类物质的产生。

日粮中添加酸化剂,可提高饲料利用率。酸化剂可激活胃蛋白质酶原为胃蛋白酶,促进蛋白质的分解,提高小肠内胰蛋白酶和淀粉酶的活性,增进猪对蛋白质、能量和矿物质的消化吸收,提高氮在体内的存留;同时能通过降低胃肠道的 pH 值改变胃肠道的微生物区系,抑制或杀灭有害微生物,促进有益菌群的生长增殖。日粮中添加 0.3% 乳酸型酸化剂,可以显著降低仔猪血清中尿素氮的含量,促进猪的生长。

日粮中添加低聚糖,减少臭气产生。低聚糖又称寡糖,是由 2 ~ 10 个单糖通过糖苷键联结的小聚合体。低聚糖作为肠道内益生菌促生因子,可调节肠道菌群,促进饲料中营养物质的代谢吸收,改善动物的健康状况,降低臭气的产生。

日粮中添加植物提取物。丝兰属植物有效成分为丝兰皂角苷,对多种有害气体抗性较强,可助长微生物,利用氨气形成微生物蛋白,达到降低猪舍氨气的浓度,提高动物生产性能的目的。据报道,饲料中添加樟科提取物和丝兰属提取物,可减缓猪尿素氮分解和可溶性硫化物的产生,从而减少氨和硫化氢的散发。樟科提取物效果优于丝兰属提取物。用松针或肉桂与丁香中的挥发油配伍,添加于猪日粮中,可减少臭气的产生。

日粮中添加化学及生物除臭剂。目前,除臭效果较好的添加剂有沸石、膨润土等硅酸盐类。沸石是通过表面三维多孔通道来吸附气体分子以及水分子,减少畜舍内氨及其他有害气体的产生。同时还可降低畜舍内空气及粪便的湿度,达到除臭的目的。在生长猪日粮中加入 5% 的沸石,能提高猪的生长性能,并使氨气的排放量下降 21%。膨润土、泡石等硅酸盐类均具有吸附性,可作为舍内除臭剂。同时也有研究者向饲粮中添加 120 毫克/千克的除臭灵,结果第 5 ~ 7 周猪舍中氨的浓度明显降低,提高了猪的日增重 9.4%。

（2）改变饲养方式：

①采用发酵床养殖模式。发酵床养猪为猪在发酵床上生长，猪粪污免清理，猪排泄的粪污被发酵床垫料中的微生物分解，猪舍无臭味，对环境无污染。冬季猪舍采用发酵床养殖模式，猪舍内氨气浓度显著低于常规水泥地面育肥猪舍，人在猪舍内感觉不到臭气。该种养猪模式不同于我国常见的水泥地面生长育肥猪养猪模式。该技术在日本、韩国等大力推广，目前在山东、新疆等地推广。

②采取多阶段饲养。一般猪的饲养期分为仔猪期、生长期和肥育期3 个阶段。这种传统方式不能满足现代养猪生产需要，所以目前提出了阶段式饲养。猪在肥育后期，采用二阶段饲喂比采用一阶段饲喂法的氮排泄量减少 8.5%。饲喂阶段分得越细，不同营养水平日粮种类分得越多，越有利于减少氮的排泄。有人将 54～104 千克的育肥猪分成 54～70千克、70～90 千克、90～104 千克 3 个阶段饲养，证明猪生产性能优于单阶段饲养，干物质、氮、磷排出量分别降低 12.2%、12.4% 和 4.1%。

③公母分饲。不同性别猪的营养需要是不同的，将公猪、阉公猪、母猪分开饲养，可以针对不同的营养需要配制日粮，以减少饲料浪费和污染。实施公母分养，给予不同营养的饲粮，可以大大提高饲料营养的利用率。

（3）粪便除臭技术：使用物理除臭、化学除臭和生物技术除臭，均可以达到一定的处理效果。

①物理吸附剂有活性炭、泥炭、锯末、麸皮和米糠等，与粪便混合，通过吸附臭气分子达到除臭的目的。酸制剂主要是通过改变粪便的 pH、抑制微生物的活性或中和一些臭气物质来达到除臭目的，常用的有硫酸亚铁、硝酸等。

②化学除臭主要是应用一些具有强氧化作用的氧化剂或灭菌剂，常用的有高锰酸钾、过氧化氢等，使部分臭气成分氧化为无臭物质或减少粪便堆制过程中的发酵。

③生物除臭主要指活菌制剂，通过接种微生物，利用微生物或微生物产生的酶降解产臭气化合物。国内试验使用 EM 后，试验区空气中氮气

的浓度下降了75%以上。

④厌氧发酵。厌氧发酵罐是一种条件受控的密封容器,粪便在其中发生生物消化,沼气(其中65%是甲烷)便是消化产物之一。厌氧发酵过程所产淤泥的臭气强度低于新鲜粪便,而淤泥中含有新鲜粪便中存在的养分(氮、磷、钾等)。厌氧发酵现在普遍用于畜禽粪便的处理,既减少了污染,又节省了燃料费用。

(4)猪舍净化:

①电净化系统:上方和粪道都装设电极线的猪舍,空气质量要远远好于只在上方装设电极线的猪舍。直流电晕电场抑制由粪便和空气形成的气—固、气—液界面有害及恶臭气体的蒸发和扩散,将氮气、硫化氢、粪臭素与水蒸汽相互作用形成的气溶胶封闭在只有几微米厚度的边界层中,对氮气、硫化氢、粪臭素的抑制效率可达40%～70%。在猪舍上方,空间电极系统放电产生的臭氧和高能荷电粒子可对酪酸、吲哚、硫醇、粪臭素进行分解,分解的产物一般为二氧化碳和水,分解率为30%～40%。在粪道中的电极系统对以上气体的消除率能达到80%以上。装有电净化系统猪舍内的空气质量,要远远好于未装该系统的猪舍。

②高能离子脱臭:高能离子净化系统是瑞典的高新技术,能有效去除空气中的细菌,吸入颗粒物、硫化物等有害物质物质。其核心装置 BEN-TAX 离子空气净化系统的工作原理是:置于室内的离子发生装置发射出高能正、负离子,与空气尘埃粒子、有机挥发性气体及固体颗粒发生相互作用,达到净化异味、降低室内细菌浓度的目的。离子法主要应用于医院、办公室、公众大厅等,近些年逐步开发应用于污水厂和污水提升泵的脱臭方面,在国外的应用实例比较多。

(5)生物净化臭气:生物处理恶臭是在20世纪80年代以后发展起来的技术,目前生物滤池、生物洗涤塔、生物滴滤池是3种主要的生物废气处理技术,但是必须使用气体收集系统,加压气体后进入恶臭处理单元。目前生物除臭技术在我国刚刚开始研究和开发,而工业废气的生物除臭设备是处理浓度高、气体集中的填料塔设备,造价高、结构复杂,不适合处理恶臭气体浓度低、大面积分散排放的情况。

①生物过滤池:包括土壤过滤、堆肥过滤和生物滤池,其中生物滤池

是内部填充活性填料,废气经加压预湿后,从底部进入生物滤池,与填料上附着生成的生物膜接触而被吸收降解,处理过的气体从生物滤池顶部排出。

②生物洗涤塔:通常由一个装有填料的洗涤器和一个具有活性污泥的生物反应器组成,洗涤器里的喷淋器将逆着气流方向喷雾,使废气污染物被水吸收而转入液相,污染物通过活性污泥的微生物氧化作用而被降解,生物洗涤塔中的液相是流动循环的。

③生物滴滤池:是介于生物滤池和生物洗涤塔的中间类型,恶臭或废气污染物的吸收和生物降解发生在同一个反应装置内,滴滤池内填充填料,循环水喷雾,填料表面被微生物形成的生物膜所覆盖,恶臭从下部通入。在通过填料时被表面生长的微生物吸附分解,废气中的污染物被微生物降解。

(6)加强管理,减少臭气:

①加强通风,减少尘埃:猪在正常的代谢活动中要产生热量、水分和二氧化碳。排泄物在微生物的作用下释放出硫化氢、氨气和其他有害化合物。如果任由这些物质在环境中积累,最终会达到对动物健康和生产性能造成损害的浓度。加强通风可降低危害。

猪舍内部和周围的尘埃可影响人们对臭气的感知量,还会影响臭气的传播距离。臭气可被吸附在尘埃粒子上而传播到远处,缓慢地释放出来。因此,尘埃飞扬的猪舍就比尘埃较少的猪舍更令人讨厌。决定猪舍中尘埃量的因素包括猪的活动、气温、空气的相对湿度、通风率、饲养密度以及饲料浪费的程度。尘埃可携带气体、病毒、细菌,当然也可携带臭气。因此,将控制尘埃作为减少臭气的主要控制手段是符合饲养者最大利益的。

②搞好猪场卫生:及时清理猪粪尿;经常清扫,使猪舍内的地面保持清洁和干燥。在猪舍内采用条板地面,可防止污水积聚在猪躯体和饮水器下面。在条板地面下进行通风,可促使粪便尽快干燥。定期刮除条板和通道上积聚的粪便。

③搞好猪场绿化:猪场内多种花草树木,可在猪场周围种100米宽的果树带及30米宽的乔木林带。通过植物吸收和阻隔猪场臭气。

（7）臭味控制存在的问题及研究方向：臭味不是由某一种气体产生的，而是各种气体相互作用后产生的。目前对气体臭味的评价只能以人的嗅觉为准，尚有缺陷。所以需要一个指标或系统对猪场的臭气作一综合的评价，这应是以后的研究方向之一。

臭气的控制是一项系统工程，要从猪场的规划设计开始，包括原料的采购、饲喂、管理、排泄物的处理等，从系统的角度解决臭气问题应是今后的一个研究方向。

9. 发酵床模式的生物安全措施

（1）加强消毒：对于发酵床养猪而言，生猪生存环境得到了改善，猪体抗病力增强了。发酵床养猪的患病率降低，并不意味着发酵床养猪不得病。因此，应强化消毒防疫观念，尤其对于发酵床养殖和我国传统养殖模式混养猪场而言，更不要疏于管理。在疾病流行季节，对于发酵床猪舍也应加强消毒管理，做好疾病的预防工作。

发酵床养殖场大门口设有消毒池、人员消毒室等消毒设施。猪在上床前应对发酵床舍消毒处理，如猪舍空气消毒、墙面消毒、水泥饲喂台和铁栅栏消毒等。猪场消毒时，不得将消毒液喷洒于发酵床垫料上。

猪得病后，如发酵床垫料被寄生虫或病菌污染，可将猪出栏销毁或隔离治疗，将发酵床垫料进行二次发酵，消灭病菌；或者将被污染的垫料全部清理掉，重新制作新的发酵床。被污染垫料全部清后，应对发酵床各个部位、各个角落全面消毒，以保证再次进猪的安全。

①正常生产消毒方案：聚维酮碘溶液、碘酊、乙醇、高锰酸钾等，可以选作直接针对发酵床的消毒用消毒剂，按推荐剂量使用，每2～3天消毒1次；戊二醛溶液、二氯异氰尿酸钠溶液、新洁尔灭溶液等，可以作为舍内空气消毒、带猪消毒用消毒剂，按推荐剂量使用，每2～3天消毒1次；盐酸溶液、氢氧化钠溶液、苯酚、双链季铵盐、癸甲溴胺等，可以作为发酵床猪舍外环境、舍内固化地面、墙壁、屋顶、过道等的消毒剂，但不能直接对发酵床喷洒，按推荐剂量使用，1周消毒1次。

②出猪后或疫病期（无猪状态）猪舍消毒方案：空舍后清扫后，将垫料堆积并覆盖，关闭门窗，对垫料表面、舍内固化地面、墙壁、屋顶、过道等直接用盐酸溶液、氢氧化钠溶液、苯酚、双链季铵盐、癸甲溴胺消毒。静置

猪舍 7～15 天后,摊开垫料,表面铺 10 厘米锯末等软质新垫料,用戊二醛溶液、二氯异氰尿酸钠溶液、新洁尔灭溶液进行舍内空气消毒;或用高锰酸钾、福尔马林熏蒸消毒,静止 24 小时,充足通风后可以进猪。

发酵床菌种不同,消毒用药种类不同。各地参考该方案时,要针对自己养殖场的发酵床菌种,灵活调整消毒用药。

(2)疾病防治:发酵床养猪时,常见寄生虫病、呼吸道病、抗酸菌症等。

①寄生虫病:目前引起重视的为体内寄生虫,主要指鞭虫和蛔虫。鞭虫病,又称猪毛尾线虫病,是毛尾线虫寄生于猪盲肠而引起的体内寄生虫病。本病分布广泛,一年四季均可发生,是长期以来一直影响养猪业的普遍问题。猪蛔虫病是由猪蛔虫寄生在猪小肠内而引起的一种线虫病,流行较广,严重危害 3～6 月龄仔猪,影响其生长发育,重者死亡。

病因:废旧木屑,发酵床管理不好(污泥化),野鸟等传播,发酵床温度偏低。

预防:在进入猪圈之前避免猪感染。对猪进行定期驱虫。在各种垫料堆积发酵时,确保发酵温度在 60℃ 以上。蛔虫卵在 60℃ 干燥环境中 5 分钟死亡,湿热环境中 1 分钟死亡。在仔猪进入发酵床之前驱虫。

治疗:根据寄生虫种类,选用左旋咪唑、丙硫咪唑、噻苯咪唑或伊维菌素等治疗。伊维菌素注射剂,一般可在猪 40 日龄左右、后备猪配种前、妊娠猪产前 2 周时各注射 1 次。在感染较重的猪场,应在转入育肥舍时增加注射 1 次,以及繁殖母猪于配种时加注 1 次,对种公猪每年注射 3～4 次。用药后及时将粪便摊开或翻扣,以防再次接触。猪赶出栏后,彻底清理旧垫料,换新垫料。注意二次发酵的温度。

②呼吸道疾病:猪呼吸道综合征的诱发因素和感染病原十分复杂,断奶仔猪和育成猪多发。病猪临床表现为体温升高、精神沉郁、食欲不振或废绝、呼吸困难、喘气、腹式呼吸、被毛粗乱、生长不良、咳嗽、鼻眼有分泌物,多见结膜炎,不同管理条件、继发病原菌和环境好坏所表现的症状不一致。本病是在一定的应激环境下,至少感染两种以上病原在猪的呼吸系统表现出的一系列综合症群。

呼吸道病的主要原因是由传染性病原和非传染性因素引起。传染性病原,主要指病毒、细菌、支原体、寄生虫等。病毒主要包括猪流感病毒、猪瘟病毒、伪狂犬病毒、繁殖—呼吸综合征病毒等。细菌主要包括多杀性巴氏杆菌、支气管败血波氏杆菌、胸膜肺炎放线杆菌等。支原体主要包括猪肺炎支原体、滑液囊支原体等。寄生虫,如弓形虫、蛔虫、后圆线虫、猪球虫等。非传染性因素指管理、应激等。发酵床养猪,粪污被发酵床中的微生物分解,对环境无污染。但发酵床管理不善,舍内通风不良等,也能诱发或加剧呼吸道疾病。包括环境温度不适,湿度大(主要为冬季);饲养密度大;空气不新鲜;发酵床翻挖不及时导致氨气浓度超标;发酵床表面干燥,灰尘多等。应激因素有拦舍设计不当,缺水断料,断奶或免疫治疗等。饲料或垫料霉变,产生真菌毒素,导致机体免疫力下降等。

西药预防时,根据本场病原药物敏感情况,可选择阿莫西林、支原净、氨苄青霉素、泰乐菌素、磺胺二甲或六甲氧嘧啶、金霉素、强力霉素、利高霉素、氟苯尼考等交替配合使用。如每吨饲料添加80%支原净125克+阿莫西林250克+15%金霉素2千克,用于母猪产前产后;1.2千克利高霉素+强力霉素200克,用于断奶仔猪及母猪等。各地在防治呼吸道疾病时,应在兽医师指导下进行。

加强发酵床管理,减少呼吸道疾病的发生。冬季为了提高发酵床猪舍的保暖效果,猪舍常忽视通风,造成猪舍内空气混浊、湿度过大;北方冬季气候干燥,发酵床垫料表面水分挥发快,垫料表面易起灰尘;发酵床翻挖不及时,导致发酵床温度低。发酵床管理不好,都能导致呼吸道疾病的发生。做好产床、保育舍、育肥猪舍冬季保温除湿工作与夏季降温通风工作,严禁饲喂发霉饲料,严格执行全进全出的饲养方式和良好的饲养管理,争取将呼吸道疾病降低至最低发病几率。

猪场发生呼吸道疾病后,配合药物治疗及时翻挖或堆积垫料。对于发酵床舍内外进行全面消毒,根据垫料污染状况可将垫料深度翻挖;或将垫料重新堆积发酵,利用垫料堆积发酵过程中产生的高温杀灭病毒或细菌,从而保证猪场的安全。

③抗酸菌病:抗酸菌病主要是由结核菌的同类菌引起,在猪身上几乎察觉不到的症状。该细菌有致人肺结核的可能,特别是最近从艾滋病患者身上分离出该菌,引起人们的关注。

④其他疾病:建议将病猪隔离治疗,通过肌肉注射、饲料给药、灌服等多种方式治疗。疾病预防时,饲料中可添加抗生素,连用 2~4 天后,饲料中再添加发酵床微生物添加剂,调节猪肠道菌群平衡及补充垫料中的微生物。发酵床翻挖一次,以促进有氧发酵。一个月可预防 1~4 次,饲料中不建议长期添加抗生素。

发酵床养猪技术作为一种生态养猪技术和福利养猪技术,与我国现有的养猪技术不同。发酵床技术在我国推行时间短,还面临着许多问题。随着发酵床技术的不断完善,我国生态健康养猪技术将进一步得到提升。

二、猪粪尿污染治理技术

1. 猪粪无害化处理的必要性

据 2005 年农业统计年鉴资料,我国畜禽粪便产生总量为 26 亿吨,其中牛粪、猪粪、鸡粪资源分别为 102 732.10 万吨、28 720.693 万吨、226 09.03 万吨,主要分布在河南、四川、山东、河北、云南、内蒙古、湖南等省(自治区)。畜禽粪便资源最高的省份为河南、四川、山东,2005 年全年畜禽粪便产量均超过 1 亿吨;其次为河北、云南、内蒙古、湖南、广西、贵州、新疆、黑龙江、西藏、安徽等省(自治区),畜禽粪便年产量超过 5 000 万吨。

(1)粪污污染空气:动物饲料经微生物分解,会产生氨气、硫化氢、吲哚、硫醇、硫醚、甲醛、乙醛、丙烯醛、甲胺、乙胺、苯酚、硫酚、挥发性脂肪酸等具有恶臭气味的物质。这些恶臭物质会刺激人的神经系统,对呼吸中枢产生毒害,使人感到头痛、恶心。同时也有害于畜禽生长,使生产性能下降。在这些恶臭气体中,氨气和硫化氢对人畜影响最为严重。畜禽养殖场所积压、贮存的粪便和其他废弃物,经风吹日晒,变成碎片、碎屑,被风吹散到远处,甚至成为飘尘,长期在大气中悬浮。附着其上的病原微生物、寄生虫卵被广泛传播,也对大气造成了一定的污染。

(2)粪污污染土壤环境:在饲料中添加的铜、锌、铁、砷等微量元素被畜禽直接吸收利用的很少,更多的是通过粪便排出体外。一旦土壤受到污染,有害元素被作物大量吸收后会残留在收获的农产品中,通过食物链进入动物或人体,对人体健康造成威胁。另外,大型养殖场一些贮粪池的底部并不放水,其中的粪尿水和污水可以深入地底下的土层中。有的贮粪池盛满时不进行净化处理,随意排放场外,对土壤造成了污染。土壤受到污染后,其化学成分和物理性状也相应发生改变,使自净能力遭到破坏,也为蝇类和寄生虫等提供了寄生场所,给健康畜群和人类生活带来严重危害。

(3)粪污污染水环境:畜禽粪便淋溶性极强,若不及时处理,便通过径流污染地表水,进而通过土壤渗滤污染地下水。畜禽粪便和废水中含有大量的氮、磷、钾及致病菌等污染物,并有恶臭。一些养殖场随意排放粪污,未经处理的高浓度有机废水集中排放,大量消耗水体中的溶解氧,使水体变黑发臭。水中氮、磷等营养物质导致水体富营养化,或使地下水中的硝态氮或亚硝氮浓度增高,严重影响水体的质量和居民的健康,也影响了养殖业自身的可持续发展。

(4)重金属污染:一些饲料厂常添加无机制剂(如砷、汞),片面强调促生长及医疗效果,而忽视其导致环境污染的另一面。环境中砷残留达到一定程度,会影响其中的微生物群落,在动物和植物富集大量的砷,通过食物链最终进入人体,影响健康。

(5)抗生素污染:饲料中添加的抗生素,在肠道中未被完全吸收的部分从猪的粪尿中排出,影响农作物、果蔬等的生长及疾病防治。

2. 养殖业污染治理遵循的原则

(1)无害化原则:即将畜禽养殖业的废弃物进行无害化处理,减少和消除其对环境、人畜健康的威胁和隐患,是畜禽废弃物污染治理的前提。

(2)减量化原则:是畜禽废弃物污染治理的基础,即在畜禽养殖过程中,通过各种方法综合减少废弃物。减量化技术必须从畜禽养殖的全过程通盘考虑,以减少排污量。

(3)资源化利用原则:它是畜禽粪便污染治理的核心。畜禽粪便不同于一般的工业污染物,含有未消化的营养物质和作物所需的多种养分,经适当处理后可用做肥料、饲料和燃料等。

(4)生态化发展原则:遵循生态学原理,通过食物链建立生态工程处理系统,以农牧结合、渔牧结合、农牧渔果结合等多种方式建立"鱼、果、蔬、粮"并举的生态畜牧农场,积极发展无公害食品、绿色食品和有机食品生产,使畜禽养殖业和农业种植、退耕还林、还草等生产模式有机结合,走生态农业的道路是最适合解决畜禽养殖业污染问题的经济且有效途径。

(5)污染治理的经济适用原则:畜禽养殖业总体上讲是一个污染重、利润较低的行业,过高的治理成本必然减少养殖业的经济效益,严重损害畜禽养殖业主的利益,最终影响到畜禽养殖业的可持续性发展。今后我国应该借鉴发达国家的经验,适当对化肥生产、销售加以征税;对畜禽养殖场在污染防治方面适当补贴;对产业化的有机肥加工与销售企业实行免税或少征税的政策。

3. 应用生态营养理论,从源头上减少污染

随着科技的不断进步,通过营养调控减少猪排泄物对环境的污染,取得了明显进展。

(1)选购符合生产绿色畜产品要求和消化率高、营养变异小、有毒有害成分低、安全性高的饲料原料,达到增重快、排泄少、污染少、无公害的目的。

(2)力求准确估测猪不同生理阶段、环境、日粮配制类型等条件下对营养的需要量和养分消化利用率,设计配制出营养水平与猪生理需要基本一致的日粮。

(3)按理想蛋白质模式,以可消化氨基酸含量为基础,配制符合猪生理需要的平衡日粮,提高蛋白质利用率,减少氮的排出。

(4)提高饲料利用率,配制饲料时可选用植酸酶、蛋白酶、聚糖酶等酶制剂,促进营养物质的消化吸收,尤其在仔猪日粮中添加效果更佳;添加益生素,通过调节胃肠道内微生物群落,促进有益菌的生长繁殖,对提高饲料利用率、降低氮的排泄量作用显著;选用高效、低吸收、无残留、不易产生抗药性的畜禽专用抗生素及其替代品,并严格控制用法用量,保证畜产品的安全卫生和减少排出量。

(5)禁止使用高铜、高锌日粮。在猪生长育肥后期,降低饲料中铜、铁、锌、锰等元素的含量,限制使用洛克沙砷等。

(6)日粮中添加中草药等除臭剂,减少猪粪便臭气的产生。

4. 改变养殖方式,减少环境污染

我国目前有发酵床养殖模式和常规水泥地面饲养模式。发酵床养殖模式为猪在含有锯末、稻壳、微生物等原料组成的发酵床上生长,粪污免清理,猪舍无臭味,粪污被发酵床中的微生物分解。废弃的发酵床垫料还可作为有机肥使用。该工艺将养殖生产与粪污处理相结合,原位消纳粪污,缺陷在于垫料投入成本高,夏季存在热应激现象。常规水泥地面饲养模式为猪在水泥地面上生长,猪排泄的粪污经人工或机械清理。优点在于猪舍建筑投资小,粪污易清理。缺陷在于将养殖生产与粪污处理相分离,猪舍内臭味污染严重,猪排泄的粪污需要沼气处理或干燥粪便,设备投入较高。

5. 改变粪污清理工艺,减少养殖污染

目前国内外主要有水冲粪、水泡粪、干清粪3种清粪工艺。

(1)水冲粪:将粪尿污水混合,流入缝隙地板下的粪沟,每天数次从沟端的水喷头放水冲洗。粪水顺粪沟流入粪便主干沟,进入地下贮粪池或用泵抽吸到地面贮粪池。该工艺可及时、有效地清除畜舍内的粪便、尿液,保持畜舍环境卫生;减少粪污清理过程中的劳动力投入,提高养殖场自动化管理水平。缺点在于耗水量大,一个万头养猪场每天需消耗大量的水($200 \sim 250$ 米^3)来冲洗猪舍的粪便;污染物浓度高,固液分离后,大部分可溶性有机质及微量元素等留在污水中,污水中的污染物浓度仍然很高,而分离出的固体物养分含量低,肥料价值低。该工艺技术上不复杂,不受气候变化影响,但污水处理部分基建投资及动力消耗很高。

(2)水泡粪清粪工艺:是在水冲粪工艺的基础上改进而来的。在猪舍内的排粪沟中注入一定量的水,粪尿、冲洗和饲养管理用水一并排放到缝隙地板下的粪沟中。储存 $1 \sim 2$ 个月,待粪沟装满后,打开出口的闸门,将沟中粪水排出。粪水顺粪沟流入粪便主干沟,进入地下贮粪池或用泵抽吸到地面贮粪池。该工艺可定时、有效地清除畜舍内的粪便、尿液,减少粪污清理过程中的劳动力投入,减少冲洗用水,提高养殖场自动化管理水平。缺点:由于粪便长时间在猪舍中停留,形成厌氧发酵,会产生大量的有害气体(如硫化氢、甲烷等),恶化舍内空气环境,危及动物和饲养人员的健康。粪水混合物的污染物浓度更高,后处理也更加困难。该工艺技术上不复杂,不受气候变化影响,污水处理部分基建投资及动力消耗较高。

(3)干清粪工艺:粪便一经产生便分流,干粪由机械或人工收集、清扫、运走,尿及冲洗水则从下水道流出,分别进行处理。干清粪工艺分为人工清粪和机械清粪两种。人工清粪只需用一些清扫工具、人工清粪车等,设备简单,不用电力,一次性投资少,还可以做到粪尿分离,便于后面的粪尿处理。缺点是劳动量大,生产率低。机械清粪包括铲式清粪和刮板清粪。机械清粪的优点是可以减轻劳动强度,节约劳动力,提高工效。缺点是一次性投资较大,还要花费一定的运行维护费用。目前生产的清粪机在使用可靠性方面还存在欠缺,故障发生率较高,由于工作部件上粘满粪便,维修困难。同时清粪机工作时噪声较大,不利于畜禽生长,因此,现在的养猪场很少使用机械清粪。

与水冲式和水泡式清粪工艺相比,干清粪工艺固态粪污含水量低,粪中营养成分损失小,肥料价值高,便于高温堆肥或其他方式的处理利用;产生的污水量少,且其中的污染物含量低,易于净化处理。

6.猪粪污的处理技术

目前国内对猪粪主要有直接返田处理、堆肥处理和沼气发酵等处理方法。虽然有些报道称可以将猪粪饲料化处理,但是对于猪粪饲料化利用的安全性问题还有待进一步研究。同时猪粪饲料化处理利用是绿色、生态养猪所不提倡的,因此,猪粪最合理有效的利用方式是作为有机肥返田。

(1)直接返田处理:猪粪直接返田是猪粪最原始的利用方式,猪粪中所含有的大量氮和磷可以供作物利用。通过土层的过滤、土壤粒子和植物根系的吸附、生物氧化、离子交换、土壤微生物间的拮抗,使粪肥水中的有机物降解、病原微生物失去生命运力或被杀灭,得到净化;同时还可增加土壤肥力,提高作物产量,实现资源化利用。

(2)高温堆肥处理:不要长期、过量使用未经处理的鲜粪尿,因为其中所含微生物、寄生虫等对土壤造成污染,发生寄生虫病和人畜共患病。粪便要经发酵或高温腐熟处理后再使用,一般采用堆肥技术。堆肥处理是在微生物作用下,通过高温发酵,使有机物矿质化、腐殖化和无害化而变成腐熟肥料的过程,不但生成大量可被植物利用的有效态氮、磷、钾化合物,而且又合成新的高分子有机物腐殖质,是构成土壤肥力的重要活性物质。

(3)机械烘干处理:将猪粪进行机械烘干,不但可杀灭粪污中的病毒、病菌,防止粪污中的病菌再次传播,而且便于猪粪污保存。烘干的粪污可以直接还田,也可以经生物发酵后和其他配料配伍生产有机肥。目前猪粪烘干机有多种。

(4)沼气发酵:利用畜禽粪便进行厌氧发酵,发酵产生的沼气成为廉价的燃料,分离出来的沼渣、沼液则成了优质肥料,不但保护了环境,而且提高了经济效益。实践与研究证明,粪尿厌氧发酵能使寄生虫灭活,消除恶臭,减轻对土壤、水、大气的污染。将沼渣、沼液制成肥料,能增加土壤有机质、碱解氮、速效磷及土壤酶活性,减少作物病害,降低农药使用量,提高农作物产量和品质。

7.粪污资源利用

物质循环利用型生态工程技术是一种按照生态系统内能量流和物质流的循环规律而设计的生态工程系统。其原理是某一生产环节的产出(如粪尿及废水)可作为另一生产环节的投入(如圈舍的冲洗),使系统中的物质在生产过程中得到充分的循环利用,从而提高资源的利用率,防止废弃污物等对环境的污染。国内外常用的物质循环利用型生态系统,主要有“种植业—养殖业—沼气工程”三结合的生态工程,“养殖业—渔业—种植业”三结合的生态工程,“养殖业—渔业—林业”三结合的生态工程等。

健康与能源型综合系统的运作方式是先将猪粪尿厌氧发酵,形成气体、液体和固体,然后利用气体分离装置把沼气中甲烷和二氧化碳分离出来。甲烷可以作为燃料、照明,也可进行沼气发电,获得再生能源;二氧化碳可用于培养螺旋藻等经济藻类等。沼气池中的上层液体经过一系列的沼气能源加热管消毒处理后,可作为培养藻类的矿质营养成分。沼气池下层的泥浆与其他肥料混合后,作为有机肥料可改良土壤;沼气发电产生的电能可用来照明,带动藻类养殖池的搅拌设备,也可以给蓄电池充电。

三、猪场污水处理技术

目前比较成熟、适用的生产工艺有两大类,一类是以综合利用为主的

"能源生态型"处理利用工艺,另一类是以污水达标排放为主的"能源环保型"处理利用工艺。"能源生态型"处理利用工艺是指畜禽养殖场污水经厌氧无害化处理后,不直接排入自然水体,而是作为农作物的有机肥料。"能源环保型"处理利用工艺是畜禽养殖场的畜禽污水处理后,直接排入自然水体,最终出水达到国家或地方规定的排放标准。

(1)典型能源生态型处理利用工艺:

①工艺适宜的条件:养殖业和种植业的合理配置,即周围有足够的农田或市场能够消纳厌氧发酵后的沼液、沼渣,使沼气工程成为能源生态农业的纽带;原则上畜禽养殖场日污水排放量不大于日粪便排放量的3倍;项目建设点周边环境容量大、排水要求不高。

②工艺特点:畜禽养殖场污水、粪便可全部进入厌氧消化器;沼气、沼肥产量大;主体工程投资少、运行费用低;操作简单,利于管理。

③典型能源生态型工艺流程:如图20所示。

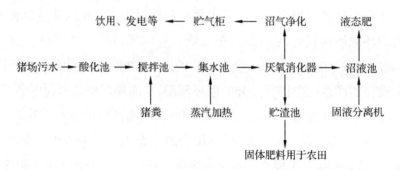

图20　能源生态型生产工艺流程

猪场的畜舍冲洗水与畜尿先汇集到酸化池,再与畜粪在搅拌池中搅拌均匀,将粪污调配成高浓度的发酵液(TS浓度在3%～10%)。然后集中到集水池内,冬季向集水池内增温,确保厌氧反应器进料的温度。厌氧消化器产生的沼气经净化后贮存到贮气柜,供发电用或炊用。沼渣排入贮渣池后,经过固液分离机分离出含水率为75%的沼渣,作为固体肥料施用于农田;上清液与沼液共同排入沼液池,作为液态肥施用于农田。采用能源生态型沼气工程,项目建设目标是尽可能地多产沼气,实现对沼渣、沼液的综合利用。

猪粪便、废水在经厌氧消化处理后,沼渣、沼液作为优质有机肥料用于绿色食品生产,使粪便得到能源、肥料多层次的资源化利用,生态农业得以持续发展,最终达到区域内畜禽养殖场粪污的"零排放"。这种工艺遵循了生态农业原则,具有良好的经济效益和环境效益。

(2)典型能源环保型处理利用工艺:

①工艺适宜的条件:规模化养殖场,最小污水处理量每天50吨;项目建设点周边排水要求高,污水需要达标排放。

②工艺特点:在工艺前期尽可能通过物理方法去除污水中的固形物,降低厌氧消化器工作负荷;舍内清出的粪便和固液分离机分离的粪渣,可制作有机肥或直接外卖;污水达标排放,有效防止二次污染;沼气产量小;主体工程投资大、运行费用高;操作与管理水平要求较高。

③典型能源环保型工艺流程:如图21所示。

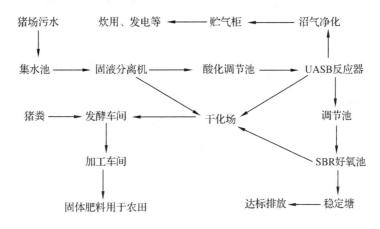

图21　能源环保型生产工艺流程

猪场的畜舍冲洗水与畜尿先汇集到集水池,用污水泵提升至固液分离机,分离出的污水自流入沉淀池,进一步去除水中的杂物。沉淀后污水经酸化调节池进入 UASB 厌氧消化器。经厌氧消化后污水自流入调节池,通过污水泵泵入 SBR 池。为进一步达到节能和有效去除氨氮的目的,一般设置稳定塘,以确保水质达标排放。沉淀池、UASB 反应池和 SBR 池的污泥排入干化场干化,畜舍清出的鲜粪经好氧发酵后,可作为优质有机肥料使用。UASB 池在进行厌氧生物反应过程中产生的沼气,经过净化送入贮气柜供发电或炊用。

采用能源环保型沼气工程,项目建设目标是实现污水的达标排放。固体粪便制作有机肥,并通过对沼气的利用降低工程运行费用,此类工程项目具有良好的社会效益。目前该工艺一般采用高效厌氧反应池(UASB)与先进的好氧反应池(SBR)相结合。

几种厌氧反应器的性能比较如表11所示。

表11   几种典型的厌氧反应器适用性能比较

反应器名称	优点	缺点	适用范围
完全混合厌氧反应器(CSTR)	投资小、运行管理简单	容积负荷率低,效率较低,出水水质较差	适用于 SS 含量很高的污泥处理
厌氧接触反应器	投资较省,运行管理简单,容积负荷率较高,耐冲击负荷能力强	停留时间相对较长、出水水质相对较差	适用于高浓度高悬浮物的有机废水
厌氧滤器(AF)	处理效率高,耐负荷能力强,出水水质相对较好	投资相对较大,对废水 SS 含量要求严格	适用于 SS 含量较低的有机废水
上流式厌氧污泥床反应器(UASB)	处理效率高,耐负荷能力强,出水水质相对较好	投资相对较大,对废水 SS 含量要求严格	适用于 SS 含量较低的有机废水
膨胀颗粒污泥床反应器(EGSB)	处理效率高,负荷能力强,出水水质相对较好	投资相对较大,对废水 SS 含量要求严格	适用于 SS 含量较少、高浓度的有机废水
升流式固体床反应器(USR)	处理效率高,不易堵塞,投资较省、运行管理简单,容积负荷率较高	结构限制相对严格,单体体积较小	适用于含固量很高的有机废水

第二章 肉鸡养殖新技术

第一节 肉鸡新品种

一、白羽肉鸡

快大型白羽肉鸡品种是目前世界上肉鸡生产的主要类型,父系都采用科尼什,也结合不了不少其他品种的血缘,母系主要是白洛克。目前,白羽肉鸡主要有 AA、艾维茵、罗斯 308 等。白羽肉鸡的主要特点是生长速度快,饲料转化率高,有专门的父系和母系。

1. 爱拔益加(AA)肉鸡

爱拔益加肉鸡,又称 AA 肉鸡,是美国爱拔益加育种公司培育的四系配套白羽肉鸡品种。四系均为白洛克型,羽毛均为白色,单冠。我国从 1980 年开始引进,目前已经有十多个祖代和父母代种鸡场,是白羽肉鸡中饲养较多的品种之一。AA 肉鸡具有生产性能稳定、增重快、胸肉产肉率高、成活率高、饲料报酬高、抗逆性强的优良特点。AA 肉鸡生产性能:全群平均成活率90%,入舍母鸡66 周龄产蛋量为193 枚,入舍母鸡产蛋数185 枚,入舍母鸡产健雏数159 只,种蛋受精率94%,入孵种蛋平均孵化率为80%,36 周龄产蛋重63 克。

2. 罗斯 308 肉鸡

罗斯 308 祖代肉种鸡是美国安伟捷公司的著名肉鸡,其父母代种用性能优良,商品代生产性能卓越,尤其适应东亚的环境特点。罗斯 308 父母代种鸡高峰期周平均产蛋率可达88%。全期累计产合格种蛋177 枚。

罗斯 308 父母代种鸡全期平均孵化率 86%，累计生产雏鸡 149 只。罗斯 308 商品肉鸡可以混养，也可以通过羽速自别雌雄。7 周龄末平均体重可达 3.05 千克，可以提早出栏，大大降低了肉鸡饲养后期的风险。罗斯 308 商品肉鸡饲料转化率高，42 日龄料肉比 1.7∶1，49 日龄料肉比 1.82∶1。

3. 艾维茵肉鸡

艾维茵肉鸡是美国艾维茵国际有限公司培育的三系配套白羽肉鸡品种。我国从 1987 年引进，目前在全国大部分省（市、区）建有祖代和父母代种鸡场，是白羽肉鸡中饲养较多的品种。艾维茵肉鸡为显性白羽肉鸡，体形饱满，胸宽、腿短、黄皮肤，具有增重快、成活率高、饲料报酬高的优良特点。

艾维茵肉鸡祖代生产性能：入舍母鸡平均产蛋率母系 60%，父系 52%，累计产蛋数母系 163 枚、父系 138 枚，产蛋合格率平均为 91%；平均孵化率母系为 82%、父系为 77%，生产雏鸡母系 122 只、父系 94 只，生产可售父母代雏鸡母系 58 只、父系 45 只；41 周产蛋期母鸡成活率母系 90%、父系 85%。

艾维茵肉鸡父母代生产性能：入舍母鸡产蛋 5% 时成活率不低于 95%，产蛋期死淘率不高于 8%～10%，高峰期产蛋率 86.9%，41 周龄可产蛋 187 枚，产种蛋数 177 枚，入舍母鸡产健雏数 154 只，入孵种蛋最高孵化率 91% 以上。

艾维茵肉鸡商品代生产性能：商品代公母混养 49 日龄体重 2 615 克，耗料 4.63 千克，饲料转化率 1.89，成活率 97% 以上。

二、有色羽肉鸡

有色羽肉鸡指非白羽的肉用仔鸡和淘汰蛋用型鸡。指广义的优质肉鸡和土鸡，包括含有一定比例外来鸡血统和一定比例地方鸡血统的商用肉鸡，一般饲养期较长和规模饲养的肉用鸡。近年来，我国的有色羽肉鸡获得了长足的发展。

1. 引进的有色羽肉鸡品种

（1）红宝肉鸡：又称红波罗肉鸡，是由加拿大谢弗种鸡有限公司育成的四系配套杂交鸡。该肉鸡商品代为有色红羽，具有"三黄"特征，黄喙、黄腿、黄皮肤,冠和肉髯鲜红,胸部肌肉发达,屠体皮肤光滑。我国最早在1972年由广东、广西引进商品代鸡,在1981~1983年广州、上海、广西、东北等地先后从加拿大谢弗公司和法国子公司引进了祖代和父母代种鸡。

父母代种鸡24周龄平均体重2 425克;平均开产日龄168天,29~30周龄达产蛋高峰,高峰产蛋率85%;66周龄入舍母鸡平均产蛋188枚,平均产合格种蛋180枚,平均产雏152只,平均体重3 200克。育成期死亡率为2%~4%,产蛋期死亡率(每月)0.4%~0.7%。平均日采食量为145克。商品鸡42日龄公母鸡平均体重1 580克,料肉比1.85:1;49日龄公母鸡平均体重1 930克,料肉比2.0:1;56日龄公母鸡平均体重2 280克,料肉比2.1:1。

红波罗肉鸡引入我国后,表现出较强的抗逆性,母系产蛋量之高在肉鸡种鸡中也是少有的,而且有较高的受精率、孵化率和成活率。肉用仔鸡生长较快,屠体皮肤光滑、味道较好,深受广大消费者欢迎。

(2)狄高肉鸡:狄高肉鸡是由澳大利亚狄高公司培育而成的二系配套肉鸡。种母鸡为黄褐色,只有一个系。种公鸡为两个系:一个为TM70,为白羽系;另一个是TR83,为黄羽系。其生产性能,白羽系高于黄羽系。1982~1985年深圳引进该鸡。用狄高黄鸡和我国地方品种鸡杂交,其后代肉质好,生产性能高。

父母代生产性能:父母代种鸡22周龄母鸡平均体重2 190克,育成期成活率96%;平均开产日龄168天,30~32周龄达产蛋高峰,高峰产蛋率83%以上;68周龄入舍母鸡平均产合格种蛋178枚,平均产雏154只,产蛋期成活率92.5%,62周龄母鸡平均体重3 360克。商品鸡35日龄公母鸡平均体重1 800克,料肉比1.77:1;42日龄公母鸡平均体重2 280克,料肉比1.94:1;49日龄公母鸡平均体重2 750克,料肉比2.13:1。

(3)安卡红:安卡红为速生型黄羽肉鸡,四系配套,原产于以色列。1994年10月上海市华青曾祖代肉鸡场引进。安卡红是生长速度最快的有色羽肉鸡之一,具有适应性强、耐应激、长速快、饲料报酬高等特点。黄羽,单冠,体貌黄中偏红,黄腿,黄皮肤。部分鸡颈部和背部有麻羽。49日龄平均活重1 930克,料肉比2:1。安卡红与国内的地方鸡种杂交有很好的配合力。国内目前多数的速生型黄羽肉鸡都含有安卡红血统。国内部分地区使用安卡红公鸡与商品蛋鸡或地方鸡种杂交,生产黄杂鸡。安卡红可在全国各地区饲养,适宜集约化养鸡场、规模鸡场、专业户和农户饲养。

初生雏较重,达 38~41 克。绒羽为黄色、淡红色,少数鸡背部有条状褐色。有一圈黑色的项羽,主翼羽、背羽尖有部分黑色羽,公鸡尾羽有黑色,各品系均有快、慢羽。肤色白色,喙黄,腿粗,胫、趾为黄色。单冠,公、母鸡冠齿以 6 个居多,肉髯、耳叶均为红色,较大、肥厚。安卡红鸡父母代生产性能:淘汰周龄 66 周龄,每只入舍母鸡产蛋总数 176 枚,每只入舍母鸡产种蛋总数 164 枚,每只入舍母鸡出雏数 140 羽,25 周龄产蛋率达 5%,0~21 周龄成活率 94%,22~26 周龄成活率 92%~95%,0~21 周龄耗料(公母平均/羽)8.40 千克,22~26 周龄耗料(产蛋母鸡/羽)49 千克。

2. 我国培育的优质有色羽肉鸡

以我国地方优良品种为素材,培育具有自主知识产权的优质肉鸡新品种(配套系),适应中国人独特的消费习惯,已经形成区域优势明显的产业体系,处于世界领先水平。培育的优质肉鸡新品种(配套系)按照体形外貌可分为三黄鸡、青腿麻羽鸡,其中三黄鸡适应我国南方市场,特别是两广、香港等市场需要,而我国北方需要的是青腿麻羽鸡。随着我国经济发展水平的提高,以及城市关闭活鸡市场的需要,加工型(白羽)青腿优质肉鸡应运而生。

(1)三黄鸡:三黄鸡按照生长速度,可以分为快速型(快长型、快大型)、中速型(仿优质型)和慢速型(特优质型、珍味型),不同的市场对外观和品质有不同的要求。

慢速型:以广西、广东湛江地区和部分广州市场为代表。要求 90~120 日龄上市,体重 1.1~1.5 千克,冠红而大,羽毛光亮,胫较细,羽色和胫色随鸡种和消费习惯而有所不同。这种类型的鸡种一般未经杂交改良,以各地优良地方鸡种为主。如清远麻鸡、杏花鸡、三黄胡须鸡等。

中速型:以香港、澳门和广东珠江三角洲地区为主要市场,有逐年增长的趋势。港、澳、粤市民偏爱接近性成熟的小公鸡。要求 80~100 日龄上市,体重 1.5~2.0 千克,冠红而大,毛色光亮,具有典型的"三黄"特征。如新兴黄鸡 2 号、新兴矮脚黄鸡、岭南黄、粤禽黄等品种。

快速型:以长江中下游上海、江苏、浙江和安徽等省(市)为主要市场。要求49日龄的公母鸡平均上市体重为1.3～1.5千克,1千克以内开啼的小公鸡最受欢迎。该市场对生长速度要求较高,对"三黄"特征要求较为次要。以粤禽黄"882"为代表,是体形大、生长速度快、含有一定肉用仔鸡品种血缘的"快大型"三黄鸡。

(2)青腿麻羽鸡:青脚麻羽系的典型代表就是以山东省农业科学院家禽研究所培育的鲁禽1号、3号麻鸡配套系。山东农业科学院家禽研究所根据我国肉鸡业的发展趋势,以琅琊鸡等地方优良品种为育种素材,培育了专门化品种(系)5个(其中合成系3个)。通过配合力测定,筛选出2个配套系,分别作为鲁禽系列优质肉鸡配套系的优质型(鲁禽1号)和高档优质型(鲁禽3号),于2006年6月获得国家畜禽品种新品种(配套系)证书。

鲁禽1号麻鸡配套系1～19周龄的成活率95%,父母代种鸡平均开产年龄146天,28周龄达产蛋高峰,高峰产蛋率84%;66周龄入舍母鸡平均产蛋量179枚,平均产雏鸡153只;商品代鸡10周龄平均体重1 772克,料肉比2.42∶1。鲁禽3号麻鸡配套系1～19周龄的成活率94%,父母代种鸡平均开产年龄144天,29～30周龄达产蛋高峰,高峰产蛋率83%;66周龄入舍母鸡平均产蛋量182枚,平均产雏鸡155只;商品代鸡13周龄体重1 771克,料肉比3.4∶1,成活率97%。

目前经过国家级审定的有色羽肉鸡,还有康达尔黄鸡128配套系、新扬褐壳蛋鸡配套系、江村黄鸡JH－2号配套系、江村黄鸡JH－3号配套系、京星黄鸡100配套系、京星黄鸡102配套系、邵伯鸡配套系、文昌鸡、新兴竹丝鸡3号配套系、新兴麻鸡4号配套系、粤禽黄2号鸡配套系、粤禽黄3号鸡配套系等。

3.制种体系

制种体系包括原种场和繁殖场,繁殖场又分为一级繁殖场(祖代场)和二级繁殖场(父母代场)。

(1)原种场(曾祖代场):原种场为制种体系的中心,任务是对饲养育种场提供的配套系进行纯繁,并对原种配套系的纯系进行保种,还要对原种配套系的各纯系进行选育提高。否则,纯系优秀的生产性能就不能得到保持。如四系配套,则纯繁制种生产单性祖代鸡为 A(父本父系)、B(父本母系)、C(母本父系)、D(母本母系)4 个原种系;如为三系配套,则纯繁生产单性祖代鸡为 A(父本父系)、B(父本母系)和纯繁 C(母本父系)、D(母本母系);如为两系配套,则纯繁制种生产单性祖代鸡为 A 公、B 母。需要纯繁和选育提高,进行家系或个体资料记录,确保供种质量。原种鸡数量的多少(D 系母),需视一级繁殖场的规模而定,一般肉鸡按 1:20 配备。

(2)一级繁殖场(祖代场):一级繁殖场的任务是引种、制种与供种。两系配套的一级繁育场的祖代场是纯系鸡,三级或四级配套的祖代种鸡为纯系种鸡的单性,只能按固定杂交模式制种。一级繁殖场接受原种场提供的四系配套祖代种鸡进行二元杂交,为二级繁育场提供配套的父母代种鸡。如为四系配套的 A♂×B♀ 和 C♂×D♀ 进行单杂交,产生父母代的 AB(父系)和 CD(母系)种鸡。一级繁殖场的大小视二级繁殖场的规模而定,一般肉鸡按照 1:50 比例配备。

(3)二级繁殖场(父母代场):由一级繁殖场引进配套合格的父母代种雏,按固定模式进行制种,并保证质量向商品代场供应鸡苗或种蛋。二级繁殖场接受一级繁殖场提供的父母代种鸡,进行双杂交,即 AB♂×CD♀ 杂交,为商品代提供大量的四系杂交商品肉鸡。二级繁殖场(父母代)种鸡的数量,视商品代场的规模而定,一般肉鸡按照 1:100 配备。

(4)商品场:商品场的主要目的是向社会供应商品肉鸡,接受二级繁殖场提供的双杂交或三元杂交鸡,进行商品肉鸡的生产。

第二节　肉鸡的营养需要及饲料

一、肉鸡的营养需要与饲养标准

饲料在肉鸡生产中占 50% 以上成本,并且改善饲料的营养成分对肉鸡生产性能的影响,要超过其他管理因素。

对肉鸡营养的研究,有利于发挥肉鸡的生产潜能。动物营养学的主要任务就是为肉鸡提供全价饲料,使能量、蛋白质和氨基酸、矿物质、维生素、必需脂肪酸保持平衡,保证正确的饮水,以满足其各阶段生产发育的需要;在不影响肉鸡福利的情况下,获得最佳的饲养效果。因此,在充分理解各种营养物质的营养作用和代谢生理的基础上,饲料配制需要三大要素:动物营养需要标准、饲料原料营养成分数据库、配方软件。

鸡群密度、气候条件和疾病状况等因素也会改变鸡的营养需要,影响肉鸡的增重和料肉比,因此,未来肉鸡营养的重点应该是制订系统有效的饲养计划,而不是孤立地考虑单纯的日粮。随着生产条件和目标的改变,世界各个育种公司以及科研机构一直在修正着肉鸡的营养需要标准,但目前制订这种总体饲养计划所需的研究资料仍然非常缺乏。

1. 能量

肉鸡所需能量主要来自日粮中的碳水化合物,部分来自脂肪,少量来自脱氨后的蛋白质。近年来有通过使用脂肪与较大比例的谷物(玉米、小麦、高粱等),来提高日粮能量水平的趋势。一般富含可利用能量的谷物类是肉鸡配方的最佳选择,肉鸡的生长速度快,饲料报酬好。

饲料中正确的能量水平主要取决于经济因素。实践中,能量水平也受到所用饲料原料和加工方式等的影响。随着能量水平的变化,其他营养成分和能量的比例应该相对保持不变。

理论上说,衡量家禽饲料有效能的最好指标是净能。但是,没有实用的方法来度量净能,所测得的数值受各种因素影响而差异较大,无法统一并使用。目前只能用禽代谢能来表达饲料原料与营养需求量中的能量值。传统表示饲料中能量水平的方式是矫正到零氮沉积情况下的表现代谢能,目前诸多资料中都用这种方式表示能量水平。有些饲料原料的表现代谢能(特别是脂肪),会造成日龄小的鸡群比日龄大的鸡群代谢能值低(图22)。

图22　能量的营养学划分

如果将来能够利用净能作为能量表达方式，就能克服由于不同物质来源(如脂肪、蛋白质和碳水化合物)和用于不同代谢目的而造成的代谢能利用率差异。使用这些新的能量体系，可以提高肉鸡生产性能的稳定性及可预期性。

实际生产中，肉鸡饲料的能量水平和脂肪水平是相互关联的。当饲料中包含来自小麦、大麦和黑麦中的水溶性非淀粉多糖时，将降低脂肪消化率。当使用饱和脂肪酸时，这种降低的比例将更大。使用玉米作为主要谷物原料时，能缓解上述问题。在饲料中使用酶、有机酸或其他添加剂时，可以改变肠道微生物菌系，也有利于克服这种问题。

另外，在肉鸡日粮中添加脂肪，除了发挥提供能量的作用以外，还具有明显的"额外热效应"与"额外代谢效应"，即用油脂能量取代日粮中等能量的碳水化合物时，能起到降低消化代谢中的热增耗，提高生产性能和饲料利用率的作用。另外，脂肪是脂溶性维生素的溶剂，能降低饲料中的粉尘，在饲料制粒过程中起着润滑作用，还可以提高饲料的适口性，以及提供必需脂肪酸(主要是亚油酸)。

2. 蛋白质与氨基酸

蛋白质是构成肉鸡机体的主要成分。蛋白质的代谢实际上是饲料蛋白质降解，重新合成鸡体蛋白质的过程，因此，在蛋白质营养研究中，氨基酸代谢一直是研究的重点。肉鸡"对蛋白质的需要即是对氨基酸需要"的理论一直指导着蛋白质的消化代谢研究与生产实践。我们首先考虑的是日粮应提供足够量的各种氨基酸，其次要确保日粮提供足够量的蛋白质(提供足够量的非必需氨基酸，或供给机体用以合成它们的前体)。

在欧美等发达国家，消费者越来越关注禽肉产品的卫生、安全、营养价值，以及家禽生产对环境的影响，所以减少肉鸡粪便中氮的排泄量非常关键。肉鸡排泄出来的氮主要是与未消化的物质、合成体蛋白和蛋所直接需要的不平衡氨基酸有关。通过利用氨基酸平衡模式配制肉鸡日粮，较精确地满足肉鸡需要并尽量减少过剩，同时注意氨基酸的消化性，就可以大大降低氮的排泄量以及肉鸡饲料成本。现在的部分合成氨基酸成本在逐渐下降，如蛋氨酸、赖氨酸、苏氨酸，因此，我们可以配制出成本更低的、减少多余氨基酸和非蛋白氮的实用日粮。但我们不能沿此思路走向其符合逻辑的终点,即必需氨基酸平衡而粗蛋白含量极低的日粮。实践证明,当我们将粗蛋白含量降到较低水平时,肉鸡生长性能受到较大的负面影响。这可能是由于我们对家禽氨基酸需要量与小肽营养了解得不准确;"非必需氨基酸"变得重要;或者合成氨基酸添加过多,未必能产生预期效果。

随着蛋白质和氨基酸营养研究的深入,人们已逐渐认识到肽营养的重要性。现今,蛋白质营养已从粗蛋白营养阶段,经过真蛋白营养阶段、理想蛋白与氨基酸平衡营养阶段,发展到肽营养研究的新阶段。国内外大量研究发现,蛋白质降解过程中产生的某些肽和游离氨基酸一样,也可以被完整吸收。肉鸡所能吸收的肽主要是由 10 个以下氨基酸残基构成的寡肽,尤其是小肽(二肽或三肽)。大量吸收试验表明,小肽的吸收具有速度快、耗能低、载体不易饱和,且各种肽之间运转无竞争性与抑制性等特点。因此,肉鸡对肽中氨基酸的吸收比对游离氨基酸的吸收更迅速、更有效。

饲料中的氨基酸水平要同时满足肉鸡对必需氨基酸和非必需氨基酸的需要。最好使用高质量的蛋白质原料,特别是肉鸡处于热应激的时候。蛋白质质量不好或不平衡会产生代谢应激,造成垫料潮湿,同时伴随着能量消耗的增加。可消化氨基酸和能量比例越高,越有助于提高肉鸡生长和屠宰性能,这对用于分割和去骨的肉鸡尤其有意义。最理想的可消化赖氨酸和能量的比例,主要取决于各自的饲料配方。

目前的肉鸡饲料配方设计,往往是参照理想氨基酸模型(表 12),以期达到最佳的氨基酸平衡。

表 12　　　　　　　　　可消化氨基酸在理想蛋白中的比例

可消化氨基酸	小鸡料	中鸡料	大鸡料
精氨酸	105	107	109
异亮氨酸	66	67	68
赖氨酸	100	100	100
蛋氨酸	37	38	39
蛋氨酸 + 胱氨酸	74	76	78

（续表）

可消化氨基酸	小鸡料	中鸡料	大鸡料
苏氨酸	63	64	66
色氨酸	17	17	18
缬氨酸	74	75	76

3. 维生素

维生素存在于天然食物中，不同于碳水化合物、脂肪、蛋白质、矿物质和水，属于一种既不能供给能量，又不能形成机体的结构物质。维生素含量少，但却是正常组织健康发育、生长和维持所必需的。维生素主要以辅酶和催化剂的形式参与代谢过程中的生化反应，保证细胞结构与功能的正常。肉鸡消化道较短，肠道微生物合成维生素极有限，当日粮缺乏或吸收利用不良时，会导致特定的缺乏症。

维生素分为脂溶性维生素和水溶性维生素，脂溶性维生素包括维生素 A、D_3、E、K_3，水溶性维生素包括 B 族维生素和维生素 C。有关各种维生素的生物学作用以及缺乏症症状如表 13 所示。

表 13　　　　　　　　维生素的生物学作用及缺乏症症状

维生素	基础作用	添加效用	缺乏症
维生素 A	促进皮肤和黏膜的发育及再生能力，并有保护作用；调节碳水化合物、蛋白质和脂肪的代谢，促进健康，促进生长，促进骨骼发育和提高繁殖能力，合成视紫质。	活化细胞膜的溶酶体膜，促进肾上腺产生皮质酮；提高免疫能力，增强对传染病、寄生虫病的抵抗力。	眼眦模糊，干眼症，夜盲，瞎眼，黏膜角化，皮毛"干燥"、蓬乱，繁殖能力下降，产蛋量降低，不育。种卵孵化 2～3 天内，因外血管循萎缩和消失而致胚胎早期死亡，抵抗疾病传染的能力降低。
维生素 D_3	调节钙和磷的代谢功能，尤其是促进肠对钙和磷的吸收，调节肾脏对钙和磷的排泄，控制骨骼中钙和磷的贮存及其活动状况。		钙磷代谢紊乱，骨基质钙化停止（佝偻症、软骨症），骨关节变形，易发生自发性骨折。蛋壳脆弱易破裂。

（续表）

维生素	基础作用	添加效用	缺乏症
维生素 E	调节碳水化合物和肌酸的代谢，节约糖元；促进性腺发育，提高生殖机能；通过脑下垂体前叶调节激素代谢；有抗氧化作用，可防止细胞中敏感的脂肪酸和其他敏感物（如维生素 A、类胡萝卜素、碳水化合物代谢的中间产物）受到氧化破坏；保护肝脏功能。	刺激合成辅酶 Q 的作用，故可提高免疫效应，对氧化氢、黄曲霉素 B_1、亚硝基化合物以及聚氯联苯等的抗毒和解毒作用，抗致癌作用，促进抗坏血酸的合成。	家禽脑软化症，神经症状，渗出性素质（皮下蓝或绿色），肝坏死，肌胃溃疡。
维生素 K_3	促进凝血酶原的合成，维持正常的凝血时间。		凝血时间延长，出血不止，小伤口也可以引起血管破裂。
维生素 B_1	通过焦磷酸硫胺酯调节碳水化合物代谢，维持神经组织和心脏的正常功能，维持肠道的正常蠕动，维持消化道内脂肪的吸收以及酶的活性。		神经系统疾病症状；食欲不振或废食。
维生素 B_2	为黄色辅酶（FAD）的组成部分，对氢和电子的转移起重要作用，即起辅酶作用。与其他 B 族维生素一样，在蛋白、脂肪和核酸代谢中起重要作用。		食欲减退；腹泻；家禽害屈趾状麻痹。

维生素	基础作用	添加效用	缺乏症
维生素 B6	吡哆醛-5-磷酸是很多酶系统的辅酶，与体内多种代谢有关，特别与蛋白质代谢有密切关系。	增加免疫效应。	皮炎；神经末梢和中枢神经系统病变；肝脏和心脏受损；繁殖能力降低；蛋白质沉积减少。
维生素 B12	作为辅酶，参与蛋白质代谢，合成蛋氨酸。		家禽羽毛生长不良，孵化率降低；胚胎死亡率增高；饲料转化率降低。
生物素	作为活化 CO_2 和脱羧作用的辅酶，与亮氨酸、鸟氨酸代谢等特别有关。	对呼吸道病毒的侵袭有防御作用。	家禽喙部、胫及趾部周围皮炎；肉用仔鸡发生脂肪肝、肾病综合征。
叶酸	以5,6,7,8-四氢叶酸的形式起辅酶作用，参与所有一碳单位转移反应，包括甲基转移、羟甲基转移、甲酰基转移、亚胺甲基转移等反应，参加很多氨基酸和含氮化合物的反应。	具有抗真菌毒素效用，增强免疫效应。	家禽羽毛生长不良；繁殖能力降低；胚胎死亡率高；骨短粗症。
烟酸	以辅酶Ⅰ和辅酶Ⅱ的形式，参与很多反应。	抗致变态作用。	坏死性肠炎、血痢、增重缓慢、厌食、呕吐、皮肤干燥、皮炎、被毛粗糙、脱毛、腹泻、黏膜溃疡、正常红细胞性贫血。

新型职业农民技能培训丛书

富禽养殖新技术

（续表）

维生素	基础作用	添加效用	缺乏症
泛酸	是辅酶 A 的辅基,参加酰基的转化。	增强免疫效应。	皮肤和黏膜发生病变,皮炎、肠道和呼吸道疾病,生殖机能紊乱;降低耐紧张能力;家禽产蛋量降低;胚胎死亡率高。
胆碱	是甲基的供体,是卵磷脂的构成部分,整体的胆碱分子可防止脂肪肝、肾出血和禽类弱腿症,刺激迷走神经释放乙酰胆碱。	促进抗体的产生,增强免疫效应。	脂肪肝,肝脂肪变性;家禽骨短粗症,骨关节畸形。
维生素 C	体内的强还原剂,参加羟化反应,对胶原合成有关的结缔组织、软骨和牙龈起重要作用,与甾类激素合成有关;参与电子传递;参与将铁嵌入铁蛋白;作为电子供体参与叶酸氢化为四氢叶酸的反应;家禽具有在体内合成抗坏血酸的机能。	抵抗传染病,抗逆境效应,抗致癌作用。	易患传染病,黏膜自发性出血;家禽在高温下兴奋紧张,蛋壳硬度降低。

　　现代养殖业为了使家禽具有最佳健康状况和最高生产性能,维生素添加量一般都高于 NRC 标准(表14)。最佳添加量的提出主要源于以下原因:由于肉鸡遗传育种的进步,生产性能不断提高,体内物质代谢率不断加快,对各种维生素需要量不断增加。现代养殖业为获得最佳经济效益,导致肉鸡舍存在各种应激因素,如拥挤、夏季高温高湿、空气质量等。

肉鸡处于亚临床疾病状态,体内物质代谢加快,对各种维生素需要量增加。当肉鸡药物治疗,或者使用广谱抗生素作为促生长剂时,会减少肠道内细菌数量,导致各类维生素合成减少,维生素的需要量会比平时要高。在饲料加工过程中,由于过期、静电、储存条件、搅拌均匀度、载体质量、高温制粒等原因,维生素可能有一定的损失,必须要提高添加水平。关注鸡肉产品的内在品质及食品安全,需要添加高水平的维生素。为获得较好的养殖效益,日粮营养浓度不断提高,相对采食量下降,这也要求相应提高维生素浓度。

表14　　　罗氏与巴斯夫肉鸡维生素营养推荐标准　　（单位:毫克/千克）

维生素种类	ROCHE 标准	BASF 标准
维生素 A(国际单位/千克)	8 000 ~ 12 000	8 000 ~ 12 000
维生素 D_3	2 000 ~ 4 000	2 500 ~ 4 000
维生素 E	30 ~ 50	30 ~ 50
维生素 K_3	2 ~ 4	2 ~ 3
维生素 B_1	2 ~ 3	2 ~ 3
维生素 B_2	5 ~ 8	5 ~ 7
维生素 B_6	4 ~ 6	3 ~ 5
维生素 B_{12}	0.02 ~ 0.03	0.015 ~ 0.025
烟酸	35 ~ 50	30 ~ 50
D – 泛酸	10 ~ 14	10 ~ 12
叶酸	1 ~ 2	1
生物素	0.15 ~ 0.25	0.1 ~ 0.15
胆碱	200 ~ 400	300 ~ 600

在设计肉鸡日粮中维生素的添加量时,一般不考虑天然饲料原料中的维生素含量,而只是提供每一种维生素的满足需要量。维生素 B_1 在天然饲料原料中含量丰富,可以完全从维生素预混料中免去。胆碱在天然饲料中的含量也很丰富,可以部分提供胆碱的需要量。

适宜的维生素添加量,主要取决于所使用的饲料原料、饲料加工工艺和当地的具体情况。有些维生素添加量的不同主要是由于使用了谷物型原料,因此,在使用玉米和小麦为基础原料的日粮中,分别推荐了维生素

A、烟酸、泛酸、维生素 B_6 和生物素的添加量。

维生素 C 在目前营养领域研究较多,对降低肉鸡的热应激能起到关键作用。在很多情况下(如应激、疾病等),要求维生素 C 的需要量要高于 NRC 标准,甚至要高于育种公司推荐标准。

肉鸡对维生素 E 的基础需要量是 10～15 毫克/千克。饲料中维生素 E 额外添加量,主要取决于日粮中所使用脂肪的种类和含量,硒的含量,是否使用了抗氧化剂。饲料如果经过加热处理,将导致维生素 E 损失超过 20%。如果维生素 E 的含量超过 300 毫克/千克,会有助于提高免疫效果和延长鸡肉的保质期。

要控制好胆碱的含量,一定要把饲料原料中的胆碱计算在内。在维生素添加剂中要避免使用氯化胆碱,以防止由于吸潮和氧化性对其他各种维生素的破坏。

4. 矿物质

矿物质元素有常量元素与微量元素之分。凡占动物体总重量的 0.01% 以上者,称为常量元素矿物质,如钙、磷、钠、氯、镁等;凡占动物体总重量的 0.01% 以下者,称为微量元素矿物质,如铜、铁、锰、锌、硒、碘、钴等。矿物质的基本营养功能如下:维持家禽机体组织的生长所必需。钙、磷、镁与骨骼及蛋壳的形成、硬度有关,磷、硫、锌、镁是软组织的重要成分;锌、氟及硅在蛋白质及脂肪的形成过程中发挥着重要作用。钠、钾、氯和磷酸盐、碳酸盐还通过维持细胞内外渗透压及酸碱平衡,保护细胞的完整性及细胞膜的通透性。矿物质调节许多生理生化代谢过程。钙是神经传导、血液凝固、心脏收缩等生理过程所必需,还可调节细胞膜的通透性;钒调节胆固醇及磷脂的合成;铜、铁与血红蛋白形成有关。矿物质元素作为酶的特异成分或非特异激活剂,调节酶的活性。矿物质元素作为酶的辅助因子催化因子,催化生成能量的酶促反应,如钙、磷、镁、锰和钒在 ATP 的高能键形成过程中发挥作用。

常量元素与微量元素矿物质的需要量参见世界肉鸡育种公司的标准,如表 15～表 19 所示。

表15　　　　　　　　罗斯308肉鸡饲养标准

（母鸡单独饲养或公母混养到35日龄,体重达到1.6~1.8千克的营养需要）

项　目	育雏期		生长期	生长后期
饲养目标(天)	0~10	11~24	25天至屠宰	—
粗蛋白(%)	22~25	21~23	19~21	—
能量(千焦/千克)	12 640	13 340	13 550	—

氨基酸(%)

种　类	总量	可利用量	总量	可利用量	总量	可利用量
精氨酸	1.48	1.33	1.31	1.18	1.11	1.00
异亮氨酸	0.95	0.84	0.84	0.74	0.71	0.63
赖氨酸	1.44	1.27	1.25	1.10	1.05	0.92
蛋氨酸	0.51	0.47	0.45	0.42	0.39	0.36
蛋氨酸+胱氨酸	1.09	0.94	0.97	0.84	0.83	0.72
苏氨酸	0.93	0.80	0.82	0.70	0.71	0.61
色氨酸	0.25	0.22	0.22	0.19	0.19	0.17
缬氨酸	1.09	0.94	0.96	0.83	0.81	0.70

矿物质(%)

钙	1.00	0.90	0.85
可利用磷	0.50	0.45	0.42
镁	0.05~0.5	0.05~0.5	0.05~0.5
钠	0.16	0.16	0.16
氯	0.16~0.22	0.16~0.22	0.16~0.22
钾	0.40~0.90	0.40~0.90	0.40~0.90

微量元素(毫克/千克)

铜	8	8	8
碘	1	1	1
铁	80	80	80
锰	100	100	100
钼	1	1	1
硒	0.15	0.15	0.10
锌	80	80	60

（续表）

维生素（毫克/千克）						
种　类	日粮基础原料		日粮基础原料		日粮基础原料	
	小麦	谷物	小麦	谷物	小麦	谷物
维生素 A（国际单位/千克）	15 000	14 000	12 000	11 000	12 000	11 000
维生素 D_3（国际单位/千克）	5 000	5 000	5 000	5 000	4 000	4 000
维生素 E（国际单位/千克）	75	75	50	50	50	50
维生素 K	4	4	3	3	2	2
维生素 B_1	3	3	2	2	2	2
维生素 B_2	8	8	6	6	5	5
烟酸	60	70	60	70	35	40
泛酸	18	20	18	20	18	20
维生素 B_6	5	4	4	3	3	2
生物素	0.2	0.15	0.2	0.15	0.05	0.05
叶酸	2	2	1.75	1.75	1.5	1.5
维生素 B_{12}	0.016	0.016	0.016	0.016	0.011	0.011

最低需求量			
胆碱	1 800	1 600	1 400
亚油酸（%）	1.25	1.20	1.00

表16　　　　　　　罗斯308肉鸡饲养标准

（公母混养到42~45日龄,体重达到2.3~2.5千克的营养需要）

项　目	育雏期	生长期	生长后期
饲养目标(天)	0~10	11~28	29天至屠宰
粗蛋白(%)	22~25	20~22	18~20
能量(千焦/千克)	12 640	13 340	13 550

氨基酸(%)					
种类	总量	可利用量	总量	可利用量	总量	可利用量
精氨酸	1.48	1.33	1.28	1.16	1.07	0.96
异亮氨酸	0.95	0.84	0.82	0.72	0.68	0.60
赖氨酸	1.44	1.27	1.23	1.08	1.00	0.88
蛋氨酸	0.51	0.47	0.45	0.41	0.37	0.34
蛋氨酸+胱氨酸	1.09	0.94	0.95	0.82	0.80	0.69
苏氨酸	0.93	0.80	0.80	0.69	0.68	0.58
色氨酸	0.25	0.22	0.21	0.18	0.18	0.16
缬氨酸	1.09	0.94	0.94	0.81	0.78	0.67

矿物质(%)		
钙	1.00	0.90	0.85
可利用磷	0.50	0.45	0.42
镁	0.05~0.5	0.05~0.5	0.05~0.5
钠	0.16	0.16	0.16
氯	0.16~0.22	0.16~0.22	0.16~0.22
钾	0.40~0.90	0.40~0.90	0.40~0.90

微量元素(毫克/千克)		
铜	8	8	8
碘	1	1	1
铁	80	80	80
锰	100	100	100
钼	1	1	1
硒	0.15	0.15	0.10
锌	80	80	60

维生素(毫克/千克)					
种类	日粮基础原料		日粮基础原料		日粮基础原料	
	小麦	谷物	小麦	谷物	小麦	谷物
维生素A（国际单位/千克）	15 000	14 000	12 000	11 000	12 000	11 000

（续表）

维生素 D₃（国际单位/千克）	5 000	5 000	5 000	5 000	4 000	4 000
维生素 E（国际单位/千克）	75	75	50	50	50	50
维生素 K	4	4	3	3	2	2
维生素 B₁	3	3	2	2	2	2
维生素 B₂	8	8	6	6	5	5
烟酸	60	70	60	70	35	40
泛酸	18	20	18	20	18	20
维生素 B₆	5	4	4	3	3	2
生物素	0.2	0.15	0.2	0.15	0.05	0.05
叶酸	2	2	1.75	1.75	1.5	1.5
维生素 B₁₂	0.016	0.016	0.016	0.016	0.011	0.011

最低需求量

胆碱	1 800		1 600		1 400	
亚油酸（%）	1.25		1.20		1.00	

表 17　罗斯 308 肉鸡饲养标准

（公鸡饲养 56～59 日龄，体重达到 3 千克的营养需要）

项　目	育雏期	生长期	生长后期第一阶段	生长后期第二阶段
饲养日龄（天）	0～10	11～28	29～42	43 天至屠宰
粗蛋白	22～25	20～22	18～20	17～19
能量（千焦/千克）	12 640	3 230	13 440	13 440

氨基酸（%）

种　类	总量	可利用量	总量	可利用量	总量	可利用量	总量	可利用量
精氨酸	1.48	1.33	1.26	1.13	1.07	0.96	1.02	0.92
异亮氨酸	0.95	0.84	0.81	0.71	0.68	0.60	0.65	0.57
赖氨酸	1.44	1.27	1.20	1.06	1.00	0.88	0.95	0.84

蛋氨酸	0.51	0.47	0.44	0.40	0.37	0.34	0.36	0.33
蛋氨酸 + 胱氨酸	1.09	0.94	0.94	0.81	0.80	0.69	0.76	0.66
苏氨酸	0.93	0.80	0.79	0.68	0.68	0.58	0.64	0.55
色氨酸	0.25	0.22	0.21	0.18	0.18	0.16	0.18	0.15
缬氨酸	1.09	0.94	0.92	0.80	0.78	0.67	0.74	0.64

矿物质（%）

钙	1.00	0.90	0.90	0.85
可利用磷	0.50	0.45	0.45	0.42
镁	0.05 ~ 0.5	0.05 ~ 0.5	0.05 ~ 0.5	0.05 ~ 0.5
钠	0.16	0.16	0.16	0.16
氯	0.16 ~ 0.22	0.16 ~ 0.22	0.16 ~ 0.22	0.16 ~ 0.22
钾	0.40 ~ 0.90	0.40 ~ 0.90	0.40 ~ 0.90	0.40 ~ 0.90

微量元素（毫克/千克）

铜	8	8	8	8
碘	1	1	1	1
铁	80	80	80	80
锰	100	100	100	100
钼	1	1	1	1
硒	0.15	0.15	0.15	0.10
锌	80	80	80	60

维生素（毫克/千克）

种类	日粮基础原料		日粮基础原料		日粮基础原料			
	小麦	谷物	小麦	谷物	小麦	谷物	小麦	谷物
维生素 A（国际单位/千克）	15 000	14 000	12 000	11 000	12 000	11 000	12 000	11 000

（续表）

维生素 D₃（国际单位/千克）	5 000	5 000	5 000	5 000	4 000	4 000	4 000	4 000
维生素 E（国际单位/千克）	75	75	50	50	50	50	50	50
维生素 K	4	4	3	3	2	2	2	2
维生素 B$_1$	3	3	2	2	2	2	2	2
维生素 B$_2$	8	8	6	6	5	5	5	5
烟酸	60	70	60	70	35	40	35	40
泛酸	18	20	18	20	18	20	18	20
维生素 B$_6$	5	4	4	3	3	2	3	2
生物素	0.2	0.15	0.2	0.15	0.05	0.05	0.05	0.05
叶酸	2	2	1.75	1.75	1.5	1.5	1.5	1.5
维生素 B$_{12}$	0.016	0.016	0.016	0.016	0.011	0.011	0.011	0.011

最低需求量

胆碱	1 800	1 600	1 400	1 400
亚油酸（%）	1.25	1.20	1.00	1.00

表 18　　　　　　　　**爱拔益加肉鸡饲养标准**

（适用于体重大于 2.25 千克鸡只的营养标准）

种类	育雏料	中期料	后期料 I	后期料 II
粗蛋白（%）	20	20	18.5	18
代谢能（千焦/千克）	11 760	13 440	13 440	13 440
能量/蛋白	140	160	173	178
粗脂肪（%）	5~7	5~7	5~7	5~7
亚油酸（%）	1	1	1	1

矿物质（%）			
钙	0.90～0.95	0.85～0.90	0.80～0.85	0.78～0.80
可利用磷	0.45～0.47	0.42～0.45	0.40～0.43	0.37～0.40
盐	0.30～0.45	0.30～0.45	0.30～0.45	0.30～0.45
钠	0.18～0.22	0.18～0.22	0.18～0.22	0.18～0.22
钾	0.70～0.90	0.70～0.90	0.70～0.90	0.70～0.90
镁	0.06	0.06	0.06	0.06
氯	0.20～0.30	0.20～0.30	0.20～0.30	0.20～0.30
氨基酸（%）			
精氨酸	1.15	1.20	0.96	0.95
赖氨酸	1.00	1.01	0.94	0.90
蛋氨酸	0.40	0.44	0.38	0.36
蛋氨酸＋胱氨酸	0.78	0.82	0.77	0.72
色氨酸	0.20	0.19	0.18	0.17
苏氨酸	0.68	0.76	0.70	0.68
微量元素（毫克/千克）			
锰	100	100	100	75
锌	75	75	75	60
铁	100	100	100	75
铜	8	8	8	6
碘	0.45	0.45	0.45	0.45
硒	0.30	0.30	0.30	0.30
维生素（毫克/千克）			
维生素 A（国际单位/千克）	9 000	9 000	7 500	5 000
维生素 D$_3$（国际单位/千克）	3 300	3 300	2 500	2 000
维生素 E（国际单位/千克）	30	30	30	20

（续表）

维生素 K₃	2.2	2.2	1.65	1
维生素（毫克/千克）				
硫胺素	2.2	2.2	1.65	1
核黄素	8	8	6	5
泛酸	12	12	9	7.5
烟酸	66	66	50	30
吡哆醇	4.4	4.4	3	2
叶酸	1	1	0.75	0.5
维生素 B₁₂	550	550	440	300
生物素	0.022	0.022	0.015	0.012
胆碱	0.2	0.2	0.15	0.1

表19 　　　　爱拔益加肉鸡饲养标准

（适用于体重小于2.25千克鸡只的营养标准）

种类	育雏料	中期料	后期料 I
粗蛋白（%）	23	20	18.5
代谢能（千焦/千克）	13 020	13 440	13 440
能量/蛋白	135	160	173
粗脂肪（%）	5～7	5～7	5～7
亚油酸（%）	1	1	1
矿物质（%）			
钙	0.90～0.95	0.85～0.90	0.80～0.85
可利用磷	0.45～0.47	0.42～0.45	0.40～0.43
盐	0.30～0.45	0.30～0.45	0.30～0.45
钠	0.18～0.22	0.18～0.22	0.18～0.22
钾	0.70～0.90	0.70～0.90	0.70～0.90
镁	0.06	0.06	0.06
氯	0.20～0.30	0.20～0.30	0.20～0.30
氨基酸（%）			
精氨酸	1.28	1.20	0.96

赖氨酸	1.20	1.01	0.94
蛋氨酸	0.47	0.44	0.38
蛋氨酸 + 胱氨酸	0.92	0.82	0.77
色氨酸	0.22	0.19	0.18
苏氨酸	0.78	0.76	0.70
微量元素（毫克/千克）			
锰	100	100	100
锌	75	75	75
铁	100	100	100
铜	8	8	8
碘	0.45	0.45	0.45
硒	0.30	0.30	0.30
维生素（毫克/千克）			
维生素 A（国际单位/千克）	9 000	9 000	7 500
维生素 D_3（国际单位/千克）	3 300	3 300	2 500
维生素 E（国际单位/千克）	30	30	30
维生素 K_3	2.2	2.2	1.65
硫胺素	2.2	2.2	1.65
核黄素	8	8	6
泛酸	12	12	9
烟酸	66	66	50
吡哆醇	4.4	4.4	3
叶酸	1	1	0.75
维生素 B_{12}	550	550	440
生物素	0.022	0.022	0.015
胆碱	0.2	0.2	0.15

（1）常量元素矿物质：饲料配方中常量元素矿物质的含量要合理，并且保持平衡，对肉鸡获得较高的生产性能是非常重要的。这些常量元素包括钙、磷、镁、钠、钾和氯等。

①钙：鸡的钙、磷需要量已研究得相当彻底，按表15～表19所示的钙、磷和维生素 D_3 的需要量饲喂，很少发生缺乏症或营养不平衡问题（如软骨症、薄壳蛋等）。

肉鸡饲料配方中，钙的含量主要影响其生长、饲料效率、骨骼发育、腿的健康和免疫系统。在肉鸡饲料配方中钙的含量采用折中方案。肉鸡日粮中较高的植酸盐含量和日粮的游离脂肪酸，会降低钙的利用率。

②磷：众所周知，家禽排泄物对环境造成了很大的污染，最受关注的是粪便中磷的浓度。直接影响磷排泄量的主要因素是肉鸡的采食量与饲料中可消化磷含量。由于控制采食量很难，所以只能通过日粮配制来降低粪便中磷的浓度。

饲料中无机磷源利用率较高，如磷酸氢钙的利用率按100%计。多数植物原料中的磷是以植酸磷形式存在的，不易为鸡所利用，谷物、豆粕中1/3的磷是可利用磷。解决办法是使用植酸酶，在每千克饲料中加入500单位植酸酶，可以有效地降解植酸，增加植物性饲料中有效磷含量，还可以提高钙和其他矿物元素的利用率。

③镁：一般在饲料中不需要额外添加镁。饲料中镁的含量过高，会造成肉鸡严重下痢。

④钠、钾、氯：电解质平衡对肉鸡是非常重要的，特别是在热应激的情况下。对于大鸡的维生素和矿物质预混料，要考虑阴阳离子的平衡。在饲料中使用碳酸氢钠和氯化钠时，要注意控制氯的含量，特别是使用盐酸赖氨酸和氯化胆碱时。实际生产中钾的含量为0.7%，建议钠和氯的含量及电解质的平衡量（钠＋钾－氯）为210毫克/千克。鸡对钠的最低需要量各育种公司都推荐0.15%以上，但当生长鸡日粮的钠水平长期低于0.1%时，也容易死亡。虽然生产实践中这种情况不多见，但也观察到因漏加食盐或超量加食盐，而导致育成鸡死亡。

（2）微量元素矿物质：许多因素影响肉鸡对微量元素的需要量，如日龄、性别、养殖模式、管理水平，各营养元素间的相互联系和作用，以及微量元素的化学形式等。

鸡所用的天然饲料原料中往往含有大量重要的微量元素,所以不一定要添加,但是不同地区原料中的微量元素含量有所差异。为确保肉鸡日粮中微量元素不缺乏,在日粮设计时通常不考虑天然原料的微量元素,都要额外添加,包括铜、铁、锰、锌、硒、碘等,其主要生理功能如表 20 所示。

表 20　　　　　　　各种微量元素矿物质的主要生理功能

微量元素	主要生理功能
铜	是氧化还原体系的有效催化剂,参与造血过程,缺乏时可引起低色素小细胞性贫血。还参与细胞色素 C、酪氨酸酶等的合成,缺乏时可使血管、骨骼及各种组织的脆性增加。
铁	为血红蛋白中氧的携带者,也是很多种酶的活性成分,缺乏时引起贫血。
锰	为精氨酸酶、RNA 多聚酶、超氧化物歧化酶等的组成成分,并能激活一些酶(如羧化酶)等,缺乏时胰腺发育不全,胰岛素减少,幼龄鸡出现贫血、骨骼病变,种鸡死胎率上升。
锌	参与机体内许多酶的合成,性腺、胰腺、脑下垂体的活动都有锌的参与。锌具有促进生长发育、改善味觉等的作用,缺乏时生长停滞、生殖功能下降、机体衰弱,可引发结膜炎、口腔炎、采食量下降、腹泻、神经症状等。
硒	缺乏时可能使心脏、关节等产生病变,出现白肌病或渗出性素质等。土壤含硒量低的地区,更要注意肉鸡日粮中硒的补充。硒还能增强视力,刺激免疫球蛋白和抗体的产生。
碘	缺乏时可引起甲状腺肿,严重缺乏时影响生长发育。
钴	对血红蛋白的合成、红细胞的发育成熟均有重要作用,是组成维生素 B_{12} 的成分。
氟	在形成机体骨骼组织以及钙磷代谢等方面均有重要作用,缺乏时可导致老龄鸡骨质疏松。
钼	是黄嘌呤氧化酶的成分,缺乏时可引起肾功能病变,土壤中钼含量高时能引起严重腹泻。

对于微量元素原料的选择要合理,添加铜、铁、锰、锌一般采用硫酸盐较好,吸收率比较高。在饲料配方中,我们要注意在预混料中添加这些微量元素的化合形态。总的来讲,有机的微量元素具有较高的利用率。微

新型职业农民技能培训丛书

富禽养殖新技术

量元素的粒度要有一定细度,一般要在 40 目以上,否则,容易在料中分布不均匀,导致家禽采食不均而发生缺乏症。要正确掌握微量元素的结晶水数量,结合实测的有效成分含量,输入软件进行精确计算。

其他原料、微量元素之间或某些特有成分,对于微量元素吸收利用也有影响。钙、镁、铁、植酸盐过量,会降低锰、锌的吸收利用率;B 族维生素的缺乏,会影响各种微量元素的吸收利用;棉酚可与锌、铁结合,使其失去生物活性;铜与不饱和脂肪酸的缺乏,会影响锌的吸收;硫对硒有拮抗作用;维生素 E 的缺乏,会加剧硒的缺乏;菜子粕添加量大时,引起甲状腺肿,需要较高的碘来补充需要;缬氨酸、乳酸与维生素 C,可促进铁的吸收;凡是影响胃肠道机能的病症或药物,均能影响各种微量元素的吸收利用等。

有证据表明,在肉鸡饲料中增加锌和硒的含量,将有助于羽毛和免疫系统的发育。

5. 水

水是鸡维持、生长与生产所必需的营养,但往往被我们所忽视。水是机体最大的单项成分,约占总体重的 70%。机体内的水 70% 在体细胞内,30% 存在于组织液与血液中。机体所含水是与体蛋白结合在一起的,这就意味着随家禽日龄增长,体脂肪增多,身体的含水比例将下降。肉鸡获得水的途径,有饮水、采食和体组织的分解代谢等。

(1)饮水:肉鸡的饮水量会随年龄而增加,但是单位体重的水含量随年龄而减少。饮水与采食紧密相连,凡是影响采食的因素都将间接影响饮水。在中等温度下,肉鸡的饮水量是采食量的 2 倍。食盐、高镁原料、高钾原料等,都会引起饮水量的增加,产生湿粪。环境温度也是造成饮水量波动的主要因素。

(2)采食:在计算水平衡时经常不考虑饲料的贡献,但是多数饲料含有约 10% 的游离水。此外,在消化代谢过程中还产生可供利用的结合水。总之,总需水量的 7% ~8% 可以来自饲料。

(3)体组织的分解代谢:每克脂肪、蛋白质和碳水化合物代谢时,分别会产生1.2 克、0.6 克与 0.5 克水。根据能量进食量总的代谢水较容易计算,每代谢 4.2 千焦能量平均产生 0.14 克水。

饲料中的游离和代谢水占总需水量的 20%,所以在计算水平衡时不能忽视。

　　肉鸡生长期有正的水平衡,以支持生长。在多数生产条件下水是供鸡自由饮用的,不会因饮水不足而发生脱水。短时间的饮水量减少经常是采食量下降所引起。肉鸡不同阶段的饮水量如表 21 所示。

表 21　　　　　　　肉鸡的每天饮水量(升/1 000 只)

种类	阶段	不同温度下的饮水量	
		20℃	32℃
肉鸡	1 周龄	24	40
	3 周龄	100	190
	6 周龄	240	500
	9 周龄	300	600
种母鸡	产蛋率50%	180	300
	产蛋率80%	210	360

　　肉鸡饮水量的变化,是饲料营养、饲养管理以及疾病防治等方面是否有问题的灵敏指标。必须注意饮水的水质,影响因素主要是化学污染物。有些地区的水中食盐含量较高,足以对肉鸡生产性能产生不利影响,必须减少日粮中的食盐添加量。另外,病原微生物等的污染也要注意。表 22 为饮用水中矿物质的含量标准。

表 22　　　　　　　肉鸡饮用水中矿物质含量上限

项　目	矿物质上限含量(毫克/升)
总可溶盐类	1 500
氯	500
硫酸盐	1 000
铁	500
镁	200
钾	500
钠	500
硝酸盐	50
砷	0.01
pH	6.0 ~ 8.5

综上所述,传统上的营养需要量是各育种公司以试验为基础,以获得最佳经济效益为目的计算出的,但并未考虑到环境、性别、饲养密度等的影响,所以在实际生产中的应用受到一定限制。因此,有必要考虑到诸多因素,建立一种动态的模型,以便更准确地估计肉鸡对各种营养物质的需要量,减少过量营养素的排放,减轻对环境的压力。

二、肉鸡饲料原料与质量控制

饲料成本是鸡肉产品成本的主要部分,必须不断评估新的不同来源的饲料原料,对饲料原料进行重新检验,而且要充分认识到新饲料原料的潜力。所谓新的饲料原料指在特定的地理区域未曾当做饲料用过,确定一种原料在产品配方中的使用限量尤其重要。在生产肉鸡饲料时,使用新鲜和高质量的饲料原料是非常重要的。成功的肉鸡生产,必须使用广泛的饲料原料,这需要有高质量的控制程序和高水平的饲料基础理论。

当饲喂低质量的饲料原料时,不能利用的营养成分被分解代谢并排出肉鸡的体外,这可增加能量的消耗并产生代谢应激。谷物等在高温高湿条件下储存,有利于真菌的生长。根据真菌的污染程度不同,真菌可以产生黄曲霉毒素,降低肉鸡的生长速度和饲料转化率。动物性饲料原料的长期储存会腐败,从而降低肉鸡采食量或对肉鸡其他生产性能产生不良影响。由于市场和价格因素的限制而不能获得新鲜的饲料原料时,质量控制程序就变得更为重要。

1. 玉米

玉米是肉鸡饲料原料中主要的谷物来源,用量较大,是主要的能量来源。玉米可分为黄玉米、白玉米与混合玉米,以黄玉米为主,黄玉米以黄色粒为主,其他颜色不超过5%,粒子表面暗红色在50%以下或淡红色者均属黄色粒。玉米依据品种特点可以分为硬粒型、马齿型等。饲料用玉米多为马齿型、半马齿型和硬马齿型。

玉米的能量价值来自于富含淀粉的胚乳和胚芽,胚乳主要由支链淀粉组成,胚芽所含主要是油。玉米含油3%~4%。玉米中的蛋白质主要是玉米蛋白,其氨基酸组成对肉鸡并不理想,但所提供的蛋白却占整个日粮粗蛋白相当大的比例,所以在配方设计时就认真考虑氨基酸平衡和氨基酸的有效性。玉米含有黄色素和橙色素,一般含 5×10^{-6} 叶黄素和 0.5×10^{-6} 胡萝卜素,所以饲喂玉米的肉鸡在体脂肪和蛋黄中含有较多的色素。

玉米的品种、生长条件、干燥方法和储存条件等都会影响玉米品质,玉米品质是导致畜禽生产性能变异的一个重要原因。

目前东北玉米的使用已经比较普遍,大部分玉米属于烘干玉米。为将高水分玉米降到可以接受的水平(15%),必须经过较长的烘干过程。温度过高或时间过长的热处理,会引起玉米的焦糖化作用,具有特殊的气味与外观,甚至出现焦糊粒,从而影响到了玉米的能量价值。另外,由于加热时发生美拉德反应,赖氨酸的有效性会降低。

如果生长季节和贮藏条件不当,可能产生真菌和真菌毒素,尤其是玉米赤霉烯酮、呕吐毒素以及黄曲霉毒素。

(2)玉米副产品:玉米副产品是肉鸡利用较好的原料,其品质在很大程度上由原料玉米品质与加工工艺所决定。尤其是受真菌毒素污染的玉米,毒素基本上残留于玉米副产品中,真菌毒素含量约为原料玉米的 3 倍。尤其是酒精生产厂所使用的原料玉米,被真菌毒素污染后,其加工的一系列副产品中真菌毒素会严重超标。如果使用这种毒素污染严重的玉米副产品,会直接影响到鸡的生产性能与繁殖性能。

①玉米蛋白粉:玉米蛋白粉是除去了淀粉、胚芽以及玉米皮的玉米蛋白浓缩物。其中的蛋白质含量高达 60%。赖氨酸、色氨酸比较缺乏,使用较大比例时需要添加较多的合成赖氨酸。玉米蛋白粉中的叶黄素含量也较高(300 毫克/千克),可以作为一种非常好的着色原料。

②玉米 DDGS:DDGS 是酒糟蛋白饲料的商品名,即含有可溶固形物的干酒糟。在以玉米为原料发酵制取乙醇过程中,其中的淀粉被转化成乙醇和二氧化碳,其他营养成分(如蛋白质、脂肪、纤维等)均留在酒糟中。同时由于微生物的作用,酒糟中蛋白质、B 族维生素及氨基酸含量均比玉米有所增加,并含有发酵中生成的未知促生长因子。有发酵的天然气味,因含有机酸,品尝感觉有微酸味。

市场上的玉米酒糟蛋白饲料产品有两种:一种为 DDG,是将玉米酒精糟作简单过滤,滤渣干燥,滤清液排放掉,只对滤渣单独干燥而获得的饲料;另一种为DDGS,是将滤清液干燥浓缩至含30%~50%的水分后,再与滤渣混合干燥而获得的饲料,浅黄褐色至深黄褐色,呈中细粉末状。DDGS的能量和营养物质总量均明显高于DDG。

由于DDGS的蛋白质含量在26%以上,已成为国内外饲料生产企业广泛应用的一种新型蛋白饲料原料,在畜禽配合饲料中通常用来替代豆粕、鱼粉,添加比例最高可达30%。在玉米DDGS制作过程中,烘干温度越高颜色越深,含可溶物DDS越多颜色越深。DDGS所含可溶性固形物差别比较大,为20%~30%,颜色越深可溶性固形物含量就越高。可溶性固形物包含蛋白质、脂肪、纤维、游离氨基酸、矿物质、糖、非淀粉多糖、糖化曲、酵母、淀粉、发酵所产生的未知因子等。

目前酒精生产厂一般采用全粒法、湿法、干法等生产工艺。全粒法指玉米经除杂后粉碎、加水调浆、蒸煮、液化、糖化,加酵母发酵,经蒸馏得酒精后,将废液浓缩并与酒糟混合干燥,生成玉米DDGS。湿法指玉米经浸泡,分离皮、胚芽、蛋白,得粗淀粉浆,再生产酒精,同时得玉米DDGS。干法指玉米经湿润,不用大量水浸泡,然后破碎,分离皮、胚芽,再生产酒精,获得玉米DDGS等。全粒法DDGS由于保留了胚芽,因此粗脂肪含量较高,粗纤维较低(表23)。

表23　　　　　　　　不同工艺生产的DDGS所含营养成分

成　分	全粒法	湿　法	干　法
粗蛋白	24%~28%	24%~28%	24%~28%
粗脂肪	9%~13%	4%~8%	4%~8%
粗纤维	7%~9%	10%~13%	10%~13%

③玉米胚芽粕/饼:玉米胚芽经压榨法提油后生成玉米胚芽饼,经溶剂浸提法提油后生成玉米胚芽粕,其中仍有胚乳及外皮碎片的残留,淡黄色至褐色。胚芽粕较细至碎状,胚芽饼较细至片状,具有新鲜油粕味。玉米胚芽粕粗蛋白含量20%~25%,粗脂肪为2%以下;玉米胚芽饼粗蛋白含量18%,粗脂肪10%左右。氨基酸组成较佳,比较适合于制作肉鸡饲料。

（3）小麦：近年来，在肉鸡饲料中添加小麦日益普遍，这源于小麦与玉米在某些时候的价格倒挂。

小麦的准确类型划分很难。依据栽培季节可以分为春小麦与冬小麦；依据质地可以分为硬小麦与软小麦；依据外表颜色可以分为茶褐色的红小麦与淡黄色的白小麦。多数冬小麦是白的、软粒的，而春小麦是红的、硬粒的。从饲用价值看，主要看小麦是硬粒还是软粒的，因为这影响它们的成分，特别是蛋白质。

与玉米比较，小麦能值稍次。实践证明，肉鸡对小麦的利用率应该要差一些。小麦中粗蛋白较高，但主要是麦醇溶蛋白和谷蛋白，品质不佳，必需氨基酸含量较低，尤其是赖氨酸。小麦蛋白质具有很强的黏性，称为面筋。在饲料中小麦面粉可作为粘结剂使用。小麦钙少磷多，但植酸磷占70%左右。

小麦作为肉鸡饲料具有较高的营养价值，但含有水溶性阿拉伯木聚糖及少量的β-葡聚糖等抗营养因子，会增加消化道食糜黏度，影响营养物质的吸收。尤其是在肉鸡料中添加比例达15%以上时。饲粮可以通过限制小麦用量（特别是幼龄家禽）或添加以木聚糖酶、β-葡聚糖酶为主的复合酶，提高养分的消化率和吸收率，从而提高鸡的生产性能。

肉鸡日粮中使用小麦可以改进颗粒的牢固性，在日粮中添加10%以上的小麦，在提供能量的同时，还起到粘结剂的作用。

（4）小麦副产品：

①麦麸：麸皮是小麦制粉过程中粗磨阶段所分离出的副产品，由种皮、糊粉层、一部分胚芽和少量的胚乳组成。麸皮淡褐色至红褐色，随小麦品种、等级、品质而有所差异。麦麸具有特有的香甜风味，细片状至粗片状，粗细差别很大，主要是受筛别及洗麦用水量的影响。

麦麸主要特点是高纤维、低容重和低代谢能。麦麸的蛋白质含量相当高，氨基酸组成可与整粒小麦相比，氨基酸组成较佳。麸皮适口性较好，具有促进鸡生长的作用，这与日粮中的纤维无直接关系，而可能是肠道微生物发酵的原因。B 族维生素含量高，钙低（0.1% ~ 0.2%）磷高（0.9% ~ 1.3%），磷75%属于植酸磷。脂肪含量达4%，不饱和脂肪酸居多，含有脂解酶。

②次粉:次粉是小麦制粉过程中分离出的副产品,由糊粉层、胚乳及少量细麸组成。次粉成分受研磨程度、小麦不同部位比例等因素的影响,其品质介于小麦粉与麸皮之间,兼具二者的特性。粗纤维较低(1.5%),能值较高,略低于玉米。粗灰分较低(1.5%),钙低(0.08%)磷高(0.48%)。因为次粉具有粘结性能,所以经常当作肉鸡颗粒制作时的粘结剂使用,其粘结效果视糊粉层含量多少而定。

③小麦胚芽粉:小麦胚芽粉指面粉加工厂在小麦脱胚过程中所得的副产品,除小麦胚芽外,还含有少量麸皮、次粉等。

小麦胚芽粉粗蛋白质25%以上,粗脂肪7%以上,实际指标受其成分变异性的影响,变异性主要来自于次粉等的残留。小麦胚芽粉含有大量的酶、维生素、矿物质及未知生长因子,尤其是天然维生素E的来源。小麦胚芽粉作为鸡饲料的成分适口性极佳,多供食品厂使用,可供畜禽使用的量非常有限。

(5)高粱:饲料用高粱主要产地有美国、南美洲、澳大利亚及中国。目前澳大利亚的黄高粱最受欢迎,在品种、外观、杂质及成分上均占优。

高粱可分为褐高粱、黄高粱、白高粱以及混合高粱。褐高粱又称黑高粱,单宁酸含量较高,达1%~2%,味苦,适口性差。黄高粱又称红高粱,单宁酸含量较低,低于0.4%,适口性较好。白高粱粒小,产量低,单宁酸含量低。

高粱的饲用价值几乎可与玉米相比,能值为玉米的95%~96%。高粱的淀粉含量尽管与玉米相似,但消化率低,所以在能值方面要低于玉米。另外,高粱色素含量低,所以无着色功能。如果不追求蛋和皮肤的着色度,高粱是可以取代玉米的最佳高能饲料原料。

高粱蛋白质含量稍高于玉米,但较玉米的消化率要差,究其原因是高粱蛋白质和淀粉粒之间有非常强的结合键,酶不容易分解。高粱含1.5%必需脂肪酸,低于玉米的2.5%。

高粱的主要问题是单宁酸,这是一种多酚类物质,具有与各种蛋白质相结合的特性。一般种皮颜色越深,单宁酸含量越高。单宁酸除适口性差外,主要是会降低蛋白质及氨基酸的利用率,导致雏鸡脚弱症,降低饲料转化率,降低产蛋率及种鸡的授精率、孵化率。

(6)稻米及其副产品:稻米是人类食用的主要谷物之一,但用于饲料不经济。供饲用稻米都是长期贮存的陈旧稻米。稻米主要由稻壳(即粗糠,20%)、种皮(即米糠层,5%~6%)、胚芽(2%~3%)及胚乳(70%~75%)组成。

①精白米:淀粉含量75%,容易糊化。糙米粗蛋白7%~9%,由谷蛋白、球蛋白、白蛋白及醇蛋白组成。其氨基酸组成与玉米比较并不逊色。糙米脂肪含量2%,大部分含于米糠及胚芽中,白米仅含脂肪0.8%,米油的脂肪酸以油酸(45%)及亚油酸(33%)为主。糙米含矿物质1.3%,主要存在于种皮及胚芽中。糙米中B族维生素甚多,随精制程度加深而减少。

②糙米:糙米对于鸡是比较差的原料,提供的能量只有10.92~11.34千焦/千克。另外,含有相当高水平的胰蛋白酶抑制因子,但正常的制粒温度可以将其破坏。

③全脂米糠:全脂米糠是糙米精制过程中脱下的种皮层及胚芽等的混合物,含有少量的粗糠、碎米、碳酸钙。全脂米糠的营养价值取决于大米精加工的程度,精制程度越高,则米糠中混入的胚乳越多,营养价值越高。全脂米糠含碳水化合物30%~35%,以纤维素与半纤维素居多。米糠粗蛋白12%左右,蛋白质主要是以白蛋白、球蛋白、壳蛋白及精蛋白为主。米糠含脂肪高达15%以上,大多属于不饱和脂肪酸,其中油酸与亚油酸为79.2%,所以可利用能值较高。米糠含磷较高,但多属于植酸磷(占总磷86%)。米糠含有丰富的B族维生素及维生素E(2%~5%的天然维生素E)。全脂米糠中含有胰蛋白酶生长抑制因子,但可以通过加热去除。

全脂米糠适口性较好,由于鸡受米糠中的胰蛋白酶抑制因子影响甚微,所以添加比例可以高达50%而不影响生长及产蛋。全脂米糠粗脂肪含量高,一种不错的原料。

④脱脂米糠:脱脂米糠指全脂米糠经压榨或溶剂浸提出油后残留的米糠饼/粕。压榨法脱脂后的米糠成为米糠饼,有机溶剂脱脂后的米糠成为米糠粕,黄色至褐色,具有米味以及特殊的烤香,呈粉状。粗脂肪含量较低,在2%以下。其他营养成分比例与全脂米糠类似,只是随脂肪脱除

量略为增加。由于在加工过程中经过了高温,所以脱脂米糠的耐贮性提高,适用范围加大。

脱脂米糠用于肉鸡料的能值不高,不适合于高能值饲料中添加,但当配方空间足够时可以尽量使用,而不必过多担心变质、生长抑制问题。

(7)豆粕:豆粕是大豆经压片处理,再以溶剂提取油脂后的残粕,经干燥、粉碎后的产品。大豆要先去皮、破碎,再在70℃调质,压成0.25毫米厚的薄片,利用浸提溶剂己烷进行油脂提取。

豆粕是目前使用量最多的植物性蛋白原料。豆粕成为其他蛋白质饲料原料的比较标准,其氨基酸的组成对于家禽来说都是极好的。当豆粕与玉米、小麦、高粱等谷物类原料结合使用时,蛋氨酸是唯一的限制性氨基酸。豆粕的蛋白质含量是有变异的,这是大豆品种或提油加工条件不同的反映。根据豆粕粗纤维的高低,可以分析大豆的去皮程度。

豆粕的主要问题是胰蛋白酶抑制因子与植物血凝素。在化验室,利用尿酶活性来检测豆粕是否过生(可接受值范围0.05~0.20),利用氢氧化钾溶解度检测豆粕是否过熟(可接受值范围70%~85%)。另外,豆粕中含有某些较难消化的碳水化合物,如甘露聚糖、木聚糖等能引起代谢能降低,棉子糖和水苏糖也不易为家禽所消化,可以通过添加外源饲料酶来解决。

(8)花生粕/饼:花生粕/饼是去壳后的花生仁经机械压榨或溶剂提油后残渣经粉碎的产品,淡褐色或深褐色,深浅有别,有烤过的花生香味。

花生粕/饼所含的蛋白质以不溶于水的球蛋白为主(65%),可溶于水的蛋白仅占7%。氨基酸组成中,赖氨酸、蛋氨酸偏低,精氨酸、组氨酸则相当高。脂肪溶点低,所含脂肪酸以必需脂肪酸油酸为主,占53%~78%。

生花生含有胰蛋白酶抑制因子,含量约为生黄豆的20%,加热即可去除。花生粕的主要问题是黄曲霉毒素污染,发生于花生生长与贮藏过程或者花生饼/粕的贮藏过程。

花生粕质量是仅次于豆粕的一种植物性蛋白原料,在肉鸡料中可以添加至15%左右。在小鸡料中使用要慎重,主要限制性因素是黄曲霉毒素的含量。

(9)棉粕:棉粕是棉子经脱毛、去壳再以机械或溶剂提油后的产品，包含有核仁、纤维及残留的油脂。黄褐色至深褐色，通常淡色者品质较佳，储存太久或加热过度均会加深色泽，溶剂提油产品比压榨产品颜色要浅。

棉粕所含的碳水化合物以糖类及戊聚糖为主，纤维含量随去壳程度而不同。去壳程度亦决定了能量值的高低。棉粕含粗蛋白40%左右，氨基酸中色氨酸、蛋氨酸含量较高，尤其是精氨酸的含量很高。赖氨酸缺乏且利用率亦差。维生素 B_1 较高，磷多(1%以上)钙少(0.2%左右)，磷多属于植酸磷，约占71%，利用率几乎为零。

棉粕可在肉鸡料中较好的利用，其添加的比例取决于游离棉酚的含量，家禽对棉酚的敏感性比猪要低，但在小鸡料中一定要限制添加比例(2%)。饲料中棉酚含量若在2/万以下，即不致影响产蛋率。若要避免蛋黄在储存期间脱色，则应限制在0.5/万以下。棉粕中还含有另一种有毒物质环丙烯类脂肪酸(如锦葵酸等)，可以加重棉酚引起的蛋黄变褐、变硬，并可使蛋白呈现粉色，丧失产品规格。

(10)动植物油脂:油脂的能值比较高，一般是谷物饲料的2.5～3倍。广义的油脂通称类脂，包括油类、脂类、蜡类以及复合类酯。我们目前谈及较多的是油类与脂类，简称油脂。油脂指由脂肪酸与甘油结合的酯，油类在室温下为液体，而脂类在室温下为固体。饲料中添加使用最多的油脂主要是豆油、玉米油、棕榈油、猪油、鱼油、牛油、羊油、鸡油、鸡油、混合油等。

在肉鸡饲料中添加油脂，能提高饲料能量浓度，食后有饱食感;供给鸡必需脂肪酸;改善饲料适口性;促进脂溶性维生素的吸收和利用;提高鸡生产性能和产品质量;减少粉尘，从而减少饲料浪费;降低饲料加工设备的磨损，防止粉料分级。

肉鸡日粮中需要添加动物性或植物性脂肪。动物性脂肪(也包括家禽脂肪)，含有更多的饱和脂肪酸，这种饱和脂肪酸的消化率较低，特别是在肉鸡消化系统未成熟的时候。在小鸡料与中鸡料中，脂肪混合物中最好包含更高比例的不饱和脂肪酸。在大鸡料中，这种类型的脂肪混合物是不适宜的，因为高水平的不饱和脂肪会影响胴体的脂肪的储存及质量。在大鸡料中使用的脂肪混合物,最好用更高比例的硬脂肪(饱和脂肪酸含量高)。

我们必须控制好脂肪原料的质量,除非病原微生物得到有效的控制,否则最好不要循环使用动物性脂肪。

(11)饲料添加剂:饲料添加剂分为营养性饲料添加剂和功能性饲料添加剂两类,还包括药物饲料添加剂。营养性饲料添加剂指用于补充饲料营养的少量或者微量物质,如氨基酸、维生素、微量元素矿物质等。功能性饲料添加剂指为保证或者改善饲料品质,提高饲料利用率,改善畜产品品质而加入饲料中的少量或者微量物质,如酶制剂、微生态制剂、酸化剂、着色剂等。药物饲料添加剂指为防治畜禽疾病而加入载体或者稀释剂的兽药预混剂,如抗菌药物添加剂、抗寄生虫药物添加剂、防霉剂。

自20世纪50年代以来,抗生素已在饲料中得到广泛的应用。最初,由于传染病的普遍存在,运用抗生素主要是为了抑制感染病的发展。后来,选择不能被机体吸收、没有药物残留的抗生素渐用于提高动物的生长性能和饲料利用率,主要通过调节肠道微生物环境来发挥作用。

近年来,在欧盟和美国使用抗生素受到了严格的监测,因为畜禽应用抗生素可能导致细菌产生抗药性,一些家禽公司也转而生产无抗肉鸡。但是,由于抗生素的停用,欧洲的家禽生产已经受到坏死性肠炎的威胁,这个问题虽然可通过饲喂典型的玉米豆粕型日粮得到有效控制(因为该种类型日粮在肠道后段不会产生大量的发酵物质),但不能从根本上得到解决。

目前,通过使用各种新型的添加剂,如酶制剂(如蛋白酶、淀粉酶、纤维素酶、植酸酶)、微生态制剂(如芽孢杆菌、乳酸菌)、油脂乳化剂(如溶血性卵磷脂)等可以提高生产性能,替代抗生素的促生长作用。另外,已有一些新的产品如中药、寡聚糖可用来替代抗生素,还有待于研究。

三、肉鸡饲料的配制与应用

1. 肉鸡饲料配方设计原则与依据

首先是肉鸡的营养需要,以此确定日粮的营养规格;其次是应该掌握这些营养物在饲料原料中的含量及可利用率,因为这些营养物是由各种饲料原料提供的;还有所选用的饲料原料当前的市场价格。有了这三方面的信息,就可以通过配方软件来计算最低成本的日粮。目前可用于饲料配方计算的软件较多,如资源、Brill 等,其主要的设计原理是目标规划或者线性规划,其运行过程是在保证满足所设置营养上下限的基础上,获得最低的产品成本。

实际上,饲料配方还要根据屠宰加工产品的要求,在保证肉鸡生产性能的基础上,最大限度地降低饲料成本。所以在确定肉鸡饲料配方时,要充分考虑饲料原料的供给和价格情况;屠宰日龄和屠宰活重;出肉率和胴体质量;消费习惯(如皮肤颜色、鸡肉储存期长短等);使用公母混养,还是公母分饲。最低成本的日粮并不总能带来最大的利润,关键在于消费者对终端肉鸡产品的特定需求的差异。这就要求在设计最大利润日粮时,要准确预测肉鸡产品在未来市场上的价值。在制订肉鸡的饲养方案时必须考虑胴体组成,特别是在生长后期与育肥期。

在日粮中能量的需要量大于任一种其他的营养素,所以高能饲料原料(谷物类、油脂等)在肉鸡配方中占很大的比例。长期实践证明,较高能量浓度的日粮可以取得较好的饲料报酬以及最好的经济效益。

近年来家禽营养学领域中最有希望的进展之一,是通过在饲料中添加酶制剂来提高有些营养素的利用率,包括植酸酶、蛋白降解酶、淀粉降解酶、纤维素(细胞壁)降解酶等。

2. 肉鸡各阶段饲料配制与应用

(1)前期料:肉鸡早期的营养仍然是一个重点,因为早期的营养状况可能会影响肉鸡肠道的发育,甚至后期肉鸡对营养物质的利用。现代肉鸡生产要求进一步缩短出栏时间,缩短生产周期,这就需要提高鸡在孵化出壳后第 1 周的采食量。

育雏期(0~10 日龄)主要目的是使雏鸡建立良好的食欲和获得最佳的早期生长。肉鸡 7 日龄的体重目标应为 160 克以上(无论是罗斯 308,还是爱拔益加肉鸡)。

小鸡料(肉鸡前期料)俗称鸡花料,一般使用到 7~10 日龄。小鸡料只占肉鸡饲料成本的很小一部分,因此,在制订饲料配方时主要考虑生产性能和效益(如达到或超过 7 日龄的体重指标),而不注重饲料成本。这对于生产屠宰体重较小的肉鸡和以生产胸肉的肉鸡尤为重要。雏鸡的消化系统还不健全,因此,小鸡料所使用的饲料原料必须消化率较高。小鸡料要使用消化率较高的饲料原料;营养水平高,特别是氨基酸、维生素 E 和锌;使用亲生物因子和前生物因子;通过添加油脂和核苷酸,刺激雏鸡免疫系统的发育;通过饲料的类型、高钠和香味剂等,来刺激雏鸡的采食量。

在以小麦为主要原料的饲料中,使用一些玉米是非常有益的。饲料中的总脂肪含量最好保持较低的水平(小于 5%),在以小麦为主要原料的饲料中避免使用饱和动物脂肪。

(2)中期料:在小鸡料使用结束后,需要使用 14～18 天的中鸡料(肉鸡中期料)。小鸡料向中鸡料的过渡一定要慎重,除了配方原料结构发生了变化,还有从颗粒破碎到颗粒料的变化与过渡。

此阶段应需提供高质量的中鸡料,氨基酸水平与能量水平要兼顾,从而获得最佳的生产性能。生长控制程序都应在此阶段实施,通过一些管理技术(如使用粉料,光照控制)来限制喂料量是非常有效的。我们一般不采用降低日粮营养成分的方式来限制肉鸡的生长。

(3)后期料:大鸡料(肉鸡后期料)在肉鸡总饲料成本中占相当大的比例,因此,在设计大鸡料的饲料配方时主要考虑经济利益,可适当加大非常规原料的比例,如杂粮等。

此阶段的肉鸡生长是非常迅速的,如果大鸡料的营养水平过低,将增加脂肪沉积和降低胸肉的出肉率。要避免脂肪过度沉积,从而影响胸肉率。肉鸡在 18 日龄以后,使用一种还是两种大鸡料,主要取决于肉鸡的屠宰体重、饲养期的长短和使用的喂料程序。

在欧洲,肉鸡饲料广泛使用小麦,尤其是在肉鸡后期添加比例较高。肉鸡饲料中使用全子实日粮,能够节约加工和运输的成本。全子实日粮有利于肠道内有益菌系的形成,提高消化效率,改善垫料质量。有证据表明,使用全小麦日粮可以提高肉鸡的抗球虫能力,同时有利于生长期利用营养成分的平衡过渡。使用全小麦日粮不利的方面是减少了内脏的出肉率和胸肉率。在采用小麦时使用有机酸以控制沙门菌,会增加全小麦饲料的额外成本。

在设计配合饲料时,要精确计算小麦的安全用量。如小鸡料中小麦一般不使用或在4~7日龄时使用5%,中鸡料逐渐增加至10%,大鸡料增加至15%。使用全小麦配方时,如果全价饲料的成分不做调整,饲料的营养水平较低,将会降低肉鸡的生产速度和饲料转化率,减少出肉率和形成更多的脂肪。使用小麦酶,有助于解决饲料利用率低的问题。

3.公母分饲

公鸡与母鸡因为生长速度不同,应采用不同的日粮,分组饲养;或至少做到分别饲养,母鸡早出栏,公鸡可以饲养到更大的体重再出栏。

当公鸡和母鸡分开饲养时,通过使用不同的饲料,可以获得更大的利润。公母混养时日粮的营养水平和公鸡单独饲养时相同,因此我们主要是节约母鸡的饲料成本。公鸡和母鸡营养需要的最大不同是氨基酸。然而,有时公母分饲也是和市场需求相关联的,这就降低了节约母鸡饲料成本的可能性。例如,母鸡的屠宰体重较低,根据市场需要,母鸡的整个生长期都要求提供营养水平较高的饲料。这种考虑可能胜过了公鸡和母鸡营养需要的差异。

所有的肉鸡都要求早期生长速度较好,因此公鸡和母鸡不可能使用不同的小鸡料。饲料成本节约的最好机会是在饲喂大鸡料阶段,这种大鸡料也需要和市场需求相符合。营养需要的差异,也可通过使用相同的饲料、不同的饲喂程序来获得。

四、肉用种鸡营养需要及饲料配制

1.肉用种鸡营养需要与饲养标准

为肉种鸡生长发育和产蛋的各阶段提供全价日粮,可充分发挥种鸡的繁殖潜力,提高雏鸡质量。饲养父母代种鸡的核心环节是良好的均匀度和标准的体重。要想发挥父母代种鸡的良好生产性能,必须将饲料营养、饲养管理相结合。

父母代种鸡在产蛋初期营养过度会使卵巢过度发育,产生异常现象。如果不是因为能量缺乏造成产蛋率低于标准,就不应增加饲喂量。在种鸡的任何阶段给予过多能量,都会对生产性能造成损害。因其他营养物质的缺乏引起生产性能不佳时,应调整饲料配方,而不能简单地控制采食量来调整。通过对整个肉鸡生产周期的经济效益分析表明,稍微提高种鸡营养水平就能带来较大幅度的肉鸡生产性能提升。所以,给种鸡提供高质量饲料具有比较大的经济价值。

实际上,肉用父母代种鸡的营养供给是通过同时控制饲料营养水平和采食量来实现的。在环境条件不变的情况下,每天能量、氨基酸和其他营养物质的摄入量决定了种鸡的生产性能。肉种鸡营养需要量取决于许多因素,除了能量、氨基酸、钙、磷等指标外,有些还未完全清楚。肉种鸡饲养标准一般是按日粮中相应营养浓度形式推荐的,这就要求应充分考虑采食量,尤其在高温时特别重要(表24~表27)。

表24　　罗斯308肉用父母代种鸡育成期饲养标准

项　目	育雏期	生长期	生长后期
饲养目标(天)	0~21	22~42	43~105
粗蛋白(%)	20	18~20	14~15
能量(千焦/千克)	11 550	11 550	11 050

氨基酸(%)					
种　类	总　量	可利用量	总　量	可利用量	总　量	可利用量
精氨酸	1.17	1.03	0.95	0.83	0.67	0.59
异亮氨酸	0.79	0.67	0.65	0.55	0.46	0.39
赖氨酸	1.12	0.96	0.91	0.78	0.64	0.55
蛋氨酸	0.46	0.42	0.38	0.34	0.27	0.24
蛋氨酸+胱氨酸	0.87	0.74	0.73	0.62	0.52	0.44
苏氨酸	0.73	0.60	0.61	0.51	0.43	0.36
色氨酸	0.19	0.16	0.15	0.13	0.11	0.09

矿物质(%)		
钙	1.00	1.00	1.00
可利用磷	0.45	0.45	0.35
镁	0.05~0.1	0.05~0.1	0.05~0.1
钠	0.16	0.16	0.16
氯	0.16~0.22	0.16~0.22	0.16~0.22
钾	0.40~0.90	0.40~0.90	0.40~0.90

微量元素(毫克/千克)			
钴	0.25	0.25	0.25
铜	8	8	8
碘	1	0.5	0.5
铁	60	60	40
锰	70	70	60
锌	50	50	50
硒	0.15	0.15	0.10

维生素(毫克/千克)

种　类	日粮基础原料		日粮基础原料		日粮基础原料	
	小麦	谷物	小麦	谷物	小麦	谷物
维生素 A（国际单位/千克）	1 万	1 万	1 万	1 万	1 万	1 万
维生素 D_3（国际单位/千克）	3 500	3 500	3 500	3 500	3 500	3 500
维生素 E（国际单位/千克）	60	60	50	50	40	40
维生素 K	2	2	2	2	2	2
维生素 B_1	2	2	2	2	2	2
维生素 B_2	6	6	6	6	5	5
烟酸	25	30	25	30	20	25
泛酸	12	14	12	14	12	14
维生素 B_6	3	2	3	2	3	2
生物素	0.2	0.15	0.15	0.10	0.10	0.08
叶酸	1.5	1.5	1	1	1	1
维生素 B_{12}	0.02	0.02	0.015	0.015	0.015	0.015

最低需求量		
胆碱(毫克/千克)	1 300	1 300	1 000
亚油酸(%)	1	1	0.85

表 25　　　　　　　罗斯 308 肉用父母代种鸡产蛋期饲养标准

项　目	产蛋料		产蛋料	
饲养目标(天)	105~154		155 天至淘汰	
粗蛋白(%)	15~16		15~16	
能量(千焦/千克)	11 550		11 550	
氨基酸(%)				
种　类	总　量	可利用量	总　量	可利用量
精氨酸	0.64	0.57	0.73	0.63
异亮氨酸	0.51	0.43	0.55	0.47
赖氨酸	0.64	0.55	0.71	0.61
蛋氨酸	0.30	0.27	0.32	0.29
蛋氨酸+胱氨酸	0.53	0.46	0.58	0.50
苏氨酸	0.47	0.39	0.51	0.43
色氨酸	0.15	0.13	0.17	0.14
矿物质(%)				
钙	1.50	2.80		
可利用磷	0.40	0.35		
镁	0.05~0.1	0.05~0.1		
钠	0.16	0.16		
氯	0.16~0.22	0.16~0.22		
钾	0.60~0.90	0.60~0.90		
微量元素(毫克/千克)				
钴	0.50		0.50	
铜	10		10	
碘	2		2	
铁	60		60	
锰	60		60	
锌	100		100	
硒	0.20		0.20	

新型职业农民技能培训丛书　畜禽养殖新技术

维生素（毫克/千克）				
种　类	日粮基础原料		日粮基础原料	
	小麦	谷物	小麦	谷物
维生素 A（国际单位/千克）	1.3 万	1.2 万	1.3 万	1.2 万
维生素 D_3（国际单位/千克）	3 000	3 000	3 000	3 000
维生素 E（国际单位/千克）	100	100	100	100
维生素 K	5	5	5	5
维生素 B_1	3	3	3	3
维生素 B_2	12	12	12	12
烟酸	50	55	50	55
泛酸	12	15	12	15
维生素 B_6	6	4	6	4
生物素	0.3	0.25	0.3	0.25
叶酸	2	2	2	2
维生素 B_{12}	0.04	0.04	0.04	0.04
最低需求量				
胆碱	1 000		1 000	
亚油酸（%）	1.2～1.5		1.2～1.5	

表26　　　　　　　爱拔益加肉用父母代种鸡营养标准

营养成分	育雏料	育成料	预产料	产蛋Ⅰ期料	产蛋Ⅱ期料
饲养目标（日龄）	0～21	22～126	127～161	162～316	>316
粗蛋白（千焦/千克）	18.5～19.5	14.5～15.5	15.5～16.5	15.5～16.0	15.0～15.5
代谢能（%）	11 760～12 243	11 088～12 012	11 760～12 243	11 760～12 243	11 760～12 243

（续表）

粗脂肪(%)	3	3	3	3	3
粗纤维(%)	3~5	3~5	3~5	3~5	3~5
亚油酸(%)	1	1	1.25	1.25	1.25
氨基酸(%)					
精氨酸	1.17~1.22	0.81~0.88	0.88~0.92	0.88~0.92	0.86~0.90
异亮氨酸	0.64~0.66	0.52~0.56	0.55~0.57	0.55~0.57	0.52~0.54
赖氨酸	0.98~1.02	0.67~0.73	0.70~0.73	0.70~0.73	0.68~0.71
蛋氨酸	0.45~0.47	0.32~0.35	0.35~0.37	0.35~0.37	0.33~0.35
氨基酸(%)					
蛋氨酸 + 胱氨酸	0.76~0.79	0.55~0.60	0.61~0.63	0.61~0.63	0.58~0.60
苏氨酸	0.54~0.56	0.50~0.54	0.51~0.53	0.51~0.53	0.49~0.51
色氨酸	0.19~0.19	0.15~0.16	0.17~0.17	0.17~0.17	0.16~0.16
缬氨酸	0.71~0.74	0.58~0.61	0.61~0.63	0.61~0.63	0.58~0.60
矿物质(%)					
可利用磷	0.46~0.48	0.41~0.44	0.39~0.41	0.39~0.41	0.36~0.38
钙	0.98~1.02	0.85~0.92	1.45~1.55	3.05~3.15	3.20~3.35
氯	0.18~0.18	0.17~0.18	0.18~0.18	0.18~0.18	0.18~0.18
钾	0.39~0.41	0.37~0.40	0.59~0.61	0.59~0.61	0.59~0.61
钠	0.18~0.18	0.17~0.18	0.16~0.16	0.16~0.16	0.16~0.16
微量元素($\times 10^{-6}$)					
铜	15	15	9	9	9
碘	1.2	1.2	1.2	1.2	1.2
铁	66	66	44	44	44
锰	120	120	120	120	120
硒	0.3	0.3	0.3	0.3	0.3
锌	110	110	110	110	110

（续表）

维生素（毫克/千克）				
维生素 A （国际单位/ 千克）	1 万	1 万	1.1 万	1.1 万	1.1 万
维生素 D_3 （国际单位/ 千克）	3 500	3 500	3 500	3 500	3 500
维生素 E （国际单位/ 千克）	55	45	100	100	100
维生素 K	2.2	2.2	4.4	4.4	4.4
维生素 B_1	2.2	2.2	6.6	6.6	6.6
维生素 B_2	6.1	6.1	12.1	12.1	12.1
维生素 B_6	2.2	2.2	4.4	4.4	4.4
维生素 B_{12}	0.022	0.022	0.022	0.022	0.022
生物素	0.22	0.20	0.22	0.22	0.22
胆碱	1 430	1 300	1 200	1 200	1 050
叶酸	1.2	1.0	2.0	2.0	2.0
烟酸	35	35	50	50	50
泛酸	15.5	15.5	15.5	15.5	15.5

表27　　　　　　　　　罗斯308肉用父母代成年种公鸡营养标准

营养指标（%）	标准范围
粗蛋白	12～14
代谢能（千焦/千克）	11 046～11 760
赖氨酸	0.45～0.55
蛋氨酸＋胱氨酸	0.38～0.46
钙	0.8～1.2
有效磷	0.3～0.4
亚油酸	0.8～1.2

（1）能量：能量供给的调整，在很大程度上取决于鸡群的反应，特别是体重和蛋重的变化。只有能量成为限制因素时，才可额外加料。由其

他营养成分而非能量因素限制生产性能时,增加饲料量会使鸡群能量摄入过多而导致卵巢过度发育。如果能量供给达到标准而其他营养不足,则需要调整饲料配方。

种鸡饲料能量水平变化不应太大,换料时要特别小心,特别在产前料转换成产蛋料和产蛋Ⅰ期料转换成产蛋Ⅱ期料时。

(2)蛋白质和氨基酸:饲料蛋白质水平必须满足所有必需氨基酸的需要。种鸡产蛋料的蛋白质水平不能超过标准上限,否则,会对蛋重和孵化率带来负面影响。蛋白质水平的上限因种鸡品种不同而有一定的差异(见表25与表26)。

在热应激的情况下,饲喂较低的优质蛋白质日粮比饲喂较大量含有低质量蛋白质的日粮效果要好。当然这也取决于原料的供应渠道和成本。

表28给出了种母鸡产蛋高峰期理想蛋白模式。

表28　　　　　种母鸡产蛋高峰期(21～31周龄)理想蛋白模式

种类(含有效成分)	平均摄入量(毫克/日·只)
赖氨酸	1 000
蛋氨酸	485
蛋氨酸+胱氨酸	825
苏氨酸	705
色氨酸	230
精氨酸	1 035
异亮氨酸	775

(3)常量矿物质:为维持钙的平衡,母鸡开产后每天需要4～5克的钙。开产前及时将产前料(1.5%钙)换成产蛋料(2.8%钙),就能满足的需要。整个产蛋期母鸡对钙的摄入标准应维持在4～5克/日,超过会增加蛋壳的钙化现象。

建议给种鸡饲喂固定的、含钙量中等(2.8%)的饲料并使用不同量的砂砾状钙(如石粒或贝壳粉),以提供鸡群额外需要。使用砂砾状钙的主要原因是考虑鸡群的饲喂时间,大多数的父母代种鸡每天早晨(开灯后)只喂一次饲料,而钙的需要主要是在蛋壳形成的晚上。下午(或光照后期)提供一些消化慢的钙,可以改善蛋壳质量。砂砾状钙的供给量应根据产蛋期鸡群饲喂量进行调整,以满足鸡群对钙的需要。

种鸡饲料中正确的磷需要量取决于相关营养因素的平衡情况。高水平的磷可以防止和控制产蛋早期母鸡猝死综合征(SDS)。肉用种鸡猝死综合征常发生于25～30周龄,种鸡突然死亡,剖检心脏肥大松软、肺脏及心包充血。然而整个产蛋期,饲料中磷的含量过高会降低蛋壳厚度,影响孵化生产性能。建议产前料的有效磷水平为0.4%,产蛋料的有效磷水平为0.35%。不推荐总磷水平是因为避免所使用原料的影响。

饮水中补充钾离子,并在种鸡35周龄以前继续使用0.4%磷的饲料,可控制猝死综合征(SDS)。35周龄以后的产蛋期就不应使用含高水平磷的饲料。

(4)微量元素:推荐补充常规剂量的微量元素,应确保每一种微量元素以适当的形式加入预混料。有机微量元素有较高的利用率。饲料的电解质平衡应注意阴离子,特别是氯离子的补充。

(5)维生素:维生素的添加量主要受使用谷物的影响。因此,玉米基础型和小麦基础型配方饲料的维生素 A、烟酸、泛酸、维生素 B_6 和生物素的添加量应区别对待(见表23和表24)。

肉用父母代种鸡维生素 E 的基本需要量是10～15国际单位/千克,额外添加维生素 E 取决于饲料中脂肪水平与种类、硒水平、抗氧化剂等。对种鸡饲料进行加热处理,会破坏20%～30%维生素 E。

维生素 E 对于增强种鸡及其后代的免疫系统具有非常重要的作用,但并没有一个明确的实际推荐量。为确保每克蛋黄中含有200毫克/千克的维生素 E,使孵出的雏鸡有较好的储备,建议种鸡饲料的维生素 E 水平为100国际单位/千克。

饲料中维生素 C 的水平达到150毫克/千克时,可减少热应激的影响。维生素 C 在高温条件时不稳定,因此,对饲料进行热处理时必须考虑维生素 C 的损失。

2. 肉用种鸡饲料配制与质量控制

饲料营养成分必须有明确的规范标准并严格控制,否则,会影响种鸡的生产性能。饲料的营养实测指标与饲养标准存在差异,主要是因为原料(如玉米)的能量和蛋白质含量不同。为防止饲料能量不足,营养学家一般使用原料的安全值进行计算,这就意味着鸡场饲料的平均营养水平会超过标准,而使能量过多。种鸡饲料中的添加酶制剂会进一步影响能量的利用率。

饲料从成品到饲喂鸡的时间越短越好。特别在高温高湿条件下,间隔时间越长,越会加快维生素的损失。

只要有良好的饲养管理,无论给种鸡饲喂粉料、颗粒破碎料,还是颗粒料,都能取得成功。育雏料可采用颗粒破碎料,此后可选择较粗颗粒的大破碎料,不提倡使用大颗粒料延长鸡的采食时间。

控制沙门菌应先控制饲料污染,最有效方法是对饲料适当加热。种鸡料一般采用85℃制粒,但不能完全消除饲料中沙门菌的污染。另外,还要注意饲料二次污染,包括饲料的冷却、贮藏和运输过程。有机酸也常用来处理饲料,以防止二次污染。对饲料进行热处理时,必须注意维生素的损失和其他饲料营养成分的破坏(如酶)。

3. 种公鸡的营养要求

大量的事实证明,公母鸡饲喂同一种饲料不会影响公鸡的生产性能,也避免了两种饲料因单独加工、质量控制和储存而增加的成本和不便。产蛋期使用特定的公鸡料,有利于保持公鸡的生理状况和维持较高的受精率(营养可以参照表20)。公母鸡饲喂同一种饲料,最担心的是公鸡摄入过量的蛋白质和钙。如果公鸡需要很高的饲喂量才能维持正常的体重和状况,单独使用公鸡料就比较有利。

从42日龄(6周龄)开始,每月给100只鸡采食直径5毫米的花岗岩砂砾500克,有助于磨碎可能食入的垫料和羽毛。

五、新型绿色饲料添加剂的研究与应用

我国目前养殖业现状来看,大部分养殖企业或养殖户在饲养管理、环境卫生等方面尚存一定的缺陷,所以如果完全照搬欧美等发达国家控制饲料药物添加剂的措施,在短期内是不可行的,禁用饲料药物添加剂所带来的高成本让畜禽生产者难以接受。另外,禁用作为畜禽促生长添加剂使用的抗生素,将导致具有抗菌效果其他物质的误用,如高剂量铜、高剂量锌,势必会加重环境的负担。

为消费者的健康,开发安全绿色的新型饲料添加剂,是现今比较切实可行的课题。随着微生物技术的高速发展,研究和生产绿色饲料及新型饲料添加剂日益深入,并取得了显著的进展。各种无毒、无残留和无副作用的天然促生长剂相继问世。这些添加剂大多是以有机酸和各种微生物菌种复合而成,如甲酸、植酸酶、光合细菌、放线菌、酵母菌和乳酸菌等。传统的中药除了预防保健外,在促进采食、消化和增强免疫力方面逐渐重现优势。这些制剂对于提高饲养效益,避免畜禽产品药品残留,效果非常明显。

1. 酶制剂

目前普遍应用的酶,主要包括纤植酸酶、蛋白酶、淀粉酶、木聚糖酶、甘露聚糖酶、维素酶等。蛋白酶和淀粉酶可促进饲料中易消化成分的降解,植酸酶、木聚糖酶、甘露聚糖酶可分别降解饲料中的植酸、小麦中的木聚糖、豆粕的甘露聚糖。后两者的意义不在于获得多少可利用的单糖提供能量,而是降低食糜黏度,便于消化。体内和体外的试验表明,饲料中非淀粉多糖的酶解效率很低,不足以产生显著的经济效益。

2. 微生态制剂

微生态制剂是来自动物消化道共生微生物的活性制剂,或其培养物和发酵产品。微生态制剂能有效补充畜禽消化道内的有益微生物,改善消化道菌群平衡,迅速提高机体抗病力、代谢能力,从而达到防治消化道疾病和促进生长等多重作用,同时具有无毒、无副作用、无残留污染、不产生抗药性、成本较低等特点,是理想的抗生素替代品。

目前市场上耐高温微生态制剂主要成分为芽孢杆菌活菌、乳酸杆菌活菌、啤酒酵母分裂物、消化酶、乳酸、促生长因子等。

3. 寡聚糖

寡聚糖是指由 2~10 个单糖经脱水缩合,由糖甙键连接形成的,具有直链或支链的低度聚合糖类的总称。寡聚糖甜度一般只有蔗糖的30%~50%。

根据单糖组分的不同,分为均寡糖和杂寡糖。根据寡糖的生物学功能,又可分为功能性寡糖与普通寡糖两大类。蔗糖、麦芽糖、海藻糖、环糊精及麦芽寡糖属于普通寡糖,可以被消化吸收,产生能量。功能性寡糖是指具有特殊的生理学功能,特别是不被畜禽肠道吸收并促进双歧杆菌的增殖,有益于肠道健康的一类寡糖,即双歧因子。

4. 酸化剂

畜禽饲料中酸化剂的使用越来越普遍,大量试验表明,有机酸是抗生素等的理想替代物。

有机酸通过进入微生物机体破坏细菌细胞的合成和繁殖,从而对饲料起到抑菌和杀菌作用。只有结合态的有机酸才能进入微生物的体内,而结合酸化剂的浓度取决于酸的离解系数和胃中的 pH 值。在 pH 值是 4 时,胃中大部分微生物会被抑制。为了畜禽胃中产生较强的抗菌作用,必须添加足够浓度的具有活性的有机酸,来降低胃中的 pH 值。

有的酸化剂可以作为动物的能量来源,其中的盐类是畜禽所需微量元素的一种来源。

5. 高效矿物质

高效矿物质(如螯合物或蛋白复合物)可取代那些目前正在使用的无机物,并可获得更好的健康状况和不断增长的生产性能。同时,由于有机微量元素较高的生物利用率,可降低日粮中总的营养含量,最终减轻对环境的负荷。

有机铬常以生物学上具有活性的葡萄糖耐受因子的形式,促进碳水化合物的代谢和胰岛素发挥作用。

有机微量元素可以改善幼龄和高产单胃动物的健康状况。有机微量元素包括赖氨酸铜、蛋白质螯合铁、蛋白质螯合锌、蛋氨酸硒等。

6. 半胱胺

半胱胺(简称 CS)是动物体内半胱氨酸的代谢产物,是辅酶 A 的重要组成成分,其主要成分是氨基酸生长抑素抑制剂。国内外研究证明,半胱胺可以作用于体内的生长抑素。通过耗竭动物体内的生长抑素,促进动物体内内源性生长激素合成释放增加,增强消化道的生理功能,促进蛋白合成,抑制脂肪合成,显著提高生长速度和改善胴体品质;动物外观也能得到明显改善,肌肉较为发达。

由于半胱胺分子具有活泼的巯基(作用于生长抑素的效应功能团),极易氧化,不稳定,因此,直接加入饲料中效果不理想。缓释包膜半胱胺作为新一代改进型饲料添加剂,具有稳定性好和在动物消化道缓慢释放的特点。

7.中草药制剂

研究表明,中草药饲料添加剂能够增强畜禽机体非特异性免疫机能,改善动物亚健康状态,提高畜禽抗应激与抗疾病的能力,改善生产性能,低残留,不易产生耐药性。但现行的许多中草药饲料添加剂产品粗糙,多为经过简单加工的中草药混合物,用量大、起效慢、质量低下,所以还需要加强中草药饲料添加剂提取工艺、发酵增效等的研制工作。

中草药饲料添加剂具有很好的应用前景,如改善种鸡的受精率、产蛋性能,提高雏鸡的抗病力;促进食欲和内源消化酶的分泌,提高可消化成分的进一步消化吸收;调节并促进各器官和系统正常运行,提高基础免疫力。

8.真菌毒素吸附剂

真菌毒素是某些真菌在基质(饲料)上生长繁殖,而产生的有毒次级代谢产物。毒素在饲料制造、贮存及运输过程中皆可产生。畜禽摄入这类毒素污染的饲料后,可导致急性或慢性中毒。至今检测到的毒素已超过350多种,普通的有8种,如黄曲霉素、呕吐毒素、T-2毒素、玉米赤霉烯酮(F-2毒素)、串珠镰孢菌毒素、赭曲霉毒素、橘霉素、麦角毒素等。

真菌按生活习性,分为仓贮性真菌和田间真菌。仓贮性真菌,是指贮存的饲料或原料,在适宜的温度、湿度等条件下产生的真菌,以黄曲霉菌为主,分泌黄曲霉毒素。田间真菌,通常是指作物未收割前便已感染的真菌。此类真菌在低温环境中也会繁殖,阴冷潮湿的天气更易于生长。田间真菌主要有青霉菌属、麦角菌属、梭菌属(镰刀菌属),分泌橘霉素、麦角毒素、玉米赤霉烯酮(F-2毒素)、呕吐毒素、T-2毒素等。

全世界的饲料谷物有25%以上受到真菌毒素污染。在中国,玉米、全价料、蛋白质饲料均已呈现出不同程度的真菌毒素污染。所以,使用真菌毒素吸附剂对于肉鸡饲料至关重要,真菌毒素吸附剂(活性炭、白陶土、膨润土、沸石、蛭石、硅藻土等)具有很强的吸附能力,能吸附饲料中的真菌毒素。优质真菌毒素吸附剂还应具备不吸附营养物质及其他成分的性质。

第三节　肉鸡健康养殖

一、肉种鸡管理

肉种鸡是发展肉鸡业的重要基础,是发展肉鸡生产的龙头,目前常见的肉种鸡品种有 ROSS308、AA＋、科宝等。

1. 体重偏大、生长速度快、饲料转化率高

父母代肉种鸡同商品代肉鸡一样,本身就具有生产速率快和饲料转化率高的特性,饲料摄取量的少许变化会对鸡的体重产生巨大影响。如果饲养不当造成种鸡体重偏大,会严重影响生产性能。所以应根据鸡群周龄、周增重和种鸡群体况来改变饲料量,要与鸡群的生长发育所需营养相适应。控制好体重是饲养肉种鸡的关键技术之一。

2. 生长发育特点

肉种鸡 1～7 日龄是消化系统发育的重要阶段。1～28 日龄是免疫系统、心血管系统、羽毛、骨架的发育时期。28～56 日龄的发育特点主要是骨架、肌肉快速发育,85％ 的骨架已在 56 日龄前基本完成。肌肉、肌腱、韧带快速发育时期是 42～70 日龄。70～105 日龄种公鸡和种母鸡95％ 以上的骨架已基本完成。10 周龄后睾丸、卵巢开始发育。16～22 周龄繁殖器官快速发育,体重快速增加,积累脂肪。22～23 周龄达到性成熟。23～29 周龄产蛋快速增长,29 周龄达到产蛋高峰。14～23 周龄性激素分泌迅速增多,24～29 周龄是睾丸和卵巢系统的重要阶段。30 周龄后体重的增加主要是脂肪积累,繁殖性能逐步下降。45 周龄后种鸡各项生理机能下降迅速,生产性能大幅度下滑。

3. 对环境刺激敏感

肉种鸡对高温、低温的耐受力差,反应敏感,在产蛋率上表现明显;肉种鸡对光照时间和强度也非常敏感,光照对种鸡繁殖系统的发育起着非

常重要的作用;肉种鸡对外界应激抵抗力差,饲养人员更换、舍内声音变化、颜色变化、饲料质量、水质变化等都会影响种鸡的产蛋性能。

4. 抗病能力较差、免疫频繁

肉种鸡自身抵抗力较差,对目前流行的多种传染病都易感,所以现阶段肉种鸡免疫频繁,免疫疫苗种类多、密度大。再者由于肉种鸡成本高,所以防疫成为肉种鸡场的第一件大事。基于上述特点,决定了饲养肉种鸡风险大的特点,必须具备相当的技术水平和严格的防疫和管理制度,才可能成功。

二、空舍期管理

通过对鸡舍的清洗和消毒,可以清除由家禽和人带入鸡舍的病原微生物,确保上一批鸡不对下一批鸡造成的健康和生产性能的影响。鸡舍清理基本流程:淘鸡→移出设备→清理鸡舍鸡粪、稻壳,同时冲刷设备→鸡舍冲洗消毒→设备安装→进垫料,鸡舍熏蒸→鸡舍外环境的清理及消毒→鸡舍开封。

1. 淘汰鸡只

鸡群产蛋周期结束,生产性能逐渐下降,需要适时进行淘汰。淘汰前需要做收益评估,根据当前的经营情况确定最佳的淘汰时机。淘汰时员工进行合理的分配,可以分为抓鸡、运输、装卸等几个不同的组,同时根据实际情况灵活调配人员,以提高工作效率。圈鸡和装车过程要有专人负责,以减少不必要的鸡只伤亡。淘汰鸡结束将剩余饲料运出鸡舍,及时处理。在鸡舍垫料、设备和墙壁表面喷洒杀虫剂,以防止鸡舍昆虫造成疾病传播。

2. 移出设备

在移出设备之前,对鸡舍从顶部到地面用消毒剂进行预加湿,以减少灰尘。然后将舍内设备(如料线、水线、烟道)拆除,运出鸡舍。如果鸡舍规格不统一,最好将不同鸡舍的设备进行单独码放,以减少安装设备时的麻烦。

3. 清理鸡舍内鸡粪、垫料

从鸡舍内清除所有的粪便、垫料和碎屑,在鸡舍内用拖车或者是拖拉机装运,装满移动前要遮盖好,以免粉尘和碎屑四处飘散;离开鸡舍时,车轮必须擦刷干净并消毒。

4.设备冲刷

冲刷设备主要包括喂料设备(料筒、料线、料箱等)、饮水设备、竹排、蛋箱等。竹排在冲刷前先用5%的火碱进行浸泡,再用清水冲刷以去除鸡粪、稻壳等杂物,对竹排缝隙等部位要重点冲刷。冲刷无污物后再用消毒剂进行消毒。

5.鸡舍冲洗消毒

冲洗消毒前,首先清除舍内灰尘及残余鸡粪,对鸡舍进行维修。清洗时必须首先断开舍内所有电器设备的开关,冲刷及照明设备的电缆要进行悬挂,不能浸泡在水中。冲刷人员必须按照要求穿绝缘靴,带绝缘手套。按照由上到下、由后向前的顺序进行冲刷。第一遍冲刷用清水,目的是清除残留在鸡舍的灰尘和碎屑。冲洗过程中应迅速把舍内剩余的水排净。冲洗过程中要特别注意风机、下水道、设备支架、屋梁等的冲刷,为方便冲刷,可以采用手提灯、便携梯等设备。一旦鸡舍清洗完毕,鸡舍内就不得有任何脏物、灰尘、碎屑、鸡粪或垫料存在。在冲洗时要花费一定的时间,注意清洗时要求的细节。

冲洗鸡舍前时应对建筑结构进行维修。如修补地面裂缝,修补已坏的墙体和屋顶;确保鸡舍所有的门都能关严;如需要,用涂料或者白石灰进行粉刷。

6.设备安装及调试

安装检修通风系统(湿帘、进风口、风机、控制器)。检查电路系统,安装节能灯。安装棚架,要求平整、连接紧密。安装调试喂料系统(料线、料桶、料塔、料箱等)。安装水线,要求水线性能正常、平直,无漏水现象。供温设备的准备,检修冲洗干净热风炉和大锅炉,在育雏区挂好热风炉及大锅炉送风管,安装好煤炉及其烟筒等;检修地炉供热系统;检修育雏伞。密封、遮黑鸡舍。

7.熏蒸

熏蒸前要对冲刷结果进行评估,合格后才能进行熏蒸。用细菌数评价鸡场清洗和消毒效果的好坏,将有利于改进鸡场的卫生,并比较不同的清洗和消毒效果。当鸡场进行有效的消毒后,检测程序中不应分离出沙门菌。

垫料经4%甲醛消毒后运进鸡舍,厚度5～10厘米。密闭鸡舍,用甲醛、高锰酸钾熏蒸消毒。鸡舍每立方米空间用高锰酸钾21克＋甲醛42毫升熏蒸消毒,熏蒸时鸡舍应保持潮湿,鸡舍温度保持在21℃。如果鸡舍温度低,相对湿度低于65%,会降低消毒效果。熏蒸对人和动物都十分有害,操作时必须穿着防护衣。鸡舍内密闭熏蒸48小时,即可开启通风,排出甲醛气体,空舍至少7天。

8.鸡舍外环境的清理及消毒

鸡舍周围环境的清扫也十分重要。理想的情况下,鸡舍四周应有3米宽的混凝土或沙砾地面。如果没有,这些地区也必须清除周围的植物,移走不使用的设备,地面平整,排水好,没有积水。注意清洗和消毒,特别是风机和排风扇的下面,进出道路、鸡舍门周围。鸡舍外水泥地面应与鸡舍内一样进行冲洗消毒。

三、育雏期饲养管理

雏鸡0～6周龄为育雏期,要根据雏鸡的生理特点和生活习性科学饲养管理,创造良好的环境,以满足鸡的生理要求,严防各种疾病的发生。

1.育雏前的准备

为鸡只提供适宜的供暖、通风条件,保证采食和饮水,尽量满足鸡群的生长和发育要求。育雏舍要有利于防疫和保温,不透风、不漏雨、不潮湿,墙壁无缝隙,门窗严密。地面无鼠洞,对取暖、供料、供水等设备进行准备和维修。密闭性差的鸡舍,应提前检查舍内墙角、门窗等缝隙透风处,对透风处进行单独处理,防止"贼风"。

(1)饲料的准备:要根据不同品种的营养需要,准备优质全价育雏料,科学配方,既达到营养全价,又易于消化。因肉种鸡3日龄免疫过球虫,在选用育雏料时就不用添加抗球虫药物了。

(2)垫料的准备:选择垫料时要求新鲜、洁净、干燥、松软、吸水性强、来源广泛、价格低廉,便于包装和运输。常用垫料有稻壳、刨花、锯末、麦秆等,垫料厚度为5～10厘米。

（3）疫苗和常用药品：按照防疫程序准备相关疫苗和药品，以及免疫所需的辅助用品。如鸡新城疫疫苗、鸡传染性法氏囊疫苗、鸡球虫疫苗、鸡传染性支气管炎疫苗等；预防大肠杆菌和沙门菌、慢性呼吸道病等的有效药品；消毒药品如火碱、高锰酸钾、甲醛、含碘制剂、季铵盐类、酚制剂等。

（4）鸡舍预温及湿度控制：后备鸡舍应提前预温，夏季提前 2～3 天，冬季提前 4～5 天，使舍温达到 35～37℃，所有设备表面手摸有温热感（26℃左右）。垫料表层温度不得低于 30℃，深层温度达到 28℃以上。鸡舍内相对湿度达到 65%～75%，雏鸡进舍前 1 天舍温降至 32℃，相对湿度控制在 75% 左右。

（5）制订完善的生物安全体系及免疫程序：各养殖场应采用封厂育雏，因为雏鸡在头 2 个月之内免疫频繁，鸡只产生的抗体低，因此必须切断与外界接触途径，尽量减少应激，使雏鸡顺利度过免疫空档期。根据当地疾病流行情况及本场实际情况，制订合理的免疫程序，并备足育雏期间所需各种疫苗。

2. 雏鸡的饲养管理

（1）温度的控制：舍温要求达到 31～32℃，不超过 33℃，进雏前 24 小时开启保温伞，调节伞温至 33～35℃。温度计悬挂于伞正下方，末端与鸡背同高。在围护边缘及鸡舍两头也要挂温度计，以监测不同部位的温度变化。因为公鸡一般体质较弱，公鸡区温度更应注意。为了解决鸡舍一头温度较低的问题，可以用塑料布将鸡舍截为两部分，这样就维持了局部温度。根据鸡群表现调节温度，如鸡分散均匀、活动自由，说明温度好；如鸡叫声低沉、饮水少或张开翅膀、张口喘气，即是温度过高的表现。如果雏鸡向围栏一侧集中，有可能存在"贼风"、光照不均匀、温度不均匀、外界噪声等原因。同时严格做好温度记录，由管理人员随时检查温度管理情况。

雏鸡在入舍前 24 小时，饲喂器和饮水器周围的地面温度应达到要求的水平（表 29）。

表29 　　　　　　　　育雏温度（AA + 父母代）

日龄	饲喂器和饮水器周围的地面温度	
	℃	℉
1 – 3	33	91
4	32	90
5	31	88
6	30	86
7	29	84
14	26	79
21	23	73
28 日龄以上	21	70

　　整舍供热育雏时,由于整舍没有明显的热源,通过观察雏鸡行为判断温度是否合适时,主要是根据雏鸡的叫声。雏鸡如果集中在舍内某个地方,显示成堆集中的现象,有可能是鸡舍有些地方过热造成的。一般雏鸡分布均匀,显示温度比较理想(图23)。

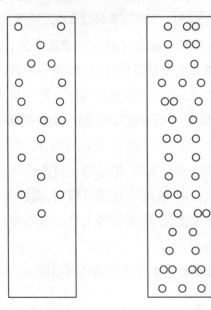
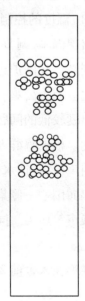

温度过高　　　　　　温度适宜　　　　　　温度过低

图23　雏鸡在不同温度时的分布情况

（2）湿度控制:前期雏鸡对湿度很敏感,湿度过低易引起雏鸡脱水,绒毛焦黄,腿、趾皮肤皱缩、无光泽,体内脱水,消化不良;身体瘦弱,羽毛生长不良。重者出现僵鸡,均匀度差,雏鸡易脱水并诱发呼吸道疾病。湿度过高,会影响雏鸡水分代谢,不利于羽毛生长,病菌和球虫等易繁殖。鸡舍相对湿度控制为65%～75%,要注意高温季节不低于40%,冬季不超过80%,特别注意避免高温高湿对雏鸡造成的危害(表30)。

表30 鸡舍相对湿度

日 龄	适宜湿度	最高湿度	最低湿度
0～7日龄	75	76	65
8～10日龄	70	75	40
11～30日龄	65	75	40
31～45日龄	60	75	40
46～60日龄	50～55	75	40

加湿方法:通过自动喷雾装置或背负式喷雾器喷雾增加湿度;在热源附近加水盘,增加蒸发量;在地面空置的地方喷洒水,使相对湿度保持在65%～75%。随着种雏鸡的生长,相对湿度也应当降低,可通过通风和控热系统控制相对湿度。

（3）通风管理:由于雏鸡代谢旺盛,尤其是大规模高密度饲养情况下,通过雏鸡呼吸、粪便及垫料散发出大量的二氧化碳和氨气。如果这些有害气体不能及时排出,更换新鲜空气,长时间作用于鸡体,会影响鸡群健康发育,降低抵抗力,易诱发呼吸道疾病及大肠肝菌疾病,增加死淘率。因此,在育雏期间进行适度通风,给鸡群提供足够的氧气,排除鸡只和供热系统释放出来的二氧化碳及有害气体。

（4）喂料与饮水管理:

①喂料:在雏鸡入舍的2～3天,应给每只雏鸡提供5厘米的采食位置,或让80～100只雏鸡共用一个雏鸡料盘。喂料时,应把饲料放在浅的料盘内,或者放在占整个育雏区面积50%以上的垫纸上。35～70日龄,每只雏鸡要有10厘米的采食位置;70日龄后,原则上需要15厘米;公鸡20周龄时,要有18厘米的采食位置。

新型职业农民技能培训丛书 富禽养殖新技术

雏鸡进入鸡舍后,经过点数、称重,立即把鸡只放入鸡舍吃料、饮水,这样更有利于雏鸡卵黄的吸收和生长发育。种公鸡、种母鸡的喂料位置如表31所示。每日应多次喂料(每日5~6次),刺激雏鸡采食,前3周应喂颗粒破碎料。雏鸡整个早期发育阶段应自由采食,达到标准体重。根据体重生长情况,可以通过调节光照时间的长短来增加或减少采食量,确保自由采食向限制采食平稳过渡。饮水中加入多维素、葡萄糖,按照3%的葡萄糖浓度饮水1~2天即可。

表31 喂料时鸡的采食位置

种母鸡			
养殖时间	雏鸡料盘	槽式饲喂器	盘式饲喂器
0~35日龄(0~5周龄)	80~100/个	5厘米/只	5厘米/只
35~70日龄(5~10周龄)		10厘米/只	10厘米/只
70日龄(10周龄)至淘汰		15厘米/只	15厘米/只
种公鸡			
0~35日龄(0~5周龄)	80~100/个	5厘米/只	5厘米/只
35~70日龄(5~10周龄)		10厘米/只	10厘米/只
70~140日龄(10~20周龄)		15厘米/只	15厘米/只
140~462日龄(20~66周龄)		18厘米/只	18厘米/只

育雏期要监测雏鸡的采食情况,检查雏鸡嗉囊充满度是判断采食情况的有效方法。入舍后24小时80%以上雏鸡的嗉囊应充满饲料,48小时95%以上的雏鸡嗉囊应充满饲料,72小时100%的雏鸡嗉囊应充满饲料。良好的嗉囊充满度可以保证达到或超过7日龄体重的标准和均匀度,如果达不到嗉囊充满度,应找出原因,采取相应的措施。如果雏鸡确实是难以达到目标体重,应适当延长光照时间,增加采食量;对达不到体重标准的鸡,要每周称重两次并观察鸡群的生长状况。

②饮水:雏鸡的第一次饮水叫初饮。初饮最好在出壳后24小时内进行,要求用25℃的温水。第一次饮水中可加入适量抗生素和5%的蔗糖,增强抵抗力。初饮有促进肠道蠕动、吸收残留卵黄、排除胎粪、增

进食欲的作用。初饮后不应再断水,因为育雏温度高,避免引起脱水。一周后可直接用自来水。随着围护的扩大,增加水具、更换水具要逐步进行,避免产生不必要的应激。如条件许可,可于7~10天后使用乳头饮水线。

要保证雏鸡及时喝到足量的饮水,雏鸡要有足够的饮水位置,每1 000只1日龄雏鸡需要5~6个直径为40厘米的标准钟型饮水器,再补充10~15个直径为15~20厘米的微型真空式饮水器。饮水器的位置应保证雏鸡在最初24小时内不出1米的范围就能喝上水。育雏3~4天后逐渐撤出微型真空式饮水器。21日龄后可换用乳头饮水器或杯式饮水器。鸡的饮水位置如表32所示。

表32 　　　　　　　　　　鸡的饮水位置

饮水器类型	育雏育成期	产蛋期
自动循环或槽式饮水器	1.5 厘米/只	2.5/厘米
乳头饮水器	8~12 只/个	6~10 只/个
杯式饮水器	20~30 只/个	15~20 只/个

(5)光照的控制:光照对雏鸡的活动、采食、饮水以及性成熟等都有重要作用。种母雏1~7日龄用60瓦白炽灯,最亮可达30勒克斯,8日龄开始用15瓦白炽灯。光照时间为:1日龄24小时,2~3日龄23小时,4日龄20小时,5日龄18小时,6日龄16小时,7日龄14小时,8日龄后减至8小时。种公雏鸡1~5周龄用60瓦白炽灯,5周龄以后和母鸡同步。1日龄24小时,2日龄23小时,3日龄22小时,4日龄20小时,5日龄18小时,6~7日龄16小时,第2周16小时,第3周14小时,第4周降至12小时,第6周降至8小时。

根据雏鸡体重与采食量控制减。

(6)断喙管理:对肉种鸡进行断喙,目的是防止鸡只打斗造成损伤,并能有效控制啄羽等现象。现在一般不提倡断喙,特别是遮黑或半遮黑鸡群,因为不断喙的鸡群也表现出很好的生产性能。

如果认为有必要断喙时,应尽量去除少量的喙部。一般在1日龄采用红外线断喙,由于没有外伤,不易造成感染,可减少对雏鸡的应激反应。

4周内鸡断喙部分会逐渐脱落,变得圆滑。

目前鸡断喙多在 5～7 日龄,缓解 1 日龄注射疫苗、剪冠、断趾等应激。正确的握鸡姿势为大姆指轻压头背后,食指于颈下部抵进下颌(不允许舌头伸出),使鸡喙紧闭,头颈伸直,喙与刀片垂直。母鸡上喙断 1/2,下喙断 1/3;公鸡上下喙各断 1/3,切割 1～2 秒,灼烧 2～3 秒。灼烧时间过短,流血,再生点没有完全破坏,10%～15% 的母鸡易再生锋利的喙;灼烧时间过长,应激大,喙变黑且平整度差、易变形。因为断喙的好坏将直接影响到育成期限饲计划的实施及均匀度,应在断喙前三天和后三天内添加适量的维生素 K_3 和抗应激电解质多维,预防感染和出血。

(7)饲养密度:0～28 日龄(0～4 周龄),雏鸡入舍时,饲养密度大约为每平方米 20 只,饲养密度应逐渐降低;28 日龄时每平方米的饲养密度应为 6～7 只;140 日龄种母鸡维持每平方米 6～7 只,种公鸡每平方米 3～4 只。

为适应鸡只生长发育的需要,避免鸡群拥挤产生应激,根据鸡群状态每隔 2～3 天对各小区进行扩栏。扩栏的同时要补充料具、水具及垫料,扩栏不要过快,以免鸡只受凉。

(8)体重控制:根据本场实际情况制订不同批次的体重模式图,按照图表及时调整每周限饲方案和限饲计划(与手册相反,手册是根据鸡群体重逐周调整饲喂量)。原则是顺季前紧后松,1～6 周接近下限,7～13 周超过下限,14～19 周接近上限,20～25 周超过上限(80% 鸡)。逆季前松后紧,1～6 周超过上限,7～13 周接近下限,14～19 周超过下限,20～25 周超过上限。

根据本场实际情况采取综合限饲(限质、限时、限量),有每日限饲、隔日限饲、"五、二"限饲、"六、一"限饲 4 种方法。限饲成功与否要看均匀度,均匀度存在一定的"水分",性成熟和体成熟不同步,鸡群产蛋强度较低。在限饲期间营养标准要高于手册 10%～15%,特别是维生素和微量元素,因条件差鸡舍的鸡无氧酵解加强,指标更应高一些。24 周龄母鸡体重 2 824 克,高于此标准(>2 824+200 克)的母鸡提前 1～2 周产蛋,低于标准(<2 824-200 克)的鸡推迟 1～2 周产蛋,最好是在 25 周龄母鸡体重达 3 千克时进入产蛋期。以后不要片面追求均匀度而一味加料

或减料,造成体重波动过大。

(9)均匀度控制:均匀度是指标准范围内的合格鸡数。抽测鸡数不低于5%的鸡群,标准体重±10%的鸡越多越好,性成熟和体成熟同步。体重波动范围越小越好。

体重分级应根据本场鸡舍条件、饲喂方式等综合制订。有的鸡场制订大、中、小三群,有的鸡场制订大＋、大－、中＋、中－、小＋、小－六群。但不管哪一种限饲方法,中等的鸡在体重标准范围内,应每周逐只称重;小的、大的鸡每3天称一次,适宜的放入中等群。

提高均匀度的方法:严格防疫卫生制度,制订科学免疫程序;保证适宜饲养密度,足够采食、饮水位置;适当的限饲方法;定期称重,随机抽样(5%～10%),及时调整鸡群;科学合理的投料方法,快速而准确的饲喂方法;公母分栏、分料饲喂。

(10)育雏期管理关键点:在雏鸡到达之前,彻底清洗、消毒鸡舍和设备。雏鸡到达24小时前,确保鸡舍达到正确的温度和湿度,空气新鲜。雏鸡到达后,必须立即能够得到新鲜的饮水和高质量的饲料。根据雏鸡行为,判断温度是否合适。育雏期间应多次添加饲料。触摸雏鸡的嗉囊,看是否已吃到饲料。育雏期间喂料和饮水不能间断。每天至少两次检查和调整饲喂器和饮水器。每天要定时巡视整个鸡群。如果要断喙,要在专业人员的指导下进行操作。

四、育成期饲养管理

1. 种鸡育成期的生理特点及要求

(1)生长持续加快:肉种鸡12周龄以前生长速度和体重增长快,饲料利用能力高,而且易于沉积脂肪。若供给充足的饲料营养,会导致育成期的体重过大、过肥,生殖器官发育不良,影响以后的产蛋量和受精率。

(2)消化能力逐渐增强:种鸡采食量与日俱增,骨骼、肌肉和内脏器官等组织处于发育的旺盛时期。同时,性器官和性机能也迅速发育,当雏鸡生长到4周龄时,机体各系统器官的机能(如体温调节、消化机能、免疫机能等)都基本健全。公鸡在6周龄以后,鸡冠迅速红润,啼鸣,母鸡卵泡逐渐增大,至后期性器官的发育更加迅速;种母鸡12周龄后,性器官发育尤为迅速,对环境条件和饲养水平非常敏感。如不加以控制,最早的会在15周龄后即初产蛋。因此,种鸡育成期饲养管理的目标,在于保证骨骼、肌肉和内脏器官充分发育的前提下,严格控制性器官过早发育,以保证开产后达到较高的生产性能。在饲养上要采取限制饲养,使后备鸡的增重接近推荐体重;在管理上配合光照制度,使鸡准时开产,提高种蛋的合格率。

2. 理想的肉种鸡群体重

理想的种鸡群是,体重标准且产蛋较多,实现种鸡的优良繁殖性能;群体平均体重与种鸡的标准体重相符;个体差异最多不超过标准体重上下10%的范围;体重整齐度在75%以上,变异系数应在25%以下;各周龄体重增加速度均衡适宜;无特定传染病,发育良好。为了达到上述目的,在满足对营养需要的情况下,要人为采用限制饲养和光照技术等控制性成熟和体重,适当推迟开产日龄,提高产蛋率和受精率。

3. 育成期限制饲喂的作用

(1)限制饲喂可以使鸡获取合理的养料,维持营养的平衡。限制饲喂是控制鸡只摄取料量,再按营养要求来设计饲料的营养,保证能全部被鸡所摄取,确保营养与平衡。

(2)增加运动有利于鸡骨骼脏器的发育。由于限制饲喂,鸡只有饥饿感,当投料时整个鸡群争相抢食,从而引发鸡群的运动,对骨骼的增长大有好处。

(3)减少饲料消耗,降低饲养成本。由于减少了饲喂量,节省了饲料费用一半左右。

(4)降低腹脂肪沉积,减少产蛋期的死亡率。限饲可降低腹脂肪沉积量20%~30%,能防止因过肥而在开产时的难产、脱肛,产蛋中后期可以预防脂肪肝综合征。过肥的鸡在夏天耐热能力差,容易中暑死亡。

(5)限饲可使鸡群在最适当的时期性成熟,并与体成熟同步。限饲可以使幼、中雏期间骨骼和各种脏器得到充分发育。在整个育成期间人为地控制鸡的生长发育,保持适当的体重,性成熟与体成熟同步。据有关资料表明,限制饲养母鸡的活重和屠体脂肪重量要比自由采食的低,但发育速度较快,产量、蛋重均有所提高,种蛋的合格率也提高5%左右。

（6）提高鸡群的整齐度,接近标准体重的鸡越多,鸡群的产蛋高峰就越高且持续时间越长。限制饲养是通过控制鸡群的生长速度来控制体重的,使绝大多数个体的体重控制在标准体重范围内。一般要求整齐度为75%～80%的鸡的体重分布在全群平均数±10%范围内。这样鸡群开产的日龄比较一致,产蛋率和种蛋的合格率比较高。

4. 体重标准与抽样方法

控制生长速度的唯一办法是长期有规律取样和个体称重,并且将实际的体重与推荐的目标体重逐周相比较,这种对比是决定喂料量的唯一的重要依据。为此,各个育种公司都制订了各自鸡种在正常条件下各周龄的推荐料量和标准体重。

称重应从 1 日龄开始,每周实施抽样称重,1 日龄、1 周龄和 2 周龄(1日龄、7 日龄和 14 日龄)可采取群体称重,整个种母鸡抽样称重的数量应不少于鸡群的 1%,种公鸡不应少于 3%。从第三周龄开始(21 日龄),随机抽样的鸡只应进行个体称重,使用捕捉围栏,每栏称取 5%～10%的鸡。为避免有偏差,所有围栏内的鸡只都必须进行称重。应在每周同一天的同一时间进行称重,最好是限饲日或喂料 4～6 小时后进行。这样做的目的在于通过准确的抽样称重,真正了解鸡群的生长情况。

抽样称重要求定时、定点、定序、定人,将每只鸡的重量记录在体重表上,计算下列参数。

（1）平均体重:所称种鸡的总重量÷所称种鸡的数量。

平均体重(X)＝累计所称个体的体重(∑X)÷称重的鸡数(n)
平均体重应描在体重曲线上。喂料必须根据实际平均体重和标准体重的差异来确定。

（2）体重范围:用允许范围内的最重鸡只体重－最轻鸡只的体重。

体重范围(X±10%)＝(X＋10%)－(X－10%)＝(平均重＋平均重×10%)－(平均重－平均重×10%)

（3）整齐度:按照平均体重±10%范围内的鸡只数÷称重鸡只的总数。

鸡群整齐度(%)＝处在±10%范围内的鸡数(n)

÷样本称重的鸡数(n)

（4）变异系数：变异系数是表示鸡群均匀度的数学方法（表33）。

$$（标准差÷平均体重）×100=变异系数（\%）$$

$$（体重范围×100）÷平均体重×F=变异系数（\%）$$

表33　　　　　　　　正常体重分布情况下鸡群的变异系数

CV（%）	±10%均匀度（%）	±15%均匀度（%）
5	95.7	100
6	90.7	99.0
7	84.9	97.1
8	79.1	94.2
9	73.6	90.7
10	68.8	86.9
11	63.8	83
12	59.7	79.1
13	56.0	75.4
14	52.6	71.8
15	50.0	68.
16	49.0	653

体重范围即为最重和最轻鸡的体重差。F是一个常数，表34中按照给出的称重鸡只数量或抽样规模来确定。

表34　　　　　　　　　　抽样规模和F值

抽样规模（只）	F值	抽样规模（只）	F值
25	3.94	75	4.81
30	4.09	80	4.87
35	4.20	85	4.90
40	4.30	90	4.94
45	4.40	95	4.98
50	4.50	100	5.02
55	4.57	>150	5.03

5.限制饲养的方法

肉种鸡在遗传上具有增重快的特点,故肉种鸡的育成较蛋种鸡的育成更难,实施限制饲养可以达到理想产蛋体况的目的。如果不加限饲,则会造成鸡体重过大,体内脂肪大量积聚,不但增加了饲养成本,还会影响产蛋率、种鸡成活率和种蛋的合格率。限制饲养有限时法、限质法和限量法 3 种。

(1)限时法:主要通过控制鸡的采食时间来控制采食量,达到控制体重和性成熟的目的。

每日限喂:每天给予一定量的饲料和饮水,或者规定饲喂次数和每次采食的时间,对鸡的应激较小。

隔日限饲:即喂 1 天,停 1 天,把两天喂的饲料在 1 天中喂给。这是较好的限喂方法,可以降低竞争食槽的影响,从而得到符合目标体重、一致性较高的群体。由于一次给 2 天的限饲量,霸道的鸡和胆小的鸡都有机会分享到饲料。

喂 5 限 2 法:每周限喂两天,即每周喂 5 天,停 2 天,一般是星期日、星期四停喂。喂料日把喂 1 周的饲料量均衡地分作 5 天喂给(将 1 天的限喂量×7÷5,即得喂料日的量)。

限时饲喂里还有喂 4 限 3(星期三、星期五、星期日停喂)、喂 6 限 1(星期日停喂)等方法。

注意从每日饲喂转变为喂 6 限 1、喂 5 限 2、喂 4 限 3、隔日饲喂等饲喂程序,都要逐步进行;反之,从喂 4 限 3 到每日饲喂也要逐步进行。最常用的饲喂程序如表 35 所示。

表 35　　　　　　　　　　　限制饲喂程序

饲喂程序	周一	周二	周三	周四	周五	周六	周日
每　　日	√	√	√	√	√	√	√
6/1 制	√	√	√	√	√	√	×
5/2 制	√	√	√	×	√	√	×
4/3 制	√	√	×	√	×	√	×
隔　　日	√	×	√	×	√	×	√

注:√为饲喂日,×为限饲日。

(2)限质法:即限制饲料的营养水平。在实际应用中同时限制日粮中的能量和蛋白质的供给量,而其他营养成分(如维生素、微量元素等)充分供给,以满足鸡体生长和各种发育的需要。

(3)限量法:规定鸡群每天每周或某个阶段的饲料用量,肉用种鸡一般按自由采食量的60%~80%计算供给量。

近年来多数公司常用喂5限2法,主要是因为该程序增料比较缓和。具体方法是从1日龄每日饲喂,到21日龄开始喂6限1,再到28日龄采用喂5限2。15周龄(105日龄)左右由喂5限2过渡到喂6限1,再到每日饲喂。

大多数育种公司对肉用种鸡都实施综合限饲。在生产中要根据鸡舍的设备条件、育成的目标和各种限饲的方法优缺点来限制饲喂,防止产生"在满足营养要求的限度内,体重限制越严,生产性能越好"的片面认识。

(4)有关限饲的注意事项:限制饲养一定要有合理的料位、水位,使每只鸡都有机会采食到均等的料量。鸡小于35日龄,采食位置为5厘米/只;35~70日龄,为10厘米/只;大于70日龄,为15厘米/只。

限制喂养的主要目的是限制鸡摄取能量,而维生素、大量元素和微量元素则要满足。如按照限量法进行限制饲养,饲喂量仅为自由采食鸡的80%。即将所有的营养限制了20%,再添加维生素,可以提高限制饲养效果。限制饲喂会引起鸡饥饿的应激,容易诱发恶癖,所以母鸡适量断喙,公鸡还要断后趾。限制喂养时应密切注意鸡群健康状况。在患病接种疫苗,转群等应激时要酌量增加饲料,并要增喂抗应激的维生素C和维生素E。育成期种公、母鸡要分开饲喂,有利于体重的控制和掌握。

停饲日不可喂砂砾。平养的育成鸡可按每周100只鸡投放中等颗粒的不溶性砂砾300克,放在饲料槽里或者垫料上。

从每日饲喂转换到其他程序,或者从其他程序转变为每日饲喂,都应循序渐进。

整舍布料速度要快、分配均匀,最多3分钟栏内鸡群都能吃上料。有条件的建议用自动料线或料桶升降系统。鸡舍长度超长80米的,每条料线应加2~3个辅助料箱,可减短整舍布料时间;如果人工加料要想法提高加料速度,采取集体共同定位加料法;为尽快使鸡群分布整个鸡舍,使用料桶方料的应隔料位放料,有利于鸡只分布均匀;在饲喂器类型间变化时应平稳过渡,让鸡有 3~4 天的适应期,避免因饲喂器具不同造成鸡采食不均。

6. 提高鸡群的均匀度

除了限饲控制整体鸡群的体重外,还要提高鸡群的均匀度,包括体均匀度、性成熟均匀度、胸肌发育与脂肪沉积情况均匀度等。体均匀度与胸肌发育情况均匀度明显低于平均者,由于产蛋高峰前营养储备不足,所以到达高峰的时间延迟,将影响群体产蛋高峰的形成;并在高峰后产蛋迅速下降,蛋重偏小且合格率低;开产日龄比接近标准体重的鸡要推迟 1~4周;饲料转化率低,易感染疾病,死亡率高。所以,提高群体整齐度,必须减少群体中较轻体重的个体数。饲养环境要符合限喂要求,如光照强度和时间、温度、通风,尤其是饲养密度,饮水量和食槽长度都应满足鸡能同时采食和饮水的需要。否则强者多吃,体重越大,弱者越来越少吃,体重越小,难以达到群体发育一致要求。最短时间内给所有鸡提供等量分布均匀的饲料,应在 3 分钟内栏内同时吃到料,效果较好。从 105 日龄(15周龄)开始,到 126 日龄(18 周龄)为止,鸡群应逐渐转变成每天喂料。这种转变应逐步从喂 4 限 3,到喂 5 限 2,再到喂 6 限 1,直到每天喂料。

为了保持年轻鸡群良好的均匀度,应在足够的时间内让种鸡自由采食,达到或超过 14 日龄的体重标准。此外,还必须遵循少量多次增加喂料量的原则。育成期种鸡 1~21 日龄维持料量不变的最长天数为 4 天,22~35 日龄为 5 天,36~49 日龄为 9 天,50 日龄以上为 10 天。

(1)分栏饲养:在限饲前对所有的鸡逐只称重,按体重大、中、小分栏饲养,并随时对大、中、小个体作调整。对体弱和体重轻的鸡抓出单独饲养,减轻限喂程度,或适当加强营养,这对提高性成熟的整齐度有一定的效果。

分栏的最佳时机是在 28 日龄(4 周龄)。鸡群在分栏前,所有栏的鸡必须抽样称重。这时鸡群的变异系数通常在 10%~14%。如果分栏早于 28 日龄(4 周龄),分栏不一定持久有效。如果 35 日龄(5 周龄)以后分栏,让鸡群在指定日龄(如 63 日龄,9 周龄)恢复均匀度,达到体重标准的有效时间就太短了。在多数情况下,当鸡群的变异系数在 12% 左右时就应进行分栏。

在种鸡入舍前就要考虑到日后分栏的实际需要,把分出的小鸡放进事前为分级留着的空栏和空舍。考虑到特殊情况(如变异系数大于12%),饲养公鸡和母鸡可以被分为3个栏。当鸡群仅限于本鸡舍内进行分栏时,需要有两个即可。分栏以后,各栏内体重的变异系数在8%以下。

每个鸡都要单独称重,再精确分栏。对体重刚好处于两组分界点上的鸡,应放入变异系数较低的栏。分栏后,应对每一栏重新称重,确定平均体重和均匀度,以确定体重标准和喂料量。

①小体重鸡群:如果分栏后体重差在100克以内,要求在63日龄(9周龄)达到标准体重;如果分栏后体重差超过100克,105日龄(15周龄)前的体重曲线应该向下平移,最终在140日龄(20周龄)时达到体重标准。

②中等体重鸡群:分栏后体重差在50克以内,要求在42~49日龄(6~7周龄)时达到体重标准。

③大体重鸡群:分栏后体重差100克以上,应该重新绘制体重曲线,在56~63日龄(8~9周龄)达到体重标准。如果9周龄仍然超重,应重新设定体重标准,使之平行于体重标准曲线。这时如果让鸡群回到体重标准,将降低高峰产蛋率及受精率。

如果鸡群分栏较好,通常没有必要对鸡群再次进行分栏。在10周龄时要检查各栏的体重标准的关系,体重相似和喂料量相似栏可以合并。

(2)均匀度的保持:12周龄后要根据胸肌丰满度,把瘦弱鸡挑出单独饲养。肌肉的丰满度监测的部位有胸部、翅膀和下腹部三处。12周龄后的均匀度能不能保持,主要是靠精细化管理,而不再是靠调整大小鸡和料量来控制。

①胸部的丰满度:15周龄鸡只胸部的肌肉应覆盖胸骨,使胸部横截面呈"V"形,而不能呈"Y"形和"U"形。21~22周龄,料量增加较大,鸡只增重加快,胸骨两侧有丰满的肌肉,呈丰满的"V"形。25周龄鸡只胸骨两侧有丰满的肌肉,略呈"U"形。30周龄鸡只胸骨则呈丰满的"U"形。

②翅膀的丰满度:鸡只翅膀的丰满度,是通过挤压鸡只桡骨与尺骨之

间的肌肉来监测。20周龄鸡翅膀的丰满度较低,非常像人小拇指尖的含肉量。25周龄鸡翅膀得到发育,感觉像人中指尖的含肉量。30周龄鸡翅膀的肥瘦程度达到最高水平,应像人大拇指尖的含肉量。

③性成熟均匀度:主要表现是主翼羽更换情况,一般以主翼羽残留根数介定种鸡体形发育的快慢(表36)。

表36　　　　　　　　　　　　鸡主翼羽残留根数

周龄	9	10	11	12	13	14	15	16	17	18	19	20
根数	9	8.5	8	7.5	6.5	5.5	5	4	3.5	3.25	3	2.5

④体形均匀度:胸骨长度应达标(表37)。

表37　　　　　　　　　　　　鸡胸骨长度

周龄	1	2	3	4	5	6	7	8	9	10	11	12
胸骨长度	4.4	5.1	5.7	6.4	6.9	7.4	7.9	8.4	9	9.4	9.7	10.2
周龄	13	14	15	16	17	18	19	20	21	22	23	24
胸骨长度	10.7	11.1	11.4	11.8	12.2	12.6	12.7	13	13.1	13.3	13.5	13.8

(3)影响均匀度的因素:鸡数不准,如串栏、调鸡数乱、死淘未减等。饲料量不准,如计算失误、栏与栏放混、秤有误等。加料不均匀,如料桶内不均匀、料桶间不均匀等。限饲方法不合理。光线不均匀,灯泡质量差,有亮有暗,导致发育不均匀。鸡舍漏光,鸡偷料吃导致发育不均匀。料位过多、过高,或料位水位不够。放料速度慢,不均匀。饲料浪费,如加料、称料、放料时浪费,饲喂器维修安装不当。饲养面积不够。水线损坏,水量低。称重比例太少,取样不准确,要定点、定时、定顺序、定人。称重计算失误或弄虚作假、投机取巧、误导主管。没有及时调群,分大、中、小、特小鸡。

7.种鸡各阶段体重的控制

为使后备肉用种鸡达到目标体重,必须按照生长发育状况分阶段调节,控制其增重速率和整齐度,以保证其身体生长发育与性成熟同步发展。

(1)1~4周龄:从育雏开始,首先要根据初生重和强弱情况将鸡群分群饲养,尽量消除早期因种蛋大小、初生重的不同而对雏鸡体重整齐度造成的影响。在免疫、断喙期间,挑出大小鸡单独饲养,大鸡采取提前控料,小鸡可延长自由采食时间,有助于提高第一周的整齐度。这个阶段要求鸡体充分发育,以获得健壮的体质和完善的消化机能,为限制饲喂、控制体重做准备。所以,此阶段采用雏鸡料,并在1~2周龄内自由采食,3~4周龄开始轻度限饲。

(2)4~10周龄:鸡逐只称重,并按体重大小分群。为抑制其快速生长的趋势,改育雏料为育成料,并开始限饲,一般从6/1制过渡到5/2制。此阶段父母代种鸡快速生长和发育,鸡体的消化机能健全饲料利用率高,只要少量饲料就能增重。为使鸡骨骼发育健全并减少脂肪的沉积,要严格控制生长速度,使其体重沿着标准生长曲线(各公司有资料介绍)生长。

(3)10~15周龄:鸡生长发育不随喂料的变化产生明显反映,需要定期少量增加喂料量(1~2克/只·天),使种鸡按体重标准生长。如果种鸡体重超过体重标准100克以上,应重新绘制一条平行于标准的生长曲线,作为新的体重标准。即不管体重是否超过标准,都应遵循标准的周增重。

(4)15~22周龄:鸡骨骼生长已基本完成,肌肉和内脏器官迅速生长发育,使20周龄体重处在体重标准曲线的上限。每周饲料量增加幅度较大(参照各公司的推荐料量),不管鸡体重大小,都要增加10%~15%喂料量,以期体重增加刺激生理变化并达到性成熟。如果增重未能达到体重标准,将导致开产日龄推迟。

为了适时开产和迅速达到产蛋高峰,一般从22周龄起改喂生长料为种鸡料。有的育种公司推荐从15周龄最迟18周龄,改喂生长料为预产料,到22周龄再换成种鸡料,具体方法参照各公司提供的资料。

(5)22周龄~210日龄:随着种鸡接近性成熟,应供应充足的营养,及时补偿各种饲料之间能量的变化。105日龄时,种母鸡的实际体重都要和标准体重进行比较,平行于标准体重曲线而重新绘制210日龄鸡体重的曲线。按照新的曲线给种母鸡增加体重,确保种母鸡逐渐向性成熟完成生理转换,并在210日龄达到性成熟。

尽量从105日龄,最迟从126日龄起采用每日饲喂。一般鸡群126日龄便接近性成熟,每日的营养供给不能减少。如果推迟采用每日饲喂的时间,每天的供给就会时高时低、时有时无,造成鸡群均匀度差。

种母鸡一般在18~23周龄转产蛋鸡舍,种母鸡的饲喂位置不能少于15厘米。转群前后隔一天增加一定饲料量,对鸡群的应激有好处,光照程序也要做好衔接。

8. 育成期的光照管理

在育成期,可通过利用光照调节种鸡性成熟的快慢。光照强度和光照时间对鸡的发育都有影响。如果光照过强,不仅对鸡的生长有抑制作用,还会引起啄肛、啄羽、啄趾等恶癖,光照过低就会影响实际操作。

一般要求育成期10~20勒克斯就可以,光照11~12小就能激活鸡脑垂体分泌激素,促使性腺开始发育。

一般母雏长到10周后,如果光照时间过长,就会刺激卵巢发育,使其早开产,产蛋小;在开产后不久又停止,种蛋合格率低。光照时间应逐渐减少,只要短于11小时,都可以使性成熟推迟。在此期间,光照时间延长或光照时间多于11小时,将刺激鸡性成熟,使性成熟提早。

(1)环境密闭控制鸡舍的光照:育成期鸡舍密闭且无任何光线进入,都是人工光照,光照效果完全取决于光照强度的控制,要避免进风口、风机口、门窗等处漏光。遮黑过程中光照强度应低于0.4勒克斯(0.04烛光),应定期检查鸡舍的遮光效果。

种鸡应在10周龄前,最好从3周龄开始采用恒定8~9小时的光照,光照强度为10~20勒克斯。如果鸡群出现啄羽和啄肛现象,舍内光照强度应进一步降低。注意整个发育后期光照时间都不能增加。

种公鸡的光照要求同种母鸡。

(2)控制光照方法:一般采用恒定的光照方法,即1~3日龄光照24小时,4~7日龄14小时,8~14日龄为10小时。15~18日龄,最迟不能超过21日龄,采用恒定光照8小时。如果鸡群发育良好,在2周龄前达到体重标准,恒定光照时间可以提前到14日龄以前。如果体重在2周龄前达不到标准,恒定光照时间可以推迟到 14~21 日龄期间实行。恒定光照可持续到 20 周龄,在雏鸡进入鸡舍后的 1~5 日龄,采用较强的光照强度,育雏区域在保温伞下为 80~100 勒克斯,鸡舍内 5~10 勒克斯,恒定光照期间 5~10 勒克斯。如果鸡出现啄羽现象,应进一步降低光照强度。

（3）减光原则:育雏期、育成期内绝对不能增加光照时间和光照强度;光照时间逐渐减少,4 周龄前恒定为 8 小时,光照强度应控制在 5 勒克斯;8 小时光照时间外进入鸡舍,应保证绝对黑暗。光照程序如表 38 所示。

表 38　　　　　　　　　　　　　　光照程序

日龄	1	2	3	4	5	6	7	8	9	10	11	12	13	14
光照时间	24	23	23	22	21	20	19	18	16	14	12	10	8	8

五、产蛋期饲养管理

肉种鸡产蛋期较为关键,饲养管理对整批鸡的饲养成功起着重要作用。目前种鸡一般在 23 周龄开产,29 周龄达到产蛋高峰,63~65 周龄淘汰,整个产蛋周期约产种蛋 170 枚,提供合格鸡苗约 130 只。下面根据目前最常见的"两高一低"的鸡舍结构,来介绍产蛋期管理要点。

1. 产蛋率 5% 前种母鸡的饲养管理

利用光照和饲料刺激,使种母鸡产蛋。种母鸡应该按照正常体重曲线的饲喂程序进行饲喂,并按照所推荐的光照程序进行加光,这样种鸡群才能适时开产(见育成期光照控制部分)。

（1）19~23 周龄喂产前料,见蛋后逐步过渡为产蛋料。21 周龄以前不能超重,若超重说明 18~20 周龄每周给料多或基础料量高。15~18 周龄换产前料以后,每周增量要慎重,没有经验或把握不大,则每周称重两次。每周加料要依据周增重多少,同时参考前两周的周增重。

（2）21~25 周龄是卵巢发育成熟期,此阶段周增重相对快一些是应该的,但要掌握每周最大增重不超过 150 克。

（3）根据母鸡体成熟和性成熟(耻骨间距达 4 厘米),选择在 21~22 周龄进行光照刺激,把光照强度提高到 35 勒克斯以上。第一次加光要求不低于 4 小时,给种鸡足够的光照刺激,促进其开产;22～23 周龄加光 12 小时,产蛋率 5% 时加光 14 小时,产蛋率 55% 至高峰时加光 15～16 小时。

(4)不同年龄种母鸡的耻骨间距。母鸡 84～91 日龄时耻骨间距为闭合,119 日龄时 1 指宽,见蛋前 21 天 1 指半宽,见蛋前 10 天 2 指至 2 指半宽,产蛋时为 3 指宽。

(5)开产鸡的训练。公母必须严格分开饲喂,母鸡吃母鸡料,公鸡吃公鸡料;将公鸡料线提高到 50 厘米,让公鸡养成抬头吃料的习惯;调节母鸡料线不要太高,养成低头吃料的习惯;在喂料时加强训练,经常赶动鸡群,将棚架上的公鸡赶到垫料上,垫料上的母鸡抓到棚架上,让不守规矩的鸡只逐渐养成习惯;给公鸡提前穿鼻签或者调整好母鸡料线的限饲格,防止公鸡偷吃母鸡料。

2. 产蛋率 5% 到产蛋高峰期间种母鸡的饲养管理

该阶段是产蛋的快速增长期,产蛋率每天增幅在 4% 左右,光照强度和时间、料量变化都会影响到产蛋率的增长幅度。

(1)饲养密度:根据鸡舍的条件及饲养设备决定饲养密度。密度太大,鸡群过于拥挤,将不利于鸡群的采食、饮水和交配,影响种鸡群的产蛋率和受精率。表 39 所示为鸡群密度以及饲喂和饮水设备空间推荐值。

表 39　　　　　　　　　产蛋期鸡群密度

项　目	产蛋期饲养面积推荐值
饲养面积	
垫料平养	4.0 只鸡/米²
棚架	5.2 只鸡/米²
采食面积	
链式料槽	15 厘米/只鸡
圆形料桶(直径为 42 厘米)	8 个/100 只鸡
圆形料盘(直径为 33 厘米)	10 只鸡/盘
饮水面积	
水槽	2.5 厘米/只鸡
乳头饮水器	8～10 只鸡/乳头
钟型饮水器	80 只鸡/个

（2）温度、湿度与通风的管理：

①温度：产蛋期适宜舍温为16～21℃，舍温高于28℃或低于16℃时应人工调节。

②湿度：产蛋期相对湿度标准为55%～60%，湿度偏高时应加强通风；湿度偏低时，可增加带鸡消毒次数或垫料洒水加湿，防止舍内粉尘过多，影响鸡的呼吸道。

③通风：更换新鲜的空气，提高舍内空气质量，调节舍内温度。春秋季节通风，仅通过调节风机的开启数量和开启进风口，就能保持舍内有一个比较理想的环境。夏季采用纵向通风，当舍温超过28℃时必须启动湿帘降温系统，同时开启风扇，尽可能降低温度。根据当日的气温来调节开启湿帘和启动风扇的数量，调至适宜温度。冬季通风与保温是一对难以调和的矛盾，因此，在冬季通风通常称为换气，采取最小通风量，由纵向通风改为横向通风。当温度低于15℃时，通常要启动供温系统，同时调节昼夜温差在2℃以内。

通风模式和具体操作参考育成期。

（3）饲喂管理：

①喂料时间：产蛋期一般采取开灯前先将饲料布满整栋鸡舍，开灯后让鸡同时采食，有利于鸡只分布均匀，摄入营养均衡，减少饲喂应激。

②高峰料的设定：在正常温度（21℃），下高峰料应为193千焦/只·日。每上升或下降3℃，能量的需求会增加或减少63千焦（即鸡舍温度每升降1℃，料量加减1.8克）。如果饲料的能量水平为11 550千焦，那么夏季的高峰料量为165～167克/只·日，冬季为168～175克/只·日。高峰料的高低取决于当地的饲料营养高低。

③加高峰料的方法：产蛋5%前，根据鸡体重情况把育成料过渡为预产料，当见第一枚蛋后（约23周）再由预产料过渡为产蛋料，争取在产蛋率5%之前换完，这样可减轻高钙引起的拉稀现象。

当产蛋率达5%时开始使用高峰料饲喂程序，采用每日加料或隔日加料方法，一般设定在产蛋率达65%～70%时加至高峰料。首先要确定加料方案，主要是参考种鸡群20周龄时的体重均匀度和丰满度，这些特征决定着开产前第一次加料幅度。如果鸡群的变异系数<10%，应在产

蛋率达到5%时第一次加料;如果鸡群的变异系数>10%,则第一次加料推迟到产蛋率达到10%时,以后按照产蛋率和蛋重情况来加料。

高峰料添加按照"慢—快—慢"的原则,在体重、蛋重正常的条件下,30%以前料量增幅不能超过1.5克/天;产蛋率达到50%以后,可以加大加料幅度至3~4克/天;70%产蛋率加到161~163克;产蛋率75%加高峰料2克/天。表40为高峰料的添加实例。

表40　　　　　　　　　　罗斯308父母代肉种鸡高峰料的添加

产蛋率	料　量	加料幅度	
5%	130	基础料量	
30%	135	6%~30%	1克/天
40%	138	31%~40%	1.5克/天
50%	142	41%~50%	2克/天
60%	150	51%~60%	4克/天
70%	162	61%~70%	3克/天
75%	168	71%~75%	2克/天

④饲养管理要求:密切注意鸡群的各项指标,至少每周称一次体重,保证每周体重增长10~20克;每日统计产蛋率上升幅度;每日抽测一次蛋重,关注每日蛋重变化;每日统计采食时间;鸡只状况(丰满度、颜色)至少每周统计一次;鸡舍温度(最高和最低温度)每日统计一次。

确定增加料量时,首先考虑每周周增重、蛋重及增长的状况。如果鸡群的蛋重或体重已偏离所期望标准,应该提前或推迟增加料量。高产鸡群增加的料量可超过实际规定的高峰料量(如鸡群产蛋超过标准时)。

环境温度也是影响鸡只能量需要的主要因素。我们要求的基准温度是20℃,当温度发生变化时,就要调整产蛋种鸡的能量需求。如果从20℃降到15℃,每天每只鸡应增加126千焦的能量。如果从20℃上升到25℃,每天每只鸡应减少105千焦的能量。25℃以上,温度对能量的需求并非同温度变冷那样呈线性关系。超过25℃,饲料成分、饲料量和环境温度的管理都应考虑避免热应激。温度对能量需要的影响,也随着鸡群年龄产生变化。

⑤饲料消耗的时间:鸡群吃完料的时间是观察鸡群获得足够能量水

平的重要指标,鸡群年龄、温度、料量、饲料特性、饲料营养水平和质量等都是影响因素。当所提供的饲料量超过需求,鸡只吃料的时间就会较长;相反,料量不足时,鸡只吃料的时间就会很快。鸡只吃料时间的突然变化,还应考虑疾病、温度等因素。

(4)蛋重与饲料控制:根据每日蛋重的变化趋势判断总营养摄入量是否平衡,从而调整料量。

每天在收集第二遍种蛋时随机抽取 120～150 枚(不包括双黄、特小蛋、畸形蛋),算出平均蛋重,将每日蛋重绘在蛋重标准曲线图上。如果鸡群摄取的料量正确,蛋重通常会按照蛋重曲线平行增长。如果鸡群的料量不足,蛋重同常规相比会停止增长4～5 天,校正这种现象的方法是将原计划的下一次增料时间提前。如果这时料量已经达到目前设定料量,可在原定的设定料量上再增加 3～5 克饲料。平均蛋重会由于抽样的偏差和环境影响而产生波动。为此,可将曲线图上的连续几天的蛋重中心连接起来,标出实际的蛋重趋势和预测蛋重曲线。

注意日产蛋率超过75% 以后会发生蛋重不足现象,建议不要盲目采取任何加料措施,否则极易产生鸡群体重超重问题。

(5)种蛋的管理:加强对产蛋箱的管理,训练鸡只到产蛋箱内产蛋,减少产地面蛋、破碎蛋、脏蛋等的比例。要经常收集窝外蛋,至少每次捡蛋前后各捡一次窝外蛋。收集种蛋前应清洗和消毒双手(1‰～3‰新洁尔灭)。鸡只根据开灯时间、饲喂时间、周龄有不同的产蛋模式,因此收集种蛋的时间应符合鸡群产蛋的模式,一般每天捡 5 次蛋(表41)。

表41　　　　　　　　　　　每天 6 次捡蛋

次　数	时　间	比　例
第 1 次	7:00～8:00	20% 种蛋
第 2 次	8:30～9:30	30% 种蛋
第 3 次	10:00～11:00	25% 种蛋
第 4 次	13:00～14:00	20% 种蛋
第 5 次	16:30～17:30	5% 种蛋
第 6 次	20:00～20:30	1% 种蛋

种蛋的挑选：母鸡并非总是生产合格蛋，因此，饲养员应挑选出不合格的种蛋淘汰。种蛋码放应大头朝上、小头朝下，要码放整齐，不可歪倒。种蛋分为地面蛋、窝内蛋、小蛋、双黄蛋、破蛋等，便于当日记录，并有利于孵化厂安排生产。种蛋分级，42～47克为小蛋，48克以上为大蛋。种蛋上的脏物应轻轻刮掉，切记不要用水擦洗，防止伤害种蛋表面保护膜（蛋衣）。将干净的合格种蛋与处理过的脏蛋分开储存，并在分别的孵化器中入孵。饲养员根据种蛋外壳质量、形状、大小、颜色和洁净程度，挑选出合格种蛋。

种蛋的消毒：在鸡舍收集挑选完毕，立即进行熏蒸消毒，每立方米空间使用21克高锰酸钾和42毫升甲醛密闭熏蒸20分钟。调节温度在18℃左右，熏蒸完毕用风机把所有气体排除干净。

（6）产蛋箱的管理：鸡16周龄左右进行产蛋箱的维修、组装，确保在20周龄时能把产蛋箱安装到鸡舍内，最好在晚上抬入，每个24穴产蛋箱以96只鸡计算。

在18～22周龄时打开产蛋箱上一层产蛋窝，见到第一枚种蛋时打开下一层产蛋窝。将5～7天内所有产的蛋都放入产蛋箱，吸引母鸡进入产蛋窝，以减少窝外蛋。及时捡走窝外蛋。把灯泡避开产蛋箱，给鸡只提供一个昏暗舒适的产蛋环境。

每天早晨擦洗一遍产蛋箱顶部，防止舍内粉尘过多；及时维修损坏的产蛋箱；及时将产蛋箱顶上的鸡只赶走，保持清洁卫生；最后一次捡蛋之后，移出所有母鸡并关闭产蛋箱，防止鸡只趴窝，也可减少粪便污染窝内垫料；开灯之后及时打开产蛋箱；蛋窝内垫料必须保持清洁卫生、无结块和足够的量，一般占窝内体积的1/2～2/3，并每周添加1次。

（7）垫料的管理：选用较好的稻壳作为垫料，来源必须干净可靠。进舍前垫料必须通过熏蒸消毒。垫料必须达到10厘米的厚度，并保持一定的湿度（30%）。当垫料过湿时，可增加通风、加强翻动、弃掉过湿的垫料，或把部分湿垫料晒干后再放回；当垫料过干时必然引起粉尘过多，因此要每天带鸡消毒。及时清理掉垫料中的杂物（如碎砖、铁丝、板条等），以防损伤鸡只。每天要清扫一遍鸡毛、翻动一次垫料，保持鸡舍内垫料平整。必须定期更换垫料，当垫料较脏时需用新稻壳更换一次，以利改善环境。

（8）棚架的管理：棚架的板条必须笔直且表面光滑无棱角。板条走向应与鸡舍的长轴平行。整栋鸡舍的棚架必须平整,且与地面平行。定期维修更换损坏的板条。

（9）产蛋期饮水管理：产蛋期间,喂料前连续供水 30 分钟,直至吃完料后 1~2 小时。下午供水 30 分钟,熄灯前供水 30 分钟。如果环境温度≥30℃,每小时供水 20 分种;环境温度≥32℃时,禁止限水。种鸡饮水后,鸡只嗉囊应该柔软圆滑。如果鸡只饮水不够,嗉囊会很硬,还可能阻塞。

（10）产蛋期的光照管理：此阶段主要是给以适当的光照,使母鸡适时开产和充分发挥其产蛋潜力。光照时间宜长,中途不可缩短,一般以 14~16 小时为宜。光照强度一段时间内可渐强,但不能渐弱。

光照程序：在生长期光照要合理,产蛋期光照渐增或不变,光照 14~15 小时的鸡群产蛋效果较好。从生长期转向产蛋期,一般在 21~23 周龄增加光照。产蛋期的光照必须在产蛋光照临界值 11 小时以上,最少 13 小时。然后逐渐增加到正常产蛋的光照时间（14~16 小时）,保持恒定。光照最长的时间（16 小时）应在产蛋高峰（30 周龄）前一周达到为好。

生长期和产蛋期都采用开放式鸡舍饲养的,生长期利用自然光照,产蛋期需要补充人工光照。从生长期向产蛋期光照时间转变时,要逐步过渡。3~8 月份出生的雏鸡,生长后期的自然光照较短,可逐周递增,在 21~22 周龄增加光照 0.5~1 小时,至产蛋高峰前 1 周达 16 小时。对于生长期恒定光照在 14~15 小时的鸡群,到产蛋期再增加到 16 小时为止。在生长期采用渐减光照法和恒定光照时间短（如 8 小时）的鸡群,产蛋期应用渐增光照法,一般 21 周开始增加光照,到产蛋高峰前一周增加到 16 小时。光照递增的光照时数÷增加光照开始到产蛋高峰前一周的周龄数＝每周递增的光照时数。具体光照程序应参照育雏育成期光照制度。

3. 产蛋高峰后种母鸡的限饲管理

（1）种母鸡体重的控制：为了最大限度提高每只种母鸡产蛋的数量,保证种母鸡 30 周龄以后的健康身体和旺盛精力,必须按照体重标准进行增重。如果增重不足,某些种母鸡得不到足够的营养,整个产量就会有所下降。如果增重过快,生产后期的产蛋率和受精率都会降低。

肉种鸡在产蛋高峰都会达到体成熟,鸡只骨架停止生长。此时,种母鸡的体重增长是因为体脂肪积蓄造成的。通过调整饲喂料量、限制脂肪积累,来提高产蛋率、种蛋质量和孵化率。

产蛋高峰过后,鸡群的营养需求量最多,这是由于总的产蛋量仍在继续增长。

$$总产蛋量 = 平均蛋重 \times 日产蛋率(\%)$$

产蛋高峰过后,减料的时机和幅度主要取决于:开产后的体重变化,每日的产蛋率和增长趋势,每日蛋重和增长趋势,鸡群的健康状况,环境温度,饲料的结构和质量,高峰料量(能量摄入量),鸡群生长发育过程,吃料时间的变化。

吃料时间是指饲喂系统开始运转,至料槽或料盘中仅剩余粉末的时间。粉料一般4~5小时吃完,颗粒破碎料3~4小时吃完,颗粒料2~3小时吃完。

每次减料后,如果产蛋率下降的速度比预期的要快,应将料量立即恢复到原来的水平,5~7天后再尝试减料。

(2)产蛋高峰后减料的原则:产蛋高峰≤79%时,周产蛋率呈下降趋势时,按50.4千焦/只·天减料;1周后再按50.4千焦/只·天减料;再过1周后,每周按4.2~12.6千焦/只·天开始减少料量,直至减料量达到高峰料量10%为止。如果料量减少,产蛋率下降较快,应将料量立即恢复到原来的水平,5~7天后再尝试减料。确保料量的变化适合环境温度的变化并观察吃料时间,确定料量是否合适。

产蛋高峰80%~83%时,周产蛋率呈下降趋势,按67.2千焦/只·天减料;1周后,再按25.2千焦/只·天减少料量;1周后,每周按4.2~12.6千焦/只·天开始减少料量,直至减料到高峰料量10%为止。

产蛋高峰≥84%时,鸡群常常会体重不足,过量的减料会损害潜在的高产量,且易造成抱窝和换羽的问题。应密切注意吃料时间,按需要调整料量。维持高峰料量直到产蛋率下降到83%时,然后以周为基础,按照10.5千焦/只·天标准减料,直到减料达到高峰料的10%为止。

（3）减料参考的生产因素：如体重、蛋重、产蛋率、采食时间等，31～55周减去总高峰料的15%，31～40周减去15%的50%，31～35周减去50%的60%。

（4）减料注意事项：

①鸡群产蛋高峰正值炎热天气时，减料的幅度和速度应大些。然而环境温度下降时则需要增加料量。当遇到温差较大时，应密切观察鸡群吃料时间。减料要看吃料时间有没有变化，没有变化说明种母鸡的料量足够。如果料量减少，吃料时间也随之下降，则要等两周后再进行下一次减料。

②如果产蛋率出现非正常下降，应立即恢复到原先的料量。如果产蛋率没有恢复，则说明不是减料造成的产蛋率下降。如果产蛋率没有达到正常的水平，料量增加不应超过特定的高峰料量。

③产蛋高峰后有计划地减少喂料量，使鸡群周增重稳定在15～20克，这样可以维持较好的产蛋率、体重和蛋重。在产蛋高峰后5周内开始第一次减料，具体时间取决于鸡群的状况、体重、饲料质量和鸡舍的环境温度等。从产蛋高峰到淘汰期间总代谢能减少量最多不超过294千焦/只·天。

④分季节增减饲料营养。产蛋期特别是产蛋后期，日粮营养应根据季节而变化。夏季气温高时，适当减少能量饲料，同时补充维生素C；冬季气温低于10℃时，则要适当增加能量饲料、减少蛋白饲料，并加喂粒料。

⑤适当增加饲料中钙和维生素D_3的含量。产蛋高峰过后，蛋壳品质往往很差，破蛋率增加。在每日下午3～4点钟，在饲料中额外添加贝壳砂或粗粒石灰石，可以增加蛋壳的强度，有效改变蛋壳品质。添加维生素D_3，能促进鸡对钙磷的吸收。

⑥适当添加应激缓解剂。年龄较大的鸡，对应激因素往往变得特别敏感。当鸡群受应激因素影响时，可在饲料中添加60×10^{-6}的琥珀酸盐，连喂3周；或按每千克饲料加入维生素C 1毫克，以及加倍剂量的维生素K_3，可有效减缓应激。

⑦适当添加氯化胆碱。在饲料中添加0.1%～0.15%的氯化胆碱，

可有效防止蛋鸡肥胖和产生脂肪肝,因为胆碱有助于血液内脂肪的运转。

⑧保持充足的光照。每日光照保持在16~17小时,光照强度15~20勒克斯,可延长产蛋期,提高产蛋率5%~8%。

⑨适当淘汰低产鸡。为提高产蛋率,降低饲料消耗,应及时淘汰经常休产的鸡、过大过肥或过小过瘦的鸡、病残鸡及过早停产换羽的鸡。

六、种公鸡的饲养管理

种公鸡应生长发育良好,具有强壮的体格,适宜的体重,活泼的气质;性成熟适时,性行为强且精液质量好,授精能力强,利用期长等特点。

1. 育雏期管理

育雏阶段管理对于雏鸡的健康和将来的生产性能会产生持续性影响,所以非常重要。育雏期的目标是确保良好的早期发育和尽可能提高体重均匀度,这就需要提供最佳的育雏环境,保证雏鸡能很好地采食、饮水和取暖。

(1)光照:合理的光照有利于雏鸡的采食和饮水。育雏区域的光照强度要求均匀。前1~3天的光照时间是23小时,光照强度30勒克斯以上;3天以后光照时间可逐步减少,到第10天左右光照时间可减少到8~10小时,光照强度为10~20勒克斯。

(2)保温:同育雏期母鸡的管理。

(3)饲喂:育雏期间雏鸡应该实行每日饲喂。育雏前5~7天应补充一些额外的料盘,提供充足的料位,以刺激雏鸡采食。所有的料盘应都放置在温度适宜的育雏区域内。育雏料要求质量好,可以饲喂粗颗粒的粉料,但是最好饲喂颗粒破碎料(参考罗斯或AA父母代饲养管理手册)。在育雏区域的垫料上铺上纸,并将饲料撒在纸上,刺激雏鸡开食。

(4)饮水:雏鸡到达前,预先准备好清洁、新鲜的饮用水。饮水管理不当会造成雏鸡脱水,甚至死亡,并且造成将来的均匀度问题。每1 000羽雏鸡至少提供5~6个钟型饮水器及10~15个饮水壶,再补充一些额外的饮水设备。补充的饮水器应连续使用到3~7天,并且放置在育雏区域内,保证雏鸡在不超过1米范围内方便地找到饮水。饮水温度很重要,水温太低雏鸡会着凉,但是水温也不能超过20℃。

（5）嗉囊充盈度：雏鸡的嗉囊充盈度是判断育雏开食的很好指标。雏鸡开食 8 小时后则达到 80%，24 小时后则达到 95%。任意抽取 30 ~ 40 羽雏鸡，轻轻地触摸雏鸡的嗉囊，应该饱满、圆而软。如果雏鸡的嗉囊饱满，但还是能触摸到颗粒料时，说明雏鸡的饮水量不足。

（6）体重控制：0 ~ 4 周龄开始应任鸡充分发育，使骨骼、韧带、肌腱等运动器官能够支撑将来的体重。一般此期间蛋白质含量应在 18% 以上，否则会影响以后的授精能力。在 4 周龄应分栏管理，分栏后体重与标准体重差在 50 克以内的鸡，在 6 ~ 7 周龄达到标准体重，从 6 周龄开始光照降到 11 小时以下。

2. 育成期管理

（1）公母分饲：为了更好地控制公鸡的骨架发育和体重，使公鸡、母鸡能按照各自的要求和特点生长发育，最好在育成期将公母分开饲喂。育雏期、育成期种公鸡和种母鸡的饲养管理原则相同，但体重生产曲线和喂料程序却不一样。虽然种公鸡数量少，但起着 50% 的作用，因此，种公鸡和种母鸡在达到适宜的体重目标方面同等重要。分饲可给公鸡提供更多的光照，促其早期生长，以获得较大骨架发育。

（2）饲喂：应该提供足够的料位，满足所有公鸡同时采食。公鸡的采食位置应该从 3 周龄时的 5 厘米/羽提高到 22 周龄时的 18 厘米/羽（表 42）。

为了提高育成期公鸡均匀度，隔日饲喂是比较有效的饲喂方法。当然，如果隔日饲喂时出现"噎食"现象，也可以采用其他的饲喂程序或每日饲喂（表 43）。

表 42　　　　　　　　　种公鸡采食位置

年　龄	雏鸡喂料盘	槽式饲喂器（厘米/羽）	盘式饲喂器（厘米/羽）
0 ~ 10 日龄	80 ~ 100 个	5	5
10 ~ 7 周龄		5	5
7 ~ 10 周龄		10	10
10 ~ 20 周龄		15	10
>20 周龄		18	18

表43　　　　　　　　　　　种公鸡限饲程序

程序	星期一	星期二	星期三	星期四	星期五	星期六	星期日
每日	√	√	√	√	√	√	√
喂6限1	√	√	√	√	√	√	×
喂5限2	√	√	√	×	√	√	×
喂4限3	√	√	×	√	×	√	×

注:√喂料日;×限料日。

(3)饮水管理:公鸡3周龄以后,槽式饮水器1.5厘米/羽,乳头饮水器8~12羽/个,杯式饮水器20~30羽/个。饲喂的同时供应水,采食完饲料后2小时限水。限饲日如果不限水,公鸡大量饮水可造成垫料潮湿。潮湿的垫料可产生氨气,造成公鸡脚底溃烂。

(4)光照:公鸡的光照程序应和母鸡一样。育成期采用固定光照8~12小时/天,光照强度10~20勒克斯,如果出现啄羽情况,可将光照强度适当降低。

(5)体重控制:育成期公鸡体重应该按照标准体重增长,整个育成期间必须预测好公鸡的周增重,以决定正确的饲喂量。为了获得正确的周增重,必须对鸡群进行正确的称重。随机抽取50~100羽公鸡或抽样群体15%的样本进行称重。样本内的所有鸡只都要进行称重。每周的称重日期、时间应一致,并且最好在限饲日或者饲料吃完后4~6小时进行称重。

①8~9周龄:此时鸡的体重控制特别重要,公母分群饲养较适宜。一般自9周龄开始喂以较低浓度的蛋白质,要求蛋白质含量为15%。当4周龄分栏后体重超体重标准100克以上,应该重新绘制体重曲线,使之在56~63日龄(8~9周龄)达到体重标准。如果9周龄仍然超重,应重新设定体重标准,使之平行于体重标准曲线。如果4周龄时称重体重低于标准体重,相差100克以内的应9周龄达到标准体重;4周龄称重时低于标准体重100克以上的,把105日龄前的标准曲线平行下移,最终使其在140日龄达到标准体重。

②10~15周龄:在这期间公鸡的睾丸开始发育,骨骼已经定形,通过抽样称重,各栏的体重和体重标准相比,体重相似和喂料量相似的栏可以合并。如果这时鸡体重超重,应重新制订体重标准,使其平行于标准体重曲线。通过减缓下一步的增料计划来降低增长速度,不能降低目前饲喂料量的水平。如果这期间体重达不到标准体重,要求制订一条平行于标准体重曲线的生长线,使其在20周龄前达到标准体重。光照时间应限制在11小时以内,超过可能出现早熟现象。

③16~22周龄:要求体重的增长按照标准体重曲线同样增长,如果实际体重在15周龄偏离体重标准5%以上,我们应该重新绘制体重标准曲线,使其与标准体重曲线相平行。如果是在逆季,公鸡可能要比母鸡早成熟,我们可推迟公鸡光照刺激时间,推迟与母鸡的混群时间,降低早期混群的公鸡比例,逐步增加公鸡数量。

(6)控制均匀度:公鸡均匀度差,会造成产蛋期公鸡死淘率增加。育成期如果公鸡的骨架和体重均匀度有问题,那么应该采取措施提高公鸡的均匀度。在公母分开育成的情况下,如果公鸡均匀度较差,可以将公鸡群按体重大小分成若干小栏,进行分栏饲养。将体重较小的公鸡单独饲喂,增加饲喂量,使体重逐步达到标准;控制饲喂体重较大的公鸡。分栏饲喂的最大问题是必须保证各栏的鸡只不互相窜栏。

3. 成年期管理

(1)饲喂设备:如果采用盘式自动喂料系统,料盘的数量很重要。每羽公鸡的采食位置应该是18厘米。一般每个料盘公鸡不能超过10羽。公鸡采食完饲料后应将喂料系统升高,加好下一天将要饲喂的饲料,第二天喂料时再将喂料系统放下,这样能保证饲料的均匀分配而且所有公鸡同时采食。

喂料器高度:无论采用什么类型的喂料器,都应调整好喂料器的高度,必须既保证母鸡不能偷吃到公鸡料,又必须让所有公鸡都能平等地采食到饲料。正确的喂料器高度,可根据公鸡骨架大小和喂料器类型加以调整。正常情况下,公鸡喂料器的高度应高于垫料50~60厘米。

料盘或料桶:料盘必须固定,防止晃动而减少采食位置。如果固定的料盘或料桶在公鸡采食时还有倾斜,则说明喂料系统设置得太高。

(2)喂料时间:公鸡的饲喂时间应比母鸡晚 5~10 分钟,以防止母鸡从公鸡喂料器中偷吃饲料。

(3)饲料质量和营养:配种期公鸡的饲料质量和营养水平必须符合要求,以保证公鸡良好的体况和较高的受精率(可参照父母代种鸡饲料营养标准)。

(4)饮水系统:公鸡的饮水系统应该位于垫料区域,并且要有足够的饮水位置。如果是乳头饮水系统,每个乳头 8~10 羽公鸡;如果是钟型饮水器,每个饮水器 20~30 羽公鸡。乳头饮水系统如果管理良好,水流量足够又不漏水,要好于钟型饮水器。

(5)喂料器管理:公母混群后,公、母鸡应该采用不同的饲喂系统,以控制公鸡、母鸡的体重和均匀度。严格限制公鸡从母鸡饲喂系统中采食,是产蛋期公鸡管理的重要环节。母鸡料线的限饲格,要求宽度 44~45 毫米、高度 57~64 毫米。

(6)公母混群:通常公、母鸡在 126~161 日龄(18~23 周龄)开始混群,保证种公鸡和种母鸡都已达到性成熟。如果种公鸡群内性成熟不一致,可以先把已经性成熟的种公鸡与种母鸡混群。一般在 22 周龄时先用 5% 种公鸡与种母鸡混群,23~24 周龄再增加 2% 种公鸡,剩下的种公鸡在 28 周龄前后加入种母鸡群。要特别注意未成熟的种公鸡不应与种母鸡混群。如果混群早于 22 周龄,种公鸡比较容易偷吃母鸡料,使喂料量很难掌握。

①公鸡的选择:在公母混群时,应选择体重基本一致、体态无异常、腿和脚趾强壮且直、羽毛光亮、体形直、肌肉健壮发达的种公鸡。再就是选择第二性征比较突出、繁殖性能比较优秀的种公鸡,如肉垂和鸡冠发育良好,脸和鸡冠的颜色鲜红的比较突出。

②公母鸡比例适宜:公母鸡比例适宜是保持良好受精率的重要措施,每周都要对公母鸡比例进行评估,按照表 44 中规定的公母鸡比例数及时淘汰多余的公鸡。淘汰时首先要淘汰有残疾、表现不活跃的公鸡(罗斯 308 父母代肉种鸡手册)。

表44　　　　　　　　　　　　适宜的公母鸡比例

日龄	周龄	种公鸡数/100 只母鸡
133	19	10 ~ 9.5
140 ~ 154	20 ~ 22	9.0 ~ 8.5
210	30	8.5 ~ 8.0
245	35	8.0 ~ 7.5
280	40	7.5 ~ 7.0
315 ~ 350	45 ~ 50	7.0 ~ 6.5
420	60	6.5 ~ 6.0

③防止过度交配:种公鸡过多就会造成交配过度,受精率、产蛋率、孵化率都会降低。如果发现种母鸡头部和尾部羽毛移位、受损,进一步发展到羽毛脱落,就是一种交配过度的信号。如果公母鸡比例不减少,情况就会进一步恶化,种母鸡出现大面积脱毛,皮肤被抓破,造成产蛋率下降。当种公鸡的羽毛过分受损时,也说明种公鸡数量过多。种公鸡过多,由于种公鸡对种母鸡的竞争,会影响种母鸡的最佳交配次数,也影响受精率。所以要及时淘汰多余的公鸡,维持合适的公母鸡比例。

从189日龄(27周)起,每周两次检查鸡群是否有过度交配现象,直到210日龄(30周龄)。有过度交配则迅速淘汰多余的公鸡,开始按0.5只公鸡/100只种母鸡的比例进行淘汰,直至把多余的公鸡淘汰完。每周都要检查公母鸡比例是否合适,多余的公鸡数量是否减下来,应包括自然死亡、淘汰、适宜选种等减少的数量。

(7)胸肌发育及体重控制:在公鸡称重的同时对胸肌发育状况进行评估,骨架大小和胸肌发育应该协调。公鸡骨架较小、胸肌丰满或者骨架大、胸肌小,都不是理想的胸肌发育状态。体形修长的公鸡比较活跃,交配的成功率比体形大、胸肌多的公鸡要高。一般在16 ~ 23周龄、30 ~ 40周龄、40周龄至淘汰3个关键阶段对公鸡的胸肌发育状况进行评估。

30周龄产蛋高峰以后,通过调整喂料量控制体重,以达到体重标准。从210日龄(30周龄)开始,3周的平均周增重为20 ~ 30克。一般要求30周龄(210日龄)后每周加1克料,每只种公鸡的喂料量应在130 ~ 160

克(1 470~1 848 千焦/只·天),这也取决于饲料能量水平和环境温度及公鸡年龄大小。整个生产周期公鸡的饲喂量应持续保持增加,40 周龄以后保证每两周要增加少量的料。

(8)公鸡替换:混群以后公母鸡比例应该保持在 10% 左右,但是随着鸡群周龄的增加以及公鸡死淘增加,公母鸡比例会逐步降低。当公母鸡比例下降到 8% 时,应该补充一些公鸡,将公母鸡比例重新增加到 10%。公鸡替换计划能保持最佳的公母比例以及维持较高的受精率。那些状态不好的公鸡是很容易被发现并淘汰,但是超重、种用性能差的公鸡则不容易发现,这些公鸡一般全身被覆着较新的羽毛,肛门周围的羽毛也比较完整。替换公鸡之前,巡视产蛋鸡群中现有公鸡的状况,淘汰那些有明显问题或体形大、行动笨拙的公鸡。体形大且霸道的公鸡时常会干扰其他公鸡的交配行为,特别是那些年轻且没有经验的替换公鸡。

①对老龄公鸡的影响:每百只母鸡中新添加的 2~3 只公鸡,最初会对原鸡群中的老龄公鸡造成"恢复活力"的效应,从而提高鸡群的受精率和孵化率。新加入的公鸡对老龄公鸡提高交配兴趣有直接影响。如果原有公鸡形体素质状况良好,就会产生改善受精率的效果。如果这些老龄公鸡体重超标,或有腿病、脚病,则难以马上看到受精率的改善。原有的公鸡也许不会增加其交配次数。即便老龄公鸡各方面都好,所增加的交配频率也不会延续很长(4~6 周)。

②替换公鸡的适应性:只有性成熟的公鸡才能作替换公鸡,这一点非常重要。否则,年青公鸡在采食和饮水时将无法与老龄公鸡竞争,无法适应产蛋鸡舍的环境,结果会造成死亡率高,而受精率改进效果却微乎其微。为增加年青公鸡的适应性和被鸡群接受的机会,替换公鸡后 2~3 天要多提供一些饲料(0.9~1.8 千克/100 只)。确保公鸡料桶位置要低,以便替换公鸡能够采食。老龄公鸡会霸占采食区域,一两天未得到饲料的公鸡很容易被霸道的公鸡欺负。

③替换公鸡的影响:年青公鸡没有交配经验,需 4~6 周才能达到有效交配。如果老龄公鸡恢复了活力,它们的交配行为恰在年青公鸡开始成功交配的同时逐渐减少,维持受精率的时间可达 5~10 周。老龄公鸡和年青公鸡的比例应是 2:1。即使年青公鸡对提高或保持受精率起作

用,老龄公鸡也"功不可没"。替换公鸡取代不了老龄公鸡,替代公鸡纯粹是辅助角色。

④死亡率:除使用替换公鸡后,公鸡死亡率会增加1倍(由1%增加至2%~3%)之外,公鸡的死亡要延迟到8~10周才会停止。母鸡的死亡率也会增加,但增加幅度很小(增加至0.3%~1.0%),而且仅持续1~2周。通常在5~10周内替换公鸡产生增加受精率1%~3%的结果。有些采用替换公鸡的鸡群,受精率(好于90%)会维持到60多周。然而,有些鸡群受精率的变化则不太明显,或者说根本就没有进展。如果替换的公鸡不能适应鸡舍环境,则受精率不会有较长时间的改进。如果老龄公鸡身体状况极差,以至于它们根本无法增加交配频率,只有在青年公鸡开始有效交配时,鸡群受精率才会慢慢提高或仅仅维持于以往的水平。

公鸡管理的目标是培养出数量充足、质量良好的公鸡,提高和维持鸡群整个饲养周期的受精率。因为公鸡在整个种鸡群中的价值占到50%,所以,对公鸡的管理要求应该和母鸡同等重要。对于父母代种鸡来说,最终的生产水平取决于当初的投入大小,因此,如果在育雏期、育成期及产蛋期能严格按照饲养管理的基本要求正确执行,鸡群就有机会获得最佳的受精率和孵化率。

第四节　规模化鸡场饲养工艺

一、肉仔鸡饲养管理

首先要进行设备及部件的维护与保养,以保证即将入舍的雏鸡有干净舒适的生活环境。

1. 出鸡粪

(1)出鸡粪前的准备工作:清除饲料盘、料线内剩余饲料。将料线调至距地面1~1.5米。打开副料线开关,让其转动,使料线内饲料转完。在主料线出料口下面放置饲料袋,打开主料线电机开关,让其转动,使料塔及主料线中的饲料转完,关掉开关。逐个打开饲料盘,用饲料袋把盘内饲料装起。将料线升至最高。

（2）保护设备及配件：将拆下的料位传感器、温度探头、湿度探头，先用干抹布轻轻擦干净后，再用消毒过的抹布轻轻擦拭，清点个数后交给仓管员统一保管。

（3）加药器：由专人拆开加药器，并将所有部件浸入温度低于40℃的温水中过一夜，水中加入适量酸制剂，用软抹布轻轻擦洗，再用凡士林润滑密封圈后安装好。

（4）出鸡粪程序：管理人员根据出鸡计划及工作程序，提前通知出鸡粪承包商到场清理鸡粪。打开通风设备。出粪工将舍内鸡粪铲起，装在小车上运至舍外鸡粪车。出粪工操作时应避免损坏鸡舍设备。

2. 彻底清理鸡舍

清理鸡舍时，将任何死鸡或活鸡清除出鸡舍。清除鸡舍内所有剩余的垫料和杂物。清除残留在设备上和鸡舍地面的污物。彻底清扫地面及死角剩余鸡粪，装好运走。清理操作间、走道、热风炉处杂物、炉灰、粉尘等。打扫鸡舍周围杂物，清除鸡舍外2米以内的杂草。若鸡舍内有大量昆虫，则应在清洗鸡舍之前先使用杀虫剂清除。

3. 冲鸡舍

（1）冲洗前的鸡舍准备：关掉待冲鸡舍所有设备电源，清洗机应接其他电源。把电机、电箱等电器设备擦干净，然后用塑料纸包好，防止电机进水。将卸下的灯泡先用毛刷和干抹布轻轻擦干净，再用消毒过的抹布轻轻擦拭，清点个数，保管到进鸡前。

（2）冲洗水线：将水线调至距地面1～1.5米。打开水线末端球阀。将调压器上方冲洗球阀打开。关闭所有工作球阀，打开前端所有冲洗球阀。冲洗过程中，用皮锤轻敲水线。必须用酸制剂浸泡水线12小时以上（天冷时注意防冻）。

将有机酸按混合浓度（次氯酸钠15%、双氧水5%、过氧乙酸5%、草酸5%、甲酸%、欧克0.02%）加入水线，最好用进口有机酸。

先关闭其他水线调压阀上端进水球阀。按冲洗水线方式将有机酸加入水线（浓度大的酸制剂不能通过加药器，需要通过其他方式），至水线末端流出有机酸混合液，关掉冲洗球阀，关掉水线末端球阀。依次充满其他水线。浸泡12小时后,进行第2次冲洗水线操作;如有必要可重复进行,直至水线彻底洁净。用低浓度有机酸按上述方式加入水线,至入雏前将其冲出。用酸制剂逐个浸泡接水杯,12小时后冲洗。松动料斗主体与料管连接处卡箍,并将料斗主体转至口朝下,料线距地面1~1.5米。检查料线,确定出料口垂直向下。

(3)冲洗鸡舍:用洁净的水冲洗鸡舍和舍内设备。冲洗鸡舍应本着从上而下的原则(先冲洗房顶,再冲洗设备,最后是地面),进行全方位冲洗。检查冲洗设备,在开机前拿好冲洗枪,检查接头是否松动,出水管有无爆裂。冲洗房顶、房梁结构以及线管等。一手持枪,一手拉管子,冲洗时水压调至0.2~0.3兆帕,枪与被冲结构纵向呈30°角,枪口与被冲结构距离50~80厘米,全方位地冲洗粉尘、杂物、空中悬浮物等。

接水杯:冲洗人员一手持枪,一手拖住管子,水压调至0.2~0.3兆帕,枪与接水杯呈45°角,枪口距冲洗表面30厘米,逐个将接水杯冲洗干净。

料线及支撑管、防栖线、料线吊绳、料线管夹等各接口结构冲洗同水线。

饲料盘:冲洗人员一手持枪,一手抓住饲料盘底盖,水压调至0.2~0.3兆帕,枪与料盘呈45°角,枪口距冲洗表面30厘米,将底盖及外桶表面冲洗干净,再冲洗内桶,料盘内外应无饲料杂物。

风机冲洗:逐个冲洗扇叶、防护网、风机框架等。

洗净所有开食盘、料斗及其他用具,并拿回操作间。

鸡舍外面冲洗:逐个冲洗鸡舍外的小窗、风机,冲净外沿地面。

最后将鸡舍地面冲刷干净。

4.消毒

(1)地面消毒:

①消毒前的准备:将水线、料线调至最高。清扫舍内地面积水,晾干。饲养员配备防毒口罩、防风眼镜、绝缘胶手套、水靴。按3%配比火碱或其他消毒液,放于脚踏消毒盆中。

②操作过程:消毒开始,饲养员按3%配比火碱,每平方米喷洒0.3升,消毒整个地面。注意控制进度,喷洒均匀,死角也要喷到。严禁喷洒

到水线、料线、风机、暖风管、烟道等设备。消毒后关闭小窗,鸡舍保持密闭。待消毒完毕,关闭消毒机器,将消毒机器用清水冲洗干净后收起。严禁闲杂人员进入,进出鸡舍必须浸脚消毒。12小时进行第二次鸡舍冲洗(清水),冲洗掉溅在设备上的火碱,重点为金属类设备,如风机。打开排水洞,冲刷并清扫干净鸡舍内地面,关闭排水洞。

(2)第一次消毒:

①消毒前的准备:清扫舍内地面积水,风干,移进并摆好本栋舍内用具(开食盘、隔栏网等)。水线、料线调至距地面1~1.5米。关闭后门,打开小窗、排水洞水泥盖。湿帘处封严塑料布,补好漏缝和漏孔。按3%配比火碱或其他消毒液,放于脚踏消毒盆中。饲养员配备防毒口罩、防风眼镜、绝缘胶手套、水靴。

②操作过程:消毒开始,饲养员按配比浓度来配制消毒水,每平方米喷洒0.3升。消毒范围为鸡舍所有区域。注意控制进度,喷洒均匀,死角也要喷到。消毒后关闭小窗,鸡舍保持密闭。严禁闲杂人员进入,进出鸡舍必须浸脚消毒。

(3)全场消毒:

①消毒前的准备:在全场最后一栋鸡舍第一次消毒结束后进行全场消毒。提前按3%比例配制火碱溶液或其他消毒液。全场消毒提前用清水试机,并确保消毒机器及出水管设备运转正常。将场内杂物全部清理出场,场内杂草铲除后才能进行。全场消毒后在场内投放灭鼠药,死鼠埋入土中。消毒不得在雨天进行。

②操作过程:消毒开始,饲养员配备防毒口罩、防风眼镜、绝缘胶手套、水靴。打开消毒机器,用高压冲洗枪均匀喷洒鸡舍四周各通道(禁止用喷枪直冲地面),每平方米喷洒0.3~0.5升,一直喷洒到大门口。注意控制进度,喷洒均匀,死角也要喷到。待消毒完毕,将消毒机器用清水冲洗干净后关闭,卷起冲洗水管。

(4)第二次消毒:消毒鸡舍内的所有区域,具体操作同第一次消毒。消毒12小时后,打开排水洞,清扫干净鸡舍内地面消毒水,封好排水洞;打开通风设备,至地面彻底干燥。空舍1~2周,在鸡舍内投放灭鼠药。若老鼠找不到饲料,它们很容易吃药中毒。

(5)熏蒸消毒:

①熏蒸前的准备:将舍内灭鼠药清除出舍。实施鸡舍和舍内设备的维修和保养。检查操作间,舍内线路是否正常,接地线是否可靠接地。将料位器、温度探头、湿度探头、灯泡等拿进鸡舍并装好。开启电源总开关、副控箱各开关、607 控制仪、警报装置。顺序开启侧风机、大风机,检查是否正常运转,发现异常及时上报电工检修。开启热风炉检查供暖系统,检修引烟机电机、鼓风机电机、风管、烟管有无破损和泄漏,并上报。检修供料系统、供水系统、湿帘降温系统、喷雾系统是否正常,并上报。

铺设至少 5 厘米厚洁净干燥的垫料(近厚远薄,冬夏多,春秋少,铺匀),最常用的垫料为稻壳。清扫出一条通道,放熏蒸盆的位置 2 米² 内不得有垫料,以防止甲醛和高锰酸钾反应溅到稻壳上。将水线、料线调至距地面 1.5 米以上,靠近熏蒸盆的调至最高。将洗净消毒后的所有开食盘(每栋 120 ~ 150 个)、料斗及其他所需用具,放到鸡舍合适位置。用喷雾设备将鸡舍加湿至 80%。将 20 个容积大约 100 升的缸放入鸡舍指定位置。每个缸内倒入 3 升水,然后将甲醛分成 20 份,每份 5 升,分别倒入 20 个缸内。将高锰酸钾分成 20 份,每份 2.5 千克,放在 20 个开食盘上,分别放在 20 个缸附近。将鸡舍进行最严格的封闭,并升温至 20℃以上。

②操作过程:鸡舍大门处留两人准备关灯封门。两名操作人员,带好手套、防毒口罩,进入鸡舍后端,逐个将高锰酸钾倒入缸内,将开食盘扔到垫料上(动作要迅速)。操作完成后人员立即撤出,马上封闭门口。

③鸡舍通风:鸡舍在封闭 48 小时以后(保持温度 30℃以上),打开门窗和风机(确保风机百叶窗没有障碍),排除鸡舍内的甲醛气体。在感觉不刺鼻、刺眼后,把熏蒸容器移出舍外,放到指定位置。把溅到外面的高锰酸钾和甲醛的残留物清扫并放入编织袋,运出舍外。关闭风机和进风窗,提温至 35℃以上。打开风机通风,舍温降至 30℃以下时,关闭风机和进风口后升温。如此循环数次,直到鸡舍在 35℃时,几乎闻不到甲醛气味为止。进出鸡舍必须脚踏消毒盆。

5. 入雏

按每平方米 12 ~ 15 只进雏,夏季按每平米 10 ~ 12 只进雏;根据进雏数量,准备饲料、常用防疫消毒药物、开饮(小鸡来场第一次饮水)用的

新型职业农民技能培训丛书

畜禽养殖新技术

水,以及水中需要添加的维生素和抗应激药物。对饲养人员培训,包括饲养知识、操作技能、生产计划等,特别是对上一批养殖情况的及时总结,做到饲养人员合格上岗;养殖前要把各类记录表格发放到每栋鸡舍,让员工定点存放和及时填报,内容涉及每日死亡淘汰的数量、耗料量、饮水量、用药情况、免疫情况、舍内温度变化、风机开动情况、发病情况等。表格要简单易于填写和统计,表格要分类管理,便于以后比较分析。

(1)入雏前的准备:操作间、走道物品摆放整齐,地面清洁并消毒。鸡舍前清洁区用具、物品摆放整齐、地面干净无杂物。门前脚踏消毒盆配制好消毒液。将垫料扫平、扫匀。将料位调至刻度7,盘底装固在格栅下面。将主料

图24　准备料线

线及副料线上各部件安装好。将料线调至最低,吊绳受力(晃动吊绳时,整条料线都在动)。逐条冲洗水线。将水线调低,接水杯底部距离垫料大约2厘米。将接水杯用消毒过的抹布抹干净(图24)。

挂隔温塑料布:在育雏室的末端挂一层塑料布并固定(冬季2层)。在寒冷的冬季,采用全舍育雏可起到保温作用。所谓间隔育雏就是把鸡舍间隔3~4个小区,根据密度和温度的变化,从一开始就选用1/3、1/2、2/3、3/4等间隔育雏的方式,随着温度的降低和肉鸡的生长而不断扩群。在出栏时也方便抓鸡,一般要求2 000~3 000只肉鸡/栏。用50厘米高隔栏网将育雏室分成3个栏,固定好隔栏网。

副料线料位器安装在隔温塑料布前第二个饲料盘内。将开食盘平均分成3份,分别叠放到3个育雏栏内。开启供料系统,将饲料打入舍内。用干净饲料桶接收部分饲料,分别放到3个育雏栏内备用。尽早提前预热鸡舍,使垫料温度达到28~30℃。建议冬季提前48小时升温,夏季提前24小时升温。用喷雾设备将鸡舍加湿至80%。雏鸡到场前1小时应将药品冲入水线。洗干净手,逐个托动乳头,至接水杯充满药水。雏鸡到场前半小时,打开小窗,开启横向风机,将鸡舍温度降至26~28℃。调节

环境控制器607：进入序号01,校准时间,调为北京时间。进入序号21,将首日温度调节为33℃。进入序号22,调节温度曲线,依次将9个点调节为72.8、72.8、72.8、72.8、10.0、10.0、10.0、10.0、10.0。温度将每天自动下降0.4℃,至28日龄的22.2℃止。进入序号32,将更新时间修改为8:00(早上8点),以此时间为界自动进入下一日龄,其他参数也将依此而自动更新。将生长天数(序号31)修改调节为0或1,序号02将自动更改为首日温度33℃。进入序号04~20,调节各自参数(详见控制器说明书)。

(2)入雏：根据发票数量清点总箱数,核实是否与供应商提供的鸡数量一致。尽快将雏鸡小心地移出运雏车,并按正确的盒数将雏鸡平均放置于围栏内。抽查10箱,称重并记录。按照雏鸡数量,将雏鸡均匀分布到各个栏舍内;冬季以整个鸡舍的1/3面积育雏,夏季以鸡舍的2/3面积育雏。

倒鸡：双手平端鸡苗箱,轻而快地翻转180°,将雏鸡苗均匀倒在垫料上,一次性倒出。鸡苗箱立即转走,注意脚下的小鸡。倒完鸡苗,将空箱一并取出,运至鸡舍门外。

关闭鸡舍大门,封好。打开热风炉,将鸡舍温度提到33℃。将空箱相互叠起,装车,运出场外。

无论何时,都应在供料前让雏鸡饮水1~2小时。这样会减轻雏鸡脱水,并有助于吃料后快速吸收营养成分。工作人员1~2小时不要进入鸡舍,以使雏鸡熟悉新的环境。

6.育雏期管理

此期管理主要是正确使用设备,为鸡只提供良好的环境,确保成活率、生长率和饲料转换率达到最高水平。

(1)温、湿度控制：温度关系到肉鸡的健康生长和饲料利用率。温度过低,雏鸡卵黄吸收不良,消化不良,引起呼吸道疾病,降低饲料报酬,增加胸腿病的发生率;温度过高,鸡只采食量减少,饮水过多,生长缓慢。特别是免疫前后的温度控制会影响免疫效果,易引起小鸡发病。很多疾病都是由于温度不稳定引起,特别是在春秋季节温度控制不好,将会造成疫病流行(表45)。

表45   肉鸡各生长期舍内温度

季节	第一周	第二周	第三周	第四周	第五周	第六周	第六周后
冬春季	35~31℃	31~28℃	28~26℃	26~24℃	24~22℃	22~21℃	21~20℃
夏秋季	33~31℃	31~28℃	28~26℃	26~24℃	24~22℃	22~21℃	21~20℃

①脱温:随着肉鸡的生长发育,环境温度要逐渐降低,一般每周下降2~3℃,每3天温度平稳下降1℃,直到维持在20~23℃就可以了。脱温也要根据季节而有所变化,如冬天最好脱温到18℃左右;夏天就没有那么严格了,因为外界温度太高,想降下鸡舍的温度本来就有点困难。

②补温:在脱温过程中可能会遇到天气突变(降温天气),及时补温和提温是非常必要的,否则降温对养殖来讲就是很大的应激。另外,在免疫后应该提高鸡舍温度1~2℃。

③温度控制:温度传感器悬挂位置要远离热源,距地面高度为1米(两个温度传感器必须在育雏室内)。看鸡施温,不能只看温度计。雏鸡互不拥挤,均匀分散,呈星状分布,活泼欢快,表示温度适宜;雏鸡拥挤扎堆,尖叫,表明温度低;鸡只聚通风凉快处,远离中心,到鸡舍边缘,张

图25 正常温度下雏鸡分布

口呼吸、双翅下垂,则温度过高。合理控制取暖炉,调节好607、风机自动控制,使舍内温度稳定均匀,不能忽高忽低。22~24℃是肉鸡实现最佳性能温度(图25)。

④湿度控制:入雏时湿度达到70%以上。雏鸡在1~2周不低于60%~65%。雏鸡在3~4周要求达55%~60%。雏鸡在5周以后,湿度应在50%~55%。整个过程最好控制在55%~70%(湿度低应加湿)。

增加湿度,有炉子上烧水,过道、预温带、地面洒水,在大饮水器里存水等方法。自动加湿是目前较为先进的方法,就是用电加热锅炉中的水,再把水蒸汽通到鸡舍,增加鸡舍内湿度。这种加湿方法比较快,而且均匀,缺点是成本高一点。

降低湿度的方法,有适量通风,排除舍内潮气;加强饮水器管理,防止洒水、漏水;及时清除鸡粪或潮湿垫料,保持地面干净。

（2）通风:

①确保风机正常运转:保持扇叶和百叶窗清洁,定期清洁安全网罩,保持风机皮带紧固。

②适宜通风的好处:鸡舍适宜通风,有利于将多余的热量和湿气排出鸡舍。在排出有害气体（如氨气、二氧化碳）的同时,也将氧气带入舍内。减少尘埃,提高空气质量。提高鸡舍存栏能力。延长舍内设备的使用寿命。调节鸡舍内温度。

③通风管理:对饲养肉鸡来讲,通风是最不易管理的一个方面。通风不像饲喂和饮水那样仅需要定时定点的管理,需要持之以恒。通风量的大小及方式关系到利润和亏损的差异。负压通风是用于鸡舍最有效的通风方式。合理的负压会使进入鸡舍内的空气速度适宜,使空气混合恰到好处。合理的

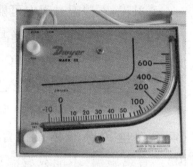

图26　合理的负压值

负压值应控制在10～20（负压表显示值,图26）。表46为风机开关时间计算实例。

表46　　　　　　1.8万只鸡规模最小通风模式的风机开关时间

日龄	开启时间（分钟）	关闭时间（分钟）	循环周期（分钟）	风机数量
1	1	9	10	1
7	2	8	10	1
14	1	4	5	3
21	1.5	3.5	5	3
28	2.5	2.5	5	3
35	3	2	5	3
42	4	1	5	3

注:风机实际运行停止时间要根据鸡舍实际情况随时调整。

（3）供水:雏鸡进入鸡舍1～2小时内要饮水,可以加入5%葡萄糖、赐益、拜固舒、水合维他。来鸡前20分钟,把开饮水加到自动饮水器的小槽中（或者其他饮水辅助设备中）。不要加得太满,以免小鸡把水弄到身

上,把羽毛打湿,可结合首日龄免疫。轻敲饮水线,吸引雏鸡;教雏饮水或敲击饮水器,浸喙于水中,使雏鸡学会饮水。同时用喷雾器将干的接水杯再次放满,如此循环一天。在第一天必须保证每只鸡都饮到水。同时将充满稻壳的接水杯清理干净。如需要强制饮水时,用手抓握雏鸡头部,将鸡嘴插入水盘内,然后迅速放开(图27)。

随着鸡日龄的增加,水压要不断调高。1～7日龄,显示管水位高度值为10～15厘米;8～14日龄为15～25厘米;15日龄以上为25～40厘米。夏天可适当提高10厘米。无论任何时候都必须保证水线中有水,并且保证乳头不堵塞、不漏水。

水线高度调整(乳头饮水器高度很重要):最初两天将乳头器调节到雏鸡眼部高度(接水杯底部距离垫料大约2厘米)。第三天提升水线,使雏鸡以45°角饮水;第四天起,逐渐升高水线;到第十天时,鸡只以70°～80°角由饮水器下方饮水(确保鸡只轻松饮水)(图28)。

图27　雏鸡供水

图28　水线角度

（4）供料：

①开食：雏鸡入舍4～5小时后开食，在雏鸡充分饮水后，将开食盘均匀放入育雏室，每个开食盘内加入0.5千克小鸡料。每次加料不要太多，可以分多次添加，目的是吸引小鸡来学会吃料。通过敲击开食盘、哄动鸡只，刺激开食。同时打开料线，将育雏室内的料盘充满饲料。

②开食盘：每天剩料"打一次折"，头天剩料第二天一定吃净，每天加料3～5次。60%料盘吃空时开始加料。第三天开始逐步撤掉部分开食盘，第四天全部撤完。第7天起开始逐渐提升料线，使料盘上缘与平均鸡背高度一致。随时观察鸡只，确保其轻松采食，一般在30%料盘无料时打料。

③换料：1～20日龄510#，21～28日龄511#小颗粒，28～38日龄511#大颗粒，38日龄至出栏513#。

随时清除鸡舍内小鸡排在料槽、水槽、开食布上的粪便；定期擦洗饮水器上的灰尘，保持饮水器干净。

每天定时在鸡舍内驱赶小鸡，但是动作要轻，不要造成应激。把弱小或者淘汰的小鸡及时用方便袋拿出鸡舍，注意消毒和无害化处理。

7. 扩群

扩群时要规范操作，使鸡群尽量减少应激。第一次扩群一般在7日龄，扩群前一天应该预热要扩群的房间，提前把料槽中打上料，饮水器中加满水，并且在水中加入一些抗应激药物，如多维、赐益、水合维他、拜固舒等。阴雨天气、气候剧烈变化天气尽量不要扩群，避免给小鸡造成大的应激。扩群时不要强行赶鸡，要打开围栏，让小鸡自己慢慢进入到新的栏舍中。

14～21日龄根据情况逐步扩圈，一般2～3次就可以把鸡群扩满整个鸡舍。扩群后继续在饮水中加入抗应激药物，连续1～2天，保证把应激降低到最小。

①扩群区准备：外界气温低时要先在扩群处挂一层塑料布，打开热风管开口。将副料线料位器移至扩群区末端倒数第二个料盘上。供料量、料线高度与育雏区一致。检查供水系统，发现漏水及时维修。待扩群区温度达到要求时，开始扩群。

②扩群过程:卷起隔温塑料布,撤掉围栏,让鸡群自由跑到扩围区。扩围后,待鸡分布均匀,重新平均放置围栏。

8.光照程序

要提供适宜的光照时间和光照强度,保证鸡只的生长率和成活率。

(1)光照系统:饲养面积每20米² 上方安一个灯泡,高度距饲养面2米。14 日龄以内每平方米2瓦,即40瓦灯泡/20米²;14日龄以上每平方米0.75瓦,即15瓦灯泡/20米²。

在实践中,主要根据鸡舍顶棚的反光能力而定,后期最暗时以鸡只看见饲料为准。实际操作时可采用间隔减灯法,降低光照强度。现在大多数鸡场都采用了荧光灯来照明,节约了用电,而且光照不是太强,不容易引起小鸡啄癖。如果考虑带鸡消毒,最好还是换成防水灯。整栋鸡舍中光照应分布均匀。灯上方的反光罩有助于提高其功效,同时也可省电。定期清洁灯泡和反光罩,以保持其最大功效。

(2)操作规范:停灯时间要固定,准点操作,一般固定在晚8点。停灯期间关闭水线,保证鸡舍内达到最低通风量;开灯后鸡抢料,活动量增大,要加大通风量。在鸡群稳定后,保证标准通风量。停灯期间,舍内温度控制在标准温度范围内,严禁超出。

(3)达到高成活率的光照程序:如表47所示。

表47　　　　　　　　　　　光照程序

日龄	光照强度(勒克斯)	光照时数	非光照时数
1~2	40~50	24	0
3~4	40~50	23	1
5~7	5~10	22	2
8~14	5~10	16	8
15~35	5~10	18	6
36至出栏	5~10	20	4

这样的光照程序有利于饲养员值班方便,一个鸡舍关灯,另一个鸡舍就开灯,同时养成开灯打料和喂药习惯。这样既可以给小鸡养成定时吃料的生物钟,又可以集中喂药,达到经济又方便的饲喂效果。同时也节约

了电费,降低了肉鸡猝死几率,提高了饲料转化率和后期增重。

9. 饮水管理

清洁饮水是保证肉鸡健康生长重要条件之一。饮水中的矿物质含量,会影响疫苗免疫效果。如果盐分过多,容易引起小鸡拉稀,降低饲料报酬。必须保证鸡场饮水符合标准,并且定期检测水的指标,定期消毒水。一般饮水量为用料量的 2~3 倍。肉鸡饮水质量标准为:大肠杆菌含量小于 3 个/厘米^3,总菌数小于 100 个/厘米^3,pH6~8。

(1)保证饮水充分清洁,每天擦 3~4 次饮水器,每周用棉丝蘸消毒液擦洗消毒饮水器一次。

(2)1 日龄,必须保证每只鸡能饮到水。4~6 日龄逐步过渡换用大饮水器,并随着扩群而逐渐撤出小饮水器。经常调整饮水器高度,使其外缘与鸡背相平。

(3)定时刷洗水箱、水塔,定期进行饮水消毒,但要避开用药时间。免疫前两天、后三天不要添加消毒药。

(4)调节自动饮水器的水量。水面距饮水器上缘 1.5~2.0 厘米,为 1/3~1/2。及时修理损坏的饮水器,并将塑料细管用铁丝固定在饮水器上,以防跑水。

(5)如果条件允许,定期饮用一些酸化剂,可改善水的质量,而且小鸡肠道保持一定的酸性环境,不利于细菌生长繁殖。

(6)定期冲洗水线,因为现在喂的中药大多容易堵住水线,细菌和微生物易在此处生长,因此一周要保证冲水线 2 次。另外,免疫前后都要冲洗水线,特别是免疫前 2 小时和免疫 30 分钟要彻底冲洗水线一遍,保证免疫效果。

(7)每天记录小鸡饮水总量,因为饮水量是一个衡量小鸡健康状况的标尺。正常情况下,1.8 万只小鸡每天增加饮水 0.2~0.3 米^3。如果小鸡连续几天饮水不增加,或者还要下降,就要考虑是否小鸡有疾病,特别是病毒病,或者有漏水或者水表有问题。

(8)每批鸡饲养之前,应该取水样到化验室进行大肠杆菌指标检测,以便尽早采取措施,保证小鸡喝到安全、健康的饮水。

10.喂料管理

（1）1日龄用开食盘和塑料薄膜纸上撒料,同时在自动加料槽中打上稍许料;3日龄逐渐撤出塑料布;7日龄后逐渐撤出开食盘。这期间每天随时清理开食盘中的粪便,并且在开食盘中多次少量添加饲料。

（2）7日龄后,随着小鸡的长大,不断调整料盘的高度,边缘与鸡嗉囊背相平。

（3）饲养前期做到少加勤添,以便刺激雏鸡采食;定时定点给料,给小鸡养成合理生物钟。每天记录打料时间和打料次数,因为打料时间和次数也能反映鸡群健康状况。

（4）喂料基本原则:1～7日龄自由采食,8～35日龄定时、定量给料（根据体重灵活掌握,一般不要限料）,35日龄后自由采食,直到出栏,主要是考虑后期让小鸡增重。

11.通风换气

适当通风换气,能够排除舍内污染的空气,换入新鲜空气,给鸡只供应氧气,并可以调节舍内的温度和湿度。舍内空气新鲜的标准是:氨气浓度低于20×10^{-6},湿度小于70%,氧气浓度大于20%,氨气是否太大,一般以不刺鼻为度。如通风不良,持续高浓度氨气,会引起呼吸道疾病和腹水症,同时影响免疫效果,鸡群死亡率大大升高,危害极大。

在大规模肉鸡养殖的情况下,由于养殖密度比一般散养和规模养殖要高得多,对舍内空气质量的要求非常严格,空气质量和含氧量直接关系到肉鸡的健康和增重。在夏季肉鸡生长后期,遇到高温的炎热天气,在湿帘的配合下,利用高强度(纵向风机全部开动)的机械通风能有效排除舍内多余的热量,避免肉鸡遭受高强度的热应激。由于种种原因导致鸡舍内湿度过大时,机械通风对于排除大量的水汽是有帮助的,但在阴雨连绵的时候效果会差一些。

随着肉仔鸡体重逐渐增加,换气量也要随之加大。

（1）进鸡后应于24小时保持适当通风和日龄增加和舍内、外气温变化适当调节通风量。一般情况下,进鸡1周内还是不要开风机为好,可以适当开小窗进行自然通风,因为小鸡1周内以保温为主。

（2）第7日龄后,适当注意通风,炉子要有烟囱,减少舍内有害气体。

育雏室要在保持一定温度前提下进行通风。通风量要逐渐加大,小窗也要逐渐开大,根据鸡舍内温度和外界环境变化而随时调整。掌握的基本原则是保证小鸡最低通风量,如果天气恶劣,也要在通过炉温保温前提下适当通风。

(3)冬季也需要24小时进行通风换气,晚上适当减少。1~3周主要开天窗通风,地窗和侧窗不要开大。网上饲养可采用地窗通风,最好使用地面通风道送到鸡舍中间通风。

(4)夏季炎热季节,可安装风扇、小白龙等辅助设备通风,从而增加舍内氧气量,降低舍温,提高采食量,促进生长速度。

(5)通气量标准:大鸡每小时换气量为夏天50米³/只,冬季为20米³/只;纵向通气舍内风速为春秋季9.14米/分钟,夏季大于12米/分钟,冬季2~5米/分钟。

(6)农户鸡舍一定要设有天窗和地窗,网上饲养的要有地面送风道。

(7)冬季提高房舍的保温性能,使用有烟囱的炉子能解决保温与通风的矛盾。

12.应激控制

应激控制是指控制一切不利于肉鸡生长的、自然的或人为的因素。如温度不能忽高忽低;密度不宜过大;舍内不能太干或太潮;舍内不能有太大的氨臭味,确保有充足的氧气;不能有生人入舍,饲喂人员衣服要一致(白色或天蓝色为宜);不能有"贼风"入舍(易诱发呼吸道疾病);光线不宜太强(会诱发啄癖);鼠鸟不能入舍(偷吃饲料,传播疾病);不能有太大的声音惊扰鸡群(惊群、炸群、猝死增多);经常看天气预报,避免因气候突变而措手不及。

应激主要指的是热应激,当肉鸡受到热应激的情况下,最常见的生理反应是呼吸频率加快、饮水增加、采食量下降、拉稀等,都直接影响到肉鸡的健康和增重。

(1)热应激与饮水:在肉鸡处于热应激的情况下,凉水无疑是解暑的良药。定期清刷饮水器和水盆并经常更换深井凉水,肉鸡饮用凉水以后可以吸收掉部分体热,有助于降温;还会刺激胃肠道蠕动加快,使饮食欲增加,采食量加大,生长速度加快,达到快速育肥的目的。

（2）热应激与通风:夏季养殖通风已经不再是为了简单地进行气体交换,即使鸡舍内空气很新鲜,但为了排除舍内多余的热量,也可通过全部开启纵向风机进行散热,配合湿帘、喷雾、网架、地面、走廊等洒水降温效果更好。

（3）热应激与垫料:每年的5~10月份尽量不要选用草类垫料（刨花、稻壳、麦草、碎玉米秸秆等）,草类垫料容易发霉、发热、发酵,会导致环境恶化;也不要选用土作垫料,干土粉尘多容易诱发呼吸道感染,湿土容易诱发大肠杆菌病和球虫病;最好选用从河里捞上来的水洗沙（山区也可以选用干净的碎石粉）,既能满足肉鸡消化吸收对沙砾的需要（不需要再单独喂沙）,又是肉鸡休息时热的良好导体,利于散热而减少热应激。

（4）热应激与养殖密度:夏季养殖由于长期处于高温,降低养殖密度能有效控制热应激和防止中暑,一般要求是每平方米不超过12只鸡。

（5）热应激与饲料:为了促使肉鸡多进食,维持正常的营养需要,在夏季适当提高日粮的营养浓度是必需的;另一方面要调整饲喂的时间,主要集中在下半夜、清晨、傍晚等天气凉爽的时间饲喂。当气温高于32℃时,10:00~15:00最好不要喂料,以免由于采食和消化吸收导致产热过多而中暑。

（6）抗热应激的药物:延胡索酸具有镇静的作用,能使中枢神经受到抑制,体肌活动减少;氯化铵具有祛痰和调节血液酸碱平衡的作用。在饲料中添加0.1%的延胡索酸,饮水中添加0.63%的氯化铵,能明显缓解热应激,起到增进食欲提高增重的效果。碳酸氢钠具有健胃和防止酸中毒的作用,在饮水中添加0.1%~0.2%的碳酸氢钠,能明显减少热应激的损失。处于高温应激状态下的肉鸡,在散发体热时常常需要消耗掉大量的维生素C。试验表明,在每千克饲料中添加1.5~2.0克的维生素C,就能有效预防和缓解热应激。投服复方制剂抗热应激药物。

13.预防疾病和保健

（1）观察鸡群：通过观察鸡群，及时改善鸡舍环境，可避免环境不良所造成的应激；也可尽量发现疾病的前兆，做到早防治。在养殖过程中强化对鸡群的观察、记录和分析，有助于做到防患于未然，及时发现问题以解决。

①观察行为姿态：在正常情况下，雏鸡反应敏感，眼明有神，活动敏捷，分布均匀。如雏鸡扎堆或站立不卧，闭目无神，身体发抖，不时发出尖锐叫声，拥挤在热源处，说明育雏温度太低。如雏鸡撑翅伸脖，张嘴喘气，呼吸急促，饮水频繁，说明温度过高。当雏鸡头尾和翅膀下垂，闭目缩脖，行走困难，则为病态反应。

②观察羽毛：正常情况下，鸡羽毛舒展、光润、贴身。如羽毛生长不良、干燥蓬乱，表明湿度不够；如全身羽毛污秽或胸部羽毛脱落，表明温差过大。如羽毛蓬乱或肛门周围羽毛有绿色、白色粪便和黏液时，多为发病的征象。

③观察粪便：在正常情况下，鸡粪为青灰色，成形，表面一般覆盖少量白色尿酸盐。当鸡患病时，往往排出白色石灰浆样的稀粪，绿色粪便多见于新城疫。

④观察呼吸：当天气急剧变化或接种疫苗后，鸡舍氨气含量过高和灰尘大的时候，容易发生呼吸道病。遇有上述情况时，要勤观察鸡的呼吸频率和呼吸姿势是否改变，有无流涕、咳嗽、眼睑肿胀和异样的呼吸音。当鸡患新城疫时、传染性支气管炎及慢性呼吸道病时，常发生异样"呼噜声"或"喘鸣"等异样声音，夜间关着灯时声音特别明显。

⑤观察饲料用量及饮水：鸡群正常情况下，饲喂适量时应当天吃完。正常情况鸡群的采食量每天增加，每天鸡采食量逐渐减少时，就是病态萌兆。当发现给料量一致的情况下，有部分料桶剩料过多时，就注意鸡群是否有病鸡存在要及时检查。

养殖者经常在鸡舍感受气味以及湿度和风速，以便及时调整，保证小鸡生活在一个舒适的环境中。

及时捡死鸡，并将病弱鸡挑出来单独饲养，特殊护理。

（2）免疫程序：如表48所示。

表48 1~21日龄鸡的免疫程序

日龄	疫苗种类	操作方法	剂量	备注
1	传支491或Ma5	喷雾	1头份/只	地面或网上
3	球虫疫苗	拌料和饮水	0.3头份/只	地面
7~9	ND活苗加油苗AI油苗(包括H9和H5)	点眼、滴鼻和皮下注射	1~1.5头份/只	地面或网上
14	法倍灵	饮水	1.2头份/只	地面或网上
21	ND	饮水	2.5~3头份/只	地面或网上

（3）用药保健程序：

①1~10天：用药主要是以净化鸡白痢、大肠杆菌为主，这个阶段特别重要，如果前期净化不好则后期很难处理。主要还是选择合理有效的抗生素，进鸡苗的时候向孵化场索取1日龄抗体检测和药敏试验化验单，结合经验选择有效的药物。如果有条件可以在鸡1日龄自己作药敏试验，为以后药物选择提供参考。

②13~14天：法氏囊免疫前后一定要注意观察鸡群状况，免疫鸡群要健康。免疫后适当提高温度1~2℃，可以减轻疫苗应激。免疫之后可以用一遍抗呼吸道的药物，以防止继发呼吸道病。

③20~21天：主要是新城疫二免，然后投一遍大肠杆菌和呼吸道的药物，以防止继发感染呼吸道和大肠杆菌。这阶段一旦感染就比较难以处理，2~3天后用一遍抗病毒的药物。

④25~30天：这阶段严防病毒病，以部分抗病毒的中草药配合西药使用，同时兼顾防治大肠杆菌病和呼吸道病、球虫病。根据鸡舍垫料的干湿情况和鸡解剖的情况使用球虫药。

⑤34~40天：这阶段可以安排一次病毒药，也要根据周围的疫情来合理使用。

随着养殖水平的不断提高，养殖者的观念发生了许多转变，主要是"防重于治"。随着消费者对食品安全越来越重视，对肉鸡产品的药物残留要求越来越严格，也要求肉鸡养殖环节尽量少用或者不用抗生素，不能用一些中药预防，平时进行严格消毒卫生和采取完善的生物安全措施。

抗生素的使用要严格按照剂量说明,不要随意增加,定期做药敏实验。如果需要使用的抗生素,一定要按照疗程用药。要养成带鸡消毒的习惯,平时每周消毒2~3次,出现疫情后每天都要带鸡消毒,而且鸡舍外部环境也要用合适的消毒剂定期消毒。带鸡消毒要选择刺激性小,对小鸡副作用小的药物。

(4)日常工作:育雏前一周最好用20℃温开水喂鸡,做到"鸡不离人,人不离鸡"。根据实际情况灵活调节温度和进行通风换气。分次定量给料,加料前清理料盘剩料和杂物。做好饲料计划,饲料放在通风干燥处,饲料存放架离地,先购进的先喂。每日定时平稳"趟鸡",刺激鸡只吃料,尤其是第一周雏鸡。每日早上更换消毒盆的消毒液,打扫舍内外环境卫生,网上架养要清除粪便。每天下班及时填写当天生产台账和记录。每周随机抽样2%称重,分析鉴定生产效果。

(5)正确记录:包括如下内容。

进雏记录:记录进鸡的厂家、数量、品种,日期、鸡舍编号、进雏数、残弱雏数、实收数、初生重等。

每日记录:死亡数、死淘数、出栏数、用料用药、温度、湿度、免疫等。

每周记录:饲料、死淘数、称重记录、存栏数等。

防疫投药记录:日期,疫苗名称,药品名称、厂商名称、批号、有效期、使用量及免疫投药方法等。

出售记录:日期、日龄、只数、总重量、单价等。

出栏时交《出口肉鸡原始用药记录》、《肉鸡生产记录表》、《检疫证明》、《剩料单》。

14.安全出栏

对所用设备及部件进行维护与保养,保障出鸡,安全装运,减少死亡。

(1)出鸡前的准备工作:修整鸡舍入口处和鸡场内的道路,确保运鸡车辆出入畅通。检查鸡车淋水时(夏天)所用的冲水管(直径2.0厘米蛇皮塑料管)是否有漏水,是否安装方便。鸡舍前后大门固定并可完全打开。拆掉隔栏,将鸡只往舍近端赶一赶。拆下料位传感器、温度探头、湿度探头,存放于操作间以备用。抓鸡前4~6小时停止给鸡供料,料桶剩料全部清出去。控水2~3小时,以减少嗉料。拆卸副料线料斗并移至操控间,将料线升至最高。开始抓鸡时,将调压器显示管水位调至最低,将水线调至最高点。把灯调暗,开启排风扇。抓鸡前本栋饲养员捡一次死鸡并记录。晚上抓鸡时,除保留中间灯线4个灯泡外,拆下鸡舍内所有剩余灯泡,用备用桶装好,存放于操控间。保留中间1~2处灯光,将不需要的灯泡调灭,需要时再调开。饲养员备有手套、口罩等安全防护用具。

(2)出鸡:运鸡车到场,通过消毒池彻底消毒。由工作人员指引司机到出鸡舍的后面或前面大门处下笼。抓鸡开始时,饲养员加大通风量,打开中间1~2个灯。当外面天亮时,应关闭小窗。合理安排人员,统一抓一侧1~2个围栏处的鸡群。饲养员与抓鸡队人员应随时注意观察鸡群拥挤程度,注意疏散,防止压死鸡。抓鸡人员一次一只手抓住鸡的翅膀,每人每次抓2只,按规定的要求和数量装鸡,每次分先后进笼,动作轻快。杜绝摔鸡或扔鸡。装筐时,避免鸡只仰卧、侧卧,挤压鸡只,以防压死鸡。每筐放7~8只,热天5~6只。结束前对部分剩余鸡、跑漏鸡,由抓鸡队与饲养员合作,用围栏或鸡笼围住剩余鸡只,手抓鸡翅、鸡脚或用抓鸡网罩住鸡,轻放入鸡笼内。抓完鸡后,由抓鸡队将鸡车上下固定,防止鸡只漏跑。

夏季要迅速装车,淋水以减轻热应激(天气炎热时)。冬季必须在车前侧盖上用帆布挡风,并认真罩网。由鸡场管理人员与屠宰场工作人员准确填写肉鸡送货单,包括出鸡日龄、出鸡数量、停料时间、药物残留、抓鸡时间等情况,当地兽医站出具的检疫证明、运输工具消毒证明后,司机及押车者签名后可离场。饲养员在全鸡舍查看有无漏鸡现象。清点死鸡数,填写肉鸡生产记录表,有异常死亡增加的及时上报处理。饲养员清扫鸡舍外鸡粪及鸡毛。

第三章 肉兔养殖新技术

第一节 肉兔品种资源

一、肉兔品种分类

目前世界各国饲养的优良肉兔品种(配套系)约有40多个,主要分布在美国、法国、德国、西班牙和荷兰等养兔业发达的国家。按照不同的分类标准,可将肉兔分为不同类型的品种。按体形大小,可将肉兔分为大型品种、中型品种和小型品种。一般将成年体重5千克以上的肉兔称为大型品种,3.5~5千克的称为中型品种,而成年体重低于3.5千克的称为小型品种。按照育成程度,可将肉兔分为育成品种和地方品种。

自20世纪70年代以来,随着工厂化肉兔生产的出现,世界各国的肉兔育种工作重心正在由烦琐、漫长、高难度、高成本的品种培育转向相对简便、快捷、低成本的专门化品系培育,然后用专门化品系配套生产商品肉兔。法、德等国家先后培育出了齐卡(ZIKA)、依拉(HYLA)、艾够(ELCO)、依普吕(HYPLUS)等世界著名的配套系。专门化品系的培育已成为欧美一些养兔业发达国家肉兔育种的主攻方向。

二、我国肉兔品种资源现状

我国虽是世界上肉兔生产大国,兔肉产量和出口量一直雄踞世界首位,但肉兔品种资源相对匮乏。目前我国饲养的肉兔品种仅十多个,特别是我国自己培育出的真正经得起考验、性能优良的品种很少,与肉兔大国的地位实难相称。

目前我国的肉兔品种(配套系),依据来源和培育时间主要由三部分组成。一是 20 世纪 50 年代以来肉兔商品生产起步和稳步发展阶段从国外引进的,这部分品种或品系占到我国肉兔品种(配套系)的大部分,其中饲养量较多、影响较大的有新西兰白兔、加利福尼亚兔、弗朗德兔、比利时兔、青紫蓝兔、日本大耳兔、法国公羊兔、德国花巨兔、德国大白兔和丹麦大白兔等,齐卡、依拉、艾够和依普吕等肉兔配套系;在我国特定的气候环境条件下,经长期自然选择而成的中国白兔、福建黄兔等少数几个地方品种;20 世纪 80 年代以来我国肉兔快速发展阶段,科研和生产单位培育的一些新品种,经国家有关部门鉴定认可的肉兔新品种主要有哈尔滨大白兔、塞北兔和安阳灰兔等。

三、我国主要肉兔品种

1. 新西兰白兔

原产于美国俄亥俄州等地区,系用弗朗德兔、美国白兔、安哥拉兔等品种杂交选育而成,是目前世界上最著名、分布最广的肉兔品种之一,也是最常用的实验兔品种。

目前我国饲养的新西兰白兔,大部分是 20 世纪 70~80 年代从国外引进的。据统计,1978~1987 年仅山东省就先后从美、法等国家引进新西兰白兔 1 000 多只。2007 年,青岛康大欧洲兔业育种有限公司从美国引进新西兰白兔 350 只。

新西兰白兔属典型的中型肉兔品种(图 29)。理想成年体重,公兔为 4.5 千克,母兔 5.0 千克;适宜体重,公兔 4.1~4.5 千克,母兔为 4.5~5.5 千克。该兔被毛全白,毛稍长,手感柔软,回弹性差。眼球粉红色。头粗重,嘴钝圆,额宽。两耳中等长,宽厚,略向前倾或直立。耳毛

图 29　新西兰白兔(母兔)

较丰厚,血管不清晰。颈短,颈肩结合良好。公兔颌下无肉髯,母兔有较小的肉髯。体躯圆筒形。胸部宽深,背部宽平。腰肋部肌肉丰满。后躯发达,臀部宽圆。四肢强健而稍短。脚底毛粗、浓密。公兔睾丸发育良好,母兔有效乳头 4~5 对。

早期生长发育快、饲料报酬高、屠宰率高,是新西兰白兔主要的生产性能特点。据测定,在以青绿饲料为主、适当补充精料的饲养管理条件下,12 周龄体重可达 2 357.50±215.80 克,平均日增重 31.51±3.16 克,全净膛屠宰率 51.45%±1.61%。在消化能为 12.20 兆焦/千克、粗蛋白18.0%、粗纤维11.0%、钙1.2%、磷0.7%、含硫氨基酸0.7%的营养水平下,12 周龄体重可达 2 747.58±287.79 克,平均日增重 37.83±1.80 克,料重比 3.15±0.49:1,全净膛屠宰率 53.52%±0.59%。

康大兔业有限公司(2006 年)对新西兰兔生长进行了测定,生长曲线如图 30 所示。

新西兰白兔性成熟一般为 4 月龄左右,适宜初配年龄 5~6 月龄,初配体重 3.0 千克以上。据测定,新西兰白兔妊娠期为 30.92±0.67 天,窝均产仔 7.25±1.14 只,仔兔初生窝重 448.58±75.46 克,初生个体重61.87 克,21 日龄窝重 2 160±361.25 克,28 日龄断奶窝重 3 640克,断奶个体重 590 克。

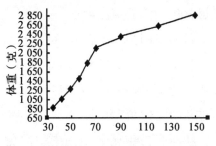

图30 新西兰兔生长曲线

新西兰白兔对饲养管理条件要求较高,耐粗性差。在低水平营养条件下,难以发挥其早期生长速度快的优势。新西兰白兔是工厂化、规模化商品肉兔生产较为理想的品种,既可纯种繁育,又可与加利福尼亚兔、日本大耳兔、比利时兔和青紫蓝兔等品种杂交,利用杂种优势进行商品生产。

2.加利福尼亚兔

原产于美国加利福尼亚洲。系用喜马拉雅兔、标准型青紫蓝兔和新西兰白兔杂交选育而成,是当今世界上饲养量仅次于新西兰白兔的著名肉兔品种。

　　加利福尼亚兔属中等体形,理想的成年体重和允许范围,公兔为3.6~4.5千克,母兔为3.9~4.8千克。毛色为喜马拉雅兔的白化类型。体躯被毛白色,耳、鼻端、四肢及尾部为黑褐色或灰色,故俗称"八点黑"、"八端黑"。眼球粉红色。头短额宽,嘴钝圆。耳中等长,上尖下宽,多呈"V"形上举;耳壳偏厚,绒毛厚密。颈短粗,颈肩结合良好。公兔无肉髯,母兔有较明显的肉髯。体躯呈圆筒形。胸部、肩部和后躯发育良好,肌肉丰满。四肢强壮有力,脚底毛粗、浓密、耐磨。公兔睾丸发育良好,母兔有效乳头4~5对(图31)。

　　加利福尼亚兔的"八点黑"特征并不是一成不变的,会随年龄、季节、饲养水平、兔舍类型和个体而变化。幼兔、老龄兔和夏季、室外饲养、营养水平较低时,"八点黑"较淡,老龄兔还会出现沙环、沙斑以及颌下肉髯呈灰色现象。有的仔兔全身被毛的毛尖呈灰色,至3月龄左右才逐渐换为纯白色。

图31　加利福尼亚兔(母兔)

　　加利福尼亚兔早期生长发育较快。据测定,在以青绿饲料为主、适当补充精料的饲养管理条件下,12周龄体重可达2 260.5±266.56克,平均日增重30.5±4.21克,全净膛屠宰率49.60%±0.99%。在消化能为12.20兆焦/千克、粗蛋白18.0%、粗纤维11.0%、钙1.2%、磷0.7%、含硫氨基酸0.7%的营养水平下,12周龄体重可达2 559.2±186.29克,平均日增重32.59±2.28克,料重比3.57±0.26∶1,全净膛屠宰率52.65%±1.56%。

　　康大兔业有限公司(2006年)对加利福尼亚兔生长进行了测定,生长曲线如图32所示。

　　加利福尼亚兔母性好,繁殖力强,尤以泌乳力强最为突出,同窝仔兔生长发育整齐,享有"保姆兔"之美称。据测定,加利福尼亚兔妊娠期为30.83±0.72天,窝均产仔7.38±1.18只,仔兔初生窝重419.2±56.98克,初生个体重56.8±2.30克,21日龄窝重2 350.0±268.0克,28日龄

断奶窝重 3 756 克,断奶个体重
559.2±89.23 克。

加利福尼亚兔是工厂化、规
模化生产较为理想的品种之一。
在商品生产中,既可作为杂交父
本,又可作为杂交母本。

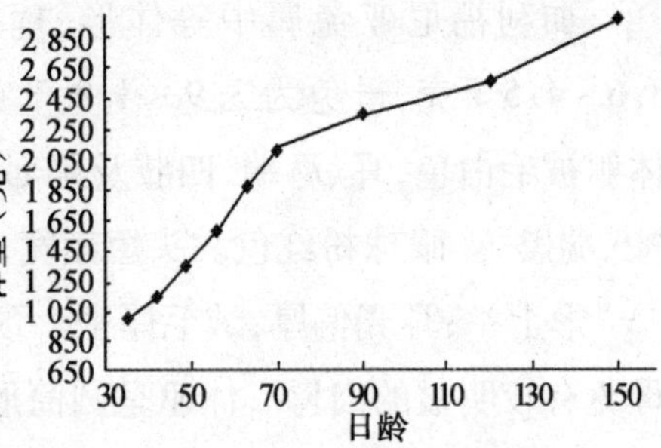

3. 青紫蓝兔

原产于法国,采用复杂育成

图 32　加利福尼亚兔生长曲线

杂交方法选育而成,因其毛色很像产于南美洲的珍贵毛皮兽青紫蓝而得
名。该品种分为标准型(小型)、美国型(中型)和巨型。首先育成的是标
准型,系用蓝色贝韦伦兔、嘎伦兔和喜马拉雅兔杂交育成,育成后于 1913
年首次在法国展出;美国型是从标准型青紫蓝兔中选育而成;巨型是与弗
朗德兔杂交而成。

标准型青紫蓝兔体形较小,体质结实紧凑,耳短竖立,成年公兔体
重 2.5～3.4 千克,母兔 2.7～3.6 千克;美国型青紫蓝兔体长中等,腰
臀丰满,体质结实,成年公兔体重 4.1～5.0 千克,母兔 4.5～5.4 千克,
繁殖性能较好;巨型青紫蓝兔体形大,肌肉丰满,耳长,有的一耳竖立、
一耳下垂,有较发达的肉髯,成年公兔体重 5.4～6.8 千克,母兔 5.9～
7.3 千克。

3 种类型的青紫蓝兔虽体重有别,
但毛色基本相似,易与其他品种区别。
被毛总体为灰蓝色,夹有全黑和全白的
粗毛,单根毛纤维由基部向毛尖依次为
深灰色—乳白色—珠灰色—雪白色—黑
色 5 种颜色,耳尖和耳背面为黑色,眼
圈、尾底和腹下为灰白色。标准型毛色
较深,有黑白相间的波浪纹;中型和巨型

图 33　青紫蓝兔

毛色较淡且无黑白相间的波浪纹。该兔头大小适中,颜面较长,嘴钝圆,
眼圆大,呈茶褐或蓝色,四肢较为粗壮(图 33)。

该品种引入时间较早,适应性、耐粗饲、抗病力较强。目前我国饲养的多为标准型和美国型以及二者的杂交种,因缺乏严格系统的选育,品种大多已严重退化,生长速度与其他品种相比有较大的差距,3月龄体重仅1.5~2.0千克,需加强选育。

4.比利时兔

系由比利时弗朗德一带的野生穴兔驯化而成,是一古老的大型肉兔品种。成年体重4.5~6.5千克,最高可达9.0千克。其外貌特征很像野兔,被毛深红带黄褐或红褐色,整根毛的两短色深,中间色浅,而且质地坚硬,紧贴体表。耳长而直立,耳尖部带有光亮的黑色毛边。体躯和四肢较长,体躯离地面较高,善跳跃,被誉为兔中的"竞走马"(图34)。

比利时兔是比较典型的兼用品种,兼有育成品种和地方品种二者的优点。有较强的适应性、耐粗性和抗病力,且繁殖力较高,生长速度也较快,深受广大养兔者的青睐,目前已成为我国分布面最广、饲养量最多的肉兔品种之一。据测定,在良好的饲

图34　比利时兔

养管理条件下,比利时兔窝均产仔8只左右,3月龄体重可达2.5千克。

鉴于比利时兔的特点,它是培育肉兔品种的好材料,既可纯繁进行商品生产,又可与其他品种配套杂交。但由于该品种世代繁衍于家庭养殖条件下,缺乏严格的选种选配措施,退化现象较严重,有待选育。

5.日本大耳兔

日本大耳兔原产于日本,系用中国白兔与日本兔杂交选育而成。属中型肉兔品种,成年体重4.0~5.0千克。被毛纯白。头形清秀。耳大、薄,柳叶状,向后方竖立,血管清晰;耳根细,耳端尖,形同柳叶。眼球红色。公兔颌下无肉髯,母兔肉髯发达。

日本大耳兔引入时间较早,对我国气候和饲料条件有良好的适应性。生长发育较快,3月龄体重可达2.0~2.3千克。繁殖力较强,窝均产活仔7只。母性好,泌乳力强,亦有"保姆兔"美称,适合作为商品生产中杂交用母本。该品种的主要缺点是,骨架较大,体形欠丰满,屠宰率较低。

第二节　肉兔的营养需要与饲料

一、肉兔营养物质的代谢与需要

1. 能量

能量是肉兔最重要的营养要素之一,主要来源于日粮中易消化利用的碳水化合物和脂肪,不足部分挪用体内贮备和日粮中的蛋白质。消化能是目前国内外最为常用的有效能衡量单位。

与其他畜禽相比,肉兔单位体重的能量需要量较高,约相当于肉牛的3倍。能量不足,会导致幼兔生长缓慢,体弱多病;母兔发情症状不明显,屡配不孕;哺乳母兔泌乳力降低,泌乳高峰期缩短;种公兔性欲降低,配种能力差。但过高的能量水平对肉兔健康和生产性能同样不利,易诱发魏氏梭菌病、妊娠毒血症、乳房炎以及性欲低下等。因此,应针对肉兔的不同生理状态给予适宜的能量水平,以保证兔体的健康和生产性能的正常发挥。

日粮能量水平对 2 ~ 3 月龄新西兰兔的日增重影响显著,对断奶至 2 月龄和 2 ~ 3 月龄兔的料肉比影响显著,日增重和料肉比分别以日粮能量水平为 10.46 兆焦/千克和 9.46 兆焦/千克时最大。

日粮能量水平除对 2 月龄肉兔的脂肪消化率和 2 ~ 3 月龄肉兔的灰分消化率无显著影响($p > 0.05$),对其他营养物质消化代谢率均有显著影响($p < 0.05$)。2 月龄和 3 月龄肉兔小肠内淀粉酶和脂肪酶活性均随日粮能水平升高而增大;日粮能量水平对 2 月龄和 2 ~ 3 月龄肉兔盲肠内环境影响显著;日粮能量水平对 3 月龄肉兔的屠宰率、兔肉物理性状、兔肉蛋白质比例和灰分含量影响显著($p < 0.05$)。能量水平对兔肉硬脂酸、油酸和亚油酸含量影响显著($p < 0.05$),三指标均随能量水平升高而增大。

2. 蛋白质

蛋白质是肉兔一切生命活动的基础,对其生长和繁殖起着极为重要的作用。蛋白质是构成兔体肌肉、内脏、神经、结缔组织、血液、酶、激素、抗体、色素以及皮、毛等产品的基本成分;参与体内新陈代谢的调节,是修补体组织的必需物质;此外,蛋白质还可代替碳水化合物和脂肪供给能量。

在肉兔的代谢过程中,蛋白质具有不可替代的特殊作用,是肉兔生产效率和饲料利用率的主要限制因素。蛋白质缺乏时,幼兔生长缓慢,甚至停滞,体弱多病,死亡率高;母兔发情异常,受胎率低,怪胎、弱胎和死胎率高;哺乳母兔泌乳力降低;仔兔营养不良,死亡率高;种公兔性欲减退,精液品质下降。蛋白质营养不足是目前我国肉兔生产中普遍存在的问题,必须予以足够重视。当然,日粮中蛋白质含量亦不宜过高,否则,不仅导致饲养成本的无形增加,造成不必要的资源浪费,而且会导致代谢紊乱,诱发肠毒血症和魏氏梭菌病等。

蛋白质的营养效应很大程度上取决于其品质,即所含的氨基酸特别是必需氨基酸的种类、数量和比例。20 多年来的研究发现,肉兔的必需氨基酸有含硫氨基酸(蛋氨酸 + 胱氨酸)、赖氨酸、精氨酸、组氨酸、亮氨酸、异亮氨酸、苯丙氨酸 + 酪氨酸、苏氨酸、色氨酸、缬氨酸、甘氨酸等 11种,而其中前三种为限制性氨基酸,含硫氨基酸是第一限制性氨基酸,赖氨酸为第二限制性氨基酸。如果使用劣质蛋白质饲料源,其需要量应提高 20% ~ 50%。实践证明,"两饼(粕)"、"三饼(粕)"合理搭配,可充分发挥不同饼(粕)类氨基酸的互补作用,提高日粮蛋白质的生物学价值,同时可较为有效地降低饲养成本。

需要指出的是,肉兔盲肠微生物虽然有一定合成微生物蛋白的能力,但合成量较为有限。一只成年肉兔每天仅能合成约 2 克蛋白质,不足其日需要量的 10%。

日粮赖氨酸水平显著影响新西兰母兔初生窝重、总产仔数、产活仔数、泌乳力和断奶窝重。新西兰母兔妊娠期赖氨酸需要量为 1.10%,泌乳期为 0.95%,整个繁殖期为 0.95%。

3. 粗纤维

粗纤维是由纤维素、半纤维素和木质素等组成,为克服粗纤维这一指标的不确定性,有专家建议用酸性洗涤纤维作为肉兔日粮不可消化纤维指标。与粗纤维这一指标相比,酸性洗涤纤维仅含纤维素和木质素(即肉兔最难消化的两大粗纤维组分)。

肉兔盲肠较为发达,可容纳整个消化道内容物的40%,且每克内容物中含有2.5亿~29亿个微生物,是日粮粗纤维消化的适宜场所。但大量研究表明,肉兔对粗纤维的消化率仅为12%~30%,远低于牛、羊等反刍家畜。通过盲肠微生物发酵作用所产生的挥发性脂肪酸提供的能量,仅相当于每天所需能量的10%~20%。因此,对肉兔而言,粗纤维的作用并非在于它的营养供给,而主要体现在维持食糜密度、消化道正常蠕动以及硬粪形成等方面。

适宜的粗纤维水平,对保证肉兔健康以及良好生长、繁殖至关重要。当粗纤维缺乏(低于10%)时,虽然生长速度较快,但易发生消化紊乱,只排少量的硬粪球,主要为水分较多的非典型软粪,死亡率较高;当粗纤维严重缺乏(低于6%)时,消化严重紊乱,易诱发魏氏梭菌病等,死亡率明显增加;当粗纤维含量过高(超过20%)时,会严重影响蛋白质等其他营养物质的消化吸收,降低生产性能,并可引发卡他性肠炎和毛球病等。

据研究,2~3月龄肉兔适宜的酸性洗涤纤维水平为16%~19%。在日粮中添加0.2%~0.4%的精氨酸,可提高断奶~2月龄生长肉兔的增重率,改善免疫性能。

4. 脂肪

脂肪主要特点是含可利用能量很高,消化能含量为32.22兆焦/千克,约为玉米的2倍、麦麸的3倍。但肉兔日粮中脂肪的主要营养作用不是作为能量来源,而是供给肉兔体内不能合成的十八碳二烯酸(亚麻油酸)、十八碳三烯酸(次亚麻油酸)、二十碳四烯酸(花生油酸)3种必需脂肪酸和作为脂溶性维生素 A、D、E、K 代谢的载体。

肉兔对脂肪的消化利用能力很强,表观消化率达90%以上。因肉兔对脂肪的需要量不高,通常情况下常规饲料均可满足需要,不必单独添加。

据研究,在生长幼兔和哺乳母兔日粮中,特别是在冬春季节添加1.5%~2.0%动植物油,可促进幼兔生长,提高饲料转化率和母兔泌乳量。

日粮中添加油脂,能显著提高断奶至 2 月龄新西兰白兔的平均日增重和饲料转化效率,添加 4% 油脂时平均日增重最高为 29.33 克。

5.矿物质

矿物质是由无机元素组成,肉兔体内矿物质种类很多、功能各异,是保证肉兔健康及各种生产活动的必需物质。

(1)钙(Ca)、磷(P):钙、磷除作为骨骼和牙齿的主要成分外,对母兔繁殖亦起着重要的作用。此外,钙还参与磷、镁、氮等元素的代谢,神经和肌肉组织兴奋性的调节,心脏正常机能的维持等。磷还参与核酸、磷脂、磷蛋白、高能磷酸键、DNA 和 RNA 的合成,调节蛋白质、碳水化合物和脂肪的代谢。钙、磷在代谢中关系密切,相互促进吸收,呈协同作用。因此,肉兔日粮中不仅应供给充足量的钙、磷,而且还应保持二者适宜的比例。

钙、磷不足尤其是磷含量的缺乏是肉兔生产实践中常见的一种现象,主要表现为幼兔生长迟缓,患异嗜癖和佝偻病;成兔易发骨软化症;母兔发情异常,屡配不孕,并可导致产后瘫痪,严重者死亡。

肉兔有忍受高钙能力,即使钙、磷比例为 12:1 时,也不会降低生长速度,且骨骼灰分含量正常。这是由于肉兔有区别于其他家畜的钙代谢方式,大量的钙经泌尿系统排出,体内贮存的钙较少。

在磷的利用上,肉兔可借助盲肠微生物分泌的植酸酶,将植酸磷分解为有效磷,再通过吞食软粪被充分利用。但磷的含量不宜过高,如超过 1% 或钙:磷低于 1.5:1 时,会使日粮适口性降低,甚至拒食,诱发钙质沉着症。

在常规饲料中,草粉是钙、麦麸是磷的良好来源。日粮中钙的不足,通常以石粉、贝壳粉等形式补充,而当缺磷或钙、磷均缺乏时,可补充骨粉、磷酸氢钙等。

(2)钠(Na)、钾(K)、氯(Cl):钠和氯起着保持体液和酸碱平衡,维持体液渗透压,调节体液容量,参与胃酸和胆汁的形成,促进消化酶活性等作用,对水、脂肪、碳水化合物、蛋白质和矿物质的代谢有着重要的影响。钠和氯缺乏时,饲料适口性差,肉兔胃肠消化功能和饲料利用效率均明显降低。幼兔被毛蓬乱,生长迟缓;成年兔体重减轻,繁殖率降低,泌乳量下降,并可引起异嗜癖。

　　因大多数植物性饲料中钠、氯含量较少,且肉兔对钠的代谢方式与其他肉兔家畜不同,没有贮存钠的能力,故在生产上易缺乏。一般以食盐形式添加,添加量为日粮中的 0.5%。在夏秋季节如以青草为主,精料补充料中食盐的添加量可提高到 0.7% ~ 1.0%,但不宜超过 1%,以免发生中毒现象。

　　钾为维持体液渗透压、神经与肌肉组织兴奋活动所必需。钾是钠的拮抗物,日粮中钾:钠为 2:1 ~ 3:1 时对机体正常生命活动最为有利。据试验,肉兔日粮中钾含量为 1% 时,有助于提高粗纤维的消化能力和抗热应激能力。虽然肉兔对钾的需要量较高,不足时会引起肌肉营养不良症,但因植物性饲料中钾的含量很丰富,故在实际生产中缺钾的现象很少发生,一般不需单独添加。

　　(3)镁(Mg)、硫(S)、钴(Co):肉兔体内约 70% 的镁存在于骨骼中,为骨骼正常发育所必需。镁也是肉兔体内焦磷酸酶、丙酮酸氧化酶、肌酸激酶和 ATP 酶等许多酶系统的激活剂,在碳水化合物、蛋白质、钙、磷、锰等代谢中起着重要作用。镁缺乏时,会导致幼兔生长发育不良,并出现痉挛和食毛癖现象。镁是钙、磷、锰的拮抗物,日粮中过量的钙、磷、锰对镁的吸收不利。因青绿饲料中镁的含量较低,在以青饲料为主的饲养方式下,常可发现"缺镁食毛癖",故应注意添加镁。在生长幼兔日粮中添加0.35% 镁,不仅可预防食毛癖,而且对幼兔生长有显著的促进作用。镁虽属常量元素,一般不宜单独添加,否则会因配合不匀而影响钙、磷的吸收,降低采食量并引起腹泻。

　　硫是含硫氨基酸(蛋氨酸和胱氨酸)的主要成分。兔毛中含硫量约为 5%,大部分以胱氨酸形式存在。硫的营养作用主要通过体内含硫有机物来实现,如含硫氨基酸对体蛋白和某些激素的合成,硫胺素参与碳水化合物的代谢等。因植物性饲料中含硫较为丰富,且肉兔可通过盲肠微生物的作用把无机硫(如硫酸盐等)转化为蛋白硫,故一般不发生缺硫现象。

　　钴是兔体正常造血机能和维生素 B_{12} 合成所必需的元素。在生产实践中,可通过添加含钴添加剂促进幼兔生长。

　　在日粮添加不同水平的钴对平均日增重和料重比有显著影响。0.1

毫克/千克钴添加组显著优于未添加组,各组间平均日采食量无显著差异。日粮添加不同水平的钴对胸腺指数有极显著影响,对脾指数、IgA、IgG 和 IgM 无显著影响;对血清球蛋白、总蛋白含量和白球比有显著影响,对血清白蛋白和尿素氮含量无显著影响;对肌肉剪切力有显著影响,对全净膛屠宰率、半净膛屠宰率、失水率和滴水损失无显著影响。断奶至 2 月龄生长肉兔日粮中适宜的钴添加水平为 0.1 毫克/千克,但改善肌肉嫩度需要添加 0.5 毫克/千克钴。

(4)铁(Fe)、铜(Cu):铁主要存在于肝脏和血液中,是血红蛋白、肌红蛋白、血色素及各种组织呼吸酶的组成成分。铁不足,生长幼兔易发生低色素小细胞性贫血。初生仔兔体内贮备大量铁,但由于奶中含量甚微,很快就会耗尽,故在仔兔早期补饲阶段就应开始注意铁的补给,否则会出现不易被人觉察的亚临床"缺铁性贫血症"。除块根类饲料外,大多数植物性饲料含铁丰富,在正常饲养条件下,成年肉兔一般不需额外补铁。

铜与铁具有协同作用,主要是参与造血过程、组织呼吸、骨骼的正常发育、毛纤维角化和色素的沉着。铜不足会导致肉兔贫血,生长迟缓,黑色被毛变灰,局部脱毛,皮肤病等,还可降低繁殖力。日粮中过高水平的维生素 C 和钼,可导致铜缺乏症。国内外大量研究表明,高剂量铜(50～250毫克/千克)具有显著促进生长、改善饲料报酬和降低肠炎发病率的作用。肉兔对铜的耐受力很高,中毒剂量为每千克饲料含量 500 毫克,一般情况下不会发生中毒现象。

据研究表明,日粮铜水平对生长肉兔平均日增重差异显著,对血清总蛋白、球蛋白含量也有显著影响,并且铜的适宜添加水平在 40～80 毫克/千克。在基础日粮中添加 100～200 毫克/千克铜,能显著提高兔的日增重。当日粮中添加铜 200 毫克/千克时,试验兔的日采食量、能量氮的食入量、能量表观消化率和氮表观存留率均显著提高。

(5)锌(Zn)、锰(Mn)、碘(I):锌是多种酶的辅酶成分,参与蛋白质的代谢;作为胰岛素的成分,参与碳水化合物的代谢,还对繁殖产生重要的影响。锌缺乏时,可导致幼兔生长受阻;公兔睾丸和副性腺萎缩,精子的形成受阻;母兔繁殖机能失常,发情、排卵、妊娠能力下降。当日粮中钙或植酸盐含量过高时,易发生锌缺乏症。在肉兔常用饲料中,除幼嫩的牧草、糠麸、饼(粕)类饲料含锌较丰富外,大多植物性饲料含量较少,应注意锌的添加。

锰对肉兔的生长、繁殖和造血均起着重要的作用。缺乏时,可造成幼兔骨骼发育不良,如腿弯曲、骨脆、骨骼重量减轻等;种公兔曲精细管发生萎缩,精子数量减少,性欲减退,严重者可丧失配种能力;母兔发情异常,不易受胎或产弱小仔兔。在植物性饲料中,除玉米等子实类饲料含量较低外,大多数含锰较多。日粮中钙、磷、硫过多时,会影响锰的吸收。

碘主要是用于合成甲状腺素,调节碳水化合物、蛋白质和脂肪的代谢。缺碘时,甲状腺增生肥大,甲状腺素分泌减少,影响幼兔生长和母兔繁殖。碘的缺乏有较强的区域性,钙、镁含量过高亦可引起缺碘症。大量饲喂十字花科植物和某些种类的三叶草,因含大量抑制碘吸收的氰酸盐,亦可引起碘缺乏症。

(6)硒(Se):硒作为谷胱甘肽过氧化酶的组成成分,有参与过氧化物的排除或解毒的作用。维生素 E 则具有限制过氧化物形成的功能。在营养方面维生素 E 和硒的关系甚为密切,肉兔能完全依赖维生素 E 的保护而免受过氧化物的损害,肉兔硒的缺乏症未曾有过报道。在缺硒地区,如在维生素 E 不缺乏的情况下,硒并非必须添加。

在日粮中添加适宜水平的硒,能够改善 2~3 月龄生长肉兔的增重速度、饲料转化效率和兔肉品质,添加量≥0.15毫克/千克有利于其抗氧化能力。

6.维生素

维生素可分为脂溶性(包括维生素 A、D、E、K)和水溶性(包括 B 族维生素和维生素 C)两大类。由于肉兔的消化道特点和日粮类型,维生素的需要一般较易满足。当日粮中含有 30%~60% 的优质草粉(如苜蓿粉)等,即可满足脂溶性维生素的需要。B 族维生素可由日粮或"食粪癖"供给,不足时会出现特有的缺乏症。肉兔对维生素的需要和利用能力,与其品种、性别、生理状态以及饲养环境等因素有关。一般育成品种比地方品种需要多,幼兔比成年兔多,公兔比母兔多,妊娠母兔比空怀母兔多,病理状态(如患球虫病)比正常状态多,室内饲养比室外饲养多。

(1)维生素 A:当肉兔缺乏维生素 A 时,首先表现的是繁殖障碍,如公兔性欲降低,精液品质下降;母兔不发情或发情异常,胎儿被吸收,流产、早产、死胎率高。其次是幼兔食欲不振,生长停滞,死亡率高。此外,还可出现运动失调、瘫痪、斜颈等神经症状;眼结膜发炎,甚至失明;耳软骨形成受阻,缺乏支撑力,表现一侧或两侧耳营养性下垂。肉兔对维生素 A 的需要量一般为每千克日粮含量 8 000 ~ 10 000 国际单位。

在下列情况下,应注意维生素 A 的补充,或饲喂胡萝卜、大麦芽、冬牧 70 黑麦、豆芽等富含胡萝卜素的青绿多汁饲料。在冬季及早春缺青季节;在全年或长期利用颗粒饲料喂兔时;在低饲养条件下特别是日粮蛋白质、脂肪含量较低时;在高强度配种期的种公兔和繁殖母兔。

适宜的维生素 A 添加水平能提高肉兔的料重比,增强肉兔机体的抗氧化能力。断奶至 2 月龄新西兰肉兔适宜的日粮维生素 A 添加水平为 6 000 国际单位/千克;2 ~ 3 月龄新西兰肉兔适宜的日粮维生素 A 添加水平为 12 000 国际单位/千克;日粮维生素 A 水平达到 56.4 万国际单位/千克时,连续饲喂断奶至 2 月龄新西兰肉兔 1 周,出现中毒症状以至死亡。

(2)维生素 D:主要作用是调节日粮中钙、磷的吸收。维生素 D 缺乏时,主要引起佝偻病、软骨症和母兔产后瘫痪等。幼兔和成年母兔维生素 D 的需要量为每千克体重 10 国际单位,公兔 5 国际单位;每千克日粮中含量应达到 500 ~ 1 250 国际单位。在室内笼养条件下,应特别注意维生素 D 的补充。

(3)维生素 E:又称生育酚。维生素 E 缺乏时,主要表现为繁殖障碍,如睾丸变性、性欲减退、死精或无精子;母兔发情异常,受胎率很低,死胎、流产;新生仔兔死亡率高。此外,还可引起幼兔肌肉营养不良、运动失调、肝脂肪变性。肉兔对维生素 E 的需要量一般为每千克日粮 50 毫克。在某些特殊时期,尤其是夏季过后秋繁开始前 20 天,应给种公兔单独添加维生素 E 胶囊或富含维生素的添加剂。在梅雨季节,为预防肝球虫,在生长幼兔日粮中添加防球虫药同时,应添加较高剂量的维生素 E(比正常增加 50%)。

日粮中额外添加维生素 E 不能提高新西兰肉兔的生长性能,结合维生素 E 在体组织中的沉积和对抗氧化性能的考虑,断奶到 90 日龄新西兰肉兔日粮中维生素 E 的适宜添加量为 80 毫克/千克。

(4)维生素 K:维生素 K 具有一种很特殊的新陈代谢功能,在凝血过程中必不可少,可以防止高产母兔流产和缓解幼兔肠球虫病产生的不良影响。因维生素 K 可由盲肠微生物合成,一般不会缺乏。但在妊娠母兔和梅雨季节生长幼兔日粮中应注意维生素 K 的添加,推荐量为每千克日粮 2 毫克。

(5)维生素 C:肉兔一般不缺乏维生素 C,但在某种特殊环境条件下,如运输过后和炎热夏季,为减少应激反应,可在日粮中或饮水中添加维生素 C 制剂,添加量为每千克日粮 5 毫克。

(6)B 族维生素:包括 B_1、B_2、B_3、B_5、B_6、B_7、B_{11}、B_{12} 和胆碱等,属水溶性维生素,可由盲肠微生物合成,而且饲料中含量较为丰富,不易缺乏。但在下列情况下,为获得最佳生产性能或满足肉兔的特殊需要,应予以补充。补饲仔兔和生长幼兔因消化道发酵作用不够充分,B 族维生素的合成能力不及成年肉兔。如条件允许,最好在日粮中添加复合 B 族维生素制剂。梅雨季节,在生长幼兔日粮中添加 400 毫克维生素 B_6,具有减少肠球虫病的发病率,促进生长的效果。因换料等原因引起肉兔食欲不振、消化不良时,可在饲料或饮水中添加维生素 B_1、B_2 制剂。

7. 水

水是肉兔最重要的营养物质之一,但往往被肉兔饲养者所忽视。实践证明,供给充分而清洁的饮水,是肉兔健康生长和高效生产必不可少的物质保证。

肉兔日需水量一般为日粮干物质采食量的 1.5～2.5 倍,而哺乳母兔为 3～5 倍。若供水不足,首先表现为食欲降低(表 49),进而会使种公兔性欲降低,精液品质下降;产后母兔吞食仔兔;哺乳母兔泌乳量不足,乳汁浓稠易使仔兔患急性肠炎;成年兔、青年兔肾炎发病率高;仔幼兔生长迟缓、消瘦。有研究表明,兔舍温度在 15～20℃ 条件下,如果仔兔得不到充足饮水,28 日龄断奶体重约比正常降低 20%。当饮水量被限制 25%～40% 时,其体重较正常低 33%～35%。

表49　　　　　　　　不同饮水标准对肉兔日粮采食量的影响

试验期	对照组					试验组(正常量的75%)				
	肉兔体重(千克)	日采食量(克)	日饮水量(克)	100克料饮水量(克)	100克干物质饮水量(克)	肉兔体重(千克)	日采食量(克)	日饮水量(克)	100克料饮水量(克)	100克干物质饮水量(克)
第一周	1.94	142	223	157	199	1.85	107	158	136	174
第二周	2.17	140	218	156	197	2.01	109	158	145	184
第三周	2.38	152	259	171	217	2.18	115	158	138	176
第四周	2.64	160	282	177	221	2.38	112	158	141	180
第五周	2.86	162	300	185	231	2.55	129	181	141	179
第六周	3.06	178	315	176	221	2.67	138	181	131	169
第七周	3.25	177	319	181	226	2.74	129	181	140	179
日平均		159	274	172	217		121	168	139	177

备注:1.试验用料干物质和可消化粗蛋白分别为86.1%、14.0%。2.试验期兔舍温度维持在10℃左右。

肉兔的需水量受品种、年龄、生理状态、季节、饲料特性等诸多因素影响。一般优良品种较普通品种需水量高,大型品种较中小型品种高,生长幼兔单位体重需水量较成年兔高,哺乳母兔较妊娠母兔高,夏季较其他季节高。如在30℃的环境条件下,饮水量较20℃时约高50%,夏季哺乳母兔饮水量可高达1千克。喂颗粒饲料时需水量增加,在喂青绿多汁饲料时饮水量可适当减少;但绝不能不供水。在冬季肉兔忌饮用冰水、雪水,最好饮用温水。满足肉兔饮水量的最佳途径是安装自动饮水装置。若采用定时饮水,每天应供水2次以上,夏季应至少增加1次。

二、肉兔常用饲料营养成分

肉兔常用饲料营养成分如表50所示。

表50　　　　　　　　肉兔常用饲料营养成分　　　　　　　（单位:%）

饲　料	干物质	消化能(兆焦/千克)	粗蛋白	粗纤维	粗脂肪	钙	磷	赖氨酸	蛋+胱氨酸	苏氨酸
玉　米	88.4	14.48	8.60	2.00	2.80	0.04	0.21	0.27	0.31	0.31
高　粱	87.0	14.10	8.50	1.50	4.10	0.09	0.36	0.22	0.20	0.25

饲　料	干物质	消化能（兆焦/千克）	粗蛋白	粗纤维	粗脂肪	钙	磷	赖氨酸	蛋＋胱氨酸	苏氨酸
小　米	87.7	12.84	12.0	1.30	2.70	0.04	0.27	0.15	0.47	0.34
稻　谷	88.6	11.59	6.80	8.20	1.90	0.03	0.27	0.31	0.22	0.28
碎　米	87.6	14.69	6.90	1.20	3.20	0.14	0.25	0.34	0.36	0.29
大　米	87.5	14.31	8.50	0.80	0.80	0.06	0.21	0.15	0.47	0.34
大　麦	88.0	12.18	10.50	6.50	2.00	0.08	0.30	0.37	0.35	0.36
小　麦	86.1	13.60	11.10	2.40	2.40	0.05	0.32	0.33	0.44	0.34
黑　麦	87.0	12.84	11.30	8.00	1.80	0.05	0.48	0.47	0.32	0.35
青　稞	87.0	13.56	9.90	2.80	1.80	0.00	0.42	0.43	0.34	0.33
大　豆	88.8	16.57	37.1	5.10	16.30	0.25	0.55	2.30	0.95	1.41
甘薯粉	89.0	14.43	3.10	2.30	1.30	0.34	0.11	0.14	0.09	0.15
小麦麸	87.9	10.59	13.5	9.20	3.70	0.22	1.09	0.47	0.33	0.45
苜蓿草粉	89.6	6.57	15.7	13.90	1.00	1.25	0.23	0.61	0.36	0.64
紫云英草粉	88.0	6.86	22.3	19.5	4.60	1.42	0.43	0.85	0.34	0.83
槐叶粉	90.6	10.54	23.0	12.9	3.20	1.40	0.40	1.45	0.82	1.17
玉米秸粉	88.8	2.30	3.30	33.4	0.90	0.67	0.23	0.25	0.07	0.10
青干草粉	90.6	2.47	8.90	33.7	1.10	0.54	0.25	0.31	0.21	0.32
花生秧粉	90.9	6.90	12.2	21.8	1.20	2.80	0.10	0.40	0.27	0.32
地瓜秧粉	88.0	5.23	8.10	28.5	2.70	1.55	0.11	0.26	0.16	0.27
大豆秸粉	93.2	0.71	8.90	39.8	1.00	0.87	0.05	0.31	0.12	1.08
大豆粕	89.6	13.10	45.6	5.40	1.20	0.26	0.57	2.54	1.16	1.85
大豆饼	88.2	13.56	41.6	5.70	5.40	0.32	0.50	2.45	1.08	1.74
花生粕	92.0	12.30	47.4	13.0	2.40	0.20	0.65	2.30	1.21	1.50
花生饼	89.6	14.06	43.8	5.30	8.00	0.33	0.58	1.35	0.94	1.23
黑豆饼	88.0	13.60	39.8	6.90	4.90	0.42	0.27	2.46	0.74	1.19
芝麻粕	91.7	14.02	35.4	7.20	1.10	1.49	1.16	0.86	1.43	1.32
棉紫粕	89.8	10.13	32.6	13.6	7.50	0.23	0.90	1.11	1.30	1.55
棉仁饼	92.2	11.55	32.3	15.1	6.80	0.36	0.81	1.29	0.74	1.15
菜子粕	89.8	11.46	41.4	11.8	0.90	0.79	0.98	1.11	1.30	1.55
菜子饼	92.2	11.60	37.4	10.7	7.80	0.61	0.95	1.23	1.22	1.52
蓖麻粕	80.0	8.79	31.4	33.0	1.10	0.32	0.86	0.87	0.82	0.91
椰子饼	91.2	11.21	24.7	14.4	15.10	0.04	0.06	0.51	0.53	0.58
向日葵粕	90.3	10.88	35.7	22.8	1.60	0.40	0.50	1.17	1.36	1.50
向日葵饼	89.0	7.61	31.5	19.8	7.00	0.40	0.40	1.13	1.66	1.22

（续表）

饲　料	干物质	消化能（兆焦/千克）	粗蛋白	粗纤维	粗脂肪	钙	磷	赖氨酸	蛋+胱氨酸	苏氨酸
玉米胚饼	91.8	13.50	16.8	5.5	8.70	0.04	1.48	0.69	0.57	0.62
米糠饼	89.9	11.51	14.9	12.0	7.30	0.14	1.02	0.52	0.42	0.52
进口鱼粉	89.0	15.52	60.5	0.00	2.00	3.91	2.90	4.35	2.21	2.35
国产鱼粉	91.2	14.27	55.1	0.00	8.90	4.59	1.17	3.64	1.95	2.22
血　粉	89.3	10.92	78.0		1.40	0.30	0.23	8.07	1.14	2.78
蚕　蛹	90.5	20.71	54.6	0.00	22.00	0.02	0.53	3.07	1.23	1.86
水解羽毛粉	90.0	14.31	85.0	0.00	0.00	0.04	0.12	1.70	4.17	4.50
玉米蛋白粉	92.3	15.02	25.4	1.40	6.00	0.12	1.53	0.53	0.62	0.00
饲料酵母	91.1	16.61	45.5	5.10	1.60	1.15	1.27	2.57	1.00	2.18
甘　薯	25.0	3.68	11.00	0.90	0.30	0.13	0.05	0.13	0.11	0.00
胡萝卜	13.4	2.13	1.30	0.80	0.30	0.53	0.06	0.03	0.03	0.00
苜蓿草	19.6	2.22	14.60	5.00	0.80	0.20	0.06	0.21	0.00	0.24
黑麦草	18.0	2.55	2.40	4.20	0.50	0.13	0.05	0.16	0.09	0.13
甘薯秧	13.0	1.13	2.10	2.50	0.50	0.20	0.05	0.07	0.03	0.07
骨　粉	99.0	0.00	0.00	0.00	0.00	30.12	13.46	0.00	0.00	0.00
石　粉	99.0	0.00	0.00	0.00	0.00	35.0	0.00	0.00	0.00	0.00

备注:因产地、品种、收获季节、加工工艺以及储存方法等的不同,饲料的营养成分含量会有一定的差异。该表中数值仅供参考,生产中应根据具体情况进行取舍。有条件的规模化兔场最好对品质差异较大的饲料原料,如豆粕、花生粕等蛋白质饲料,各种干草粉、花生秧粉等粗饲料,在每次购进时采样化验,以便为日粮配合提供较为准确的依据。

三、肉兔各生理阶段的营养需要

1. 繁殖肉兔的营养需要

（1）种公兔的营养需要:

①非配种期:这一时期种公兔的营养需要主要应视其体况而定。对体况良好的种公兔,应给予比维持需要略高的营养,每千克日粮的消化能水平以9.20～9.62兆焦、粗蛋白水平以13%～14%为宜。切忌营养水平特别是能量水平过高,否则,会导致公兔过胖,睾丸发生脂肪变性,严重削弱配种能力。对体况较差的种公兔,应视具体情况给予较高营养水平的日粮,以利复膘。不能因为公兔暂时不配种,就不给予足够的营养。由于

精子形成需要较长的时间,因此,应特别注意种公兔营养需要的长期性和均衡性。

②配种期:确定配种期公兔营养需要的主要依据,是其配种强度的高低和精液品质的优劣。据测定,在日配种两次连续两天、休息1天的配种强度下,不同品种公兔每次射精量为0.5～1.5毫升,高者达2.0毫升,平均1毫升,每毫升含精子几千万至几亿个。要保持种公兔充沛的精力、高度的性反射、较多的射精量和优良的精液品质,就必须供给足够的各种营养物质。配种期种公兔的日粮调整最好从配种前12～20天开始。

③能量:配种期种公兔对能量的需要量不宜过高,适宜的能量水平为每千克日粮中含消化能10.46兆焦,与妊娠母兔相当。

④蛋白质:蛋白质水平和品质直接影响激素的分泌和精液品质,蛋白质不足是目前肉兔生产中种公兔配种效率低下的主要原因。配种期种公兔日粮中粗蛋白适宜含量为15%～17%,并注意蛋白质品质。

⑤维生素:多种维生素与种公兔的配种能力和精液品质有着密切关系。如长期缺乏维生素A、E,可导致种公兔性欲降低、精液密度降低、畸形率增高。维生素D缺乏,会影响机体对钙、磷的利用,间接影响精液品质。配种期种公兔日粮中,应含1万～1.2万国际单位维生素A、50毫克维生素E、800～1 000国际单位维生素D。

⑥矿物质:钙、磷、锌、镁和锰等矿物质元素的缺乏亦会给精液品质带来不良影响。配种期种公兔日粮中,适宜的钙、磷含量分别为1.0%、0.5%～0.6%,并添加富含锌、镁、锰等元素的专用添加剂。

(2)空怀母兔的营养需要:空怀母兔的营养需要主要根据繁殖强度和母兔的体况而定。对采用频密和半频密繁殖、体况较差的空怀母兔,应加强营养,补饲催情。每千克日粮中消化能水平为10.46～11.51兆焦,粗蛋白水平为15%～16%。对年繁5窝以下、繁殖强度不高、体况良好的空怀母兔,应给予维持需要或仅比维持需要略高的营养水平,每千克日粮中消化能水平以9.20～9.62兆焦,粗蛋白水平以13%～14%为宜。切忌营养特别是能量水平过高,使卵巢和输卵管周围积贮大量脂肪,影响母兔的发情、排卵和受胎。

(3)妊娠母兔的营养需要:由于妊娠母兔对营养物质的利用率较高,

在体内具有较强的贮积营养物质的能力,因此,妊娠母兔对营养物质的需要量,并不像大多数人所认为的那么多。据山东省农业科学院畜牧兽医研究所研究发现,妊娠母兔营养水平较高时,会对其产仔性能不利。另据报道,营养水平过高是诱发母兔妊娠毒血症的最主要原因。妊娠母兔适宜的营养水平为,每千克日粮中含消化能 10.46 兆焦、粗蛋白 16%、粗纤维 14%～15%、粗脂肪 2%～3%、钙 1.0%、磷 0.5%～0.6%,并添加富含维生素和微量元素的专用添加剂。

(4)哺乳母兔的营养需要:哺乳母兔的营养需要主要取决于其泌乳性能的高低。它对仔兔的生长发育、哺乳期间自身的体重变化以及健康状况等起着至关重要的作用。

哺乳母兔的泌乳量在整个泌乳周期呈抛物线状变化。兔乳中各种营养物质含量是其他家畜乳的 2～3 倍,可满足仔兔快速生长发育的需要。至 3 周龄前,仔兔每增重 1 千克需 1.7～2.0 千克的兔乳。

哺乳母兔每日营养需要量 = 体重(千克)×(维持需要量 + 泌乳需要量)。哺乳母兔每千克活重维持需要量消化能约为 0.40 兆焦,可消化蛋白质约为 2.0 克;每千克体重每产 1 克乳需消化能 0.016 兆焦,可消化蛋白质 0.17 克。则体重 4.5 千克、日产乳 180 克(即每千克体重日产 40 克乳)的母兔,其消化能需要量为:4.5×(0.40 + 0.016×40) = 4.68 兆焦,可消化蛋白质需要量为:4.5×(2.0 + 0.17×40) = 39.60 克。

据研究,哺乳母兔的适宜营养供给量为,每千克日粮含消化能为 11.51～12.13 兆焦、粗蛋白 18%～20%、粗纤维 10%～12%、粗脂肪 3%～5%、钙 1.0%～1.2%、磷 0.6%～0.8%、赖氨酸 0.8%、含硫氨基酸 0.7%、精氨酸 0.8%～1.0%、钠 0.2%、氯 0.3%、钾 0.6%、镁 0.04%、铜 10～50 毫克、铁 50～100 毫克、碘 0.2 毫克、锰 50 毫克、锌 70 毫克、维生素 A 8 000～10 000 国际单位、维生素 D 800 国际单位、维生素 E 50 毫克。

2. 仔、幼兔的营养需要

(1)补饲阶段仔兔的营养需要:仔兔出生 15～18 天后便会跳出产箱,开始寻觅固体饲料,此时可给予少量营养丰富且易消化的鲜嫩青绿饲料诱食。3 周龄后应根据仔兔营养需要及消化生理特点,专门配制营养丰富的仔兔补饲料。与完全依赖哺乳的仔兔相比,补饲仔兔采食颗粒饲料时摄取的干物质较多。以新西兰白兔为例,仔兔3周龄时,母兔平均日泌乳量约为181克,每只仔兔仅能采食20~30克乳汁,相当于6~10克干物质,这对于一只正处在迅速生长发育期的仔兔是远远不够的。与之相比,3周龄的补饲仔兔每天多采食干物质5~35克,4周龄时可多采食30~60克,可以补偿因早期(28日龄)和超早期(23~25日龄)断奶而造成的生长速度降低。据试验,自补饲阶段自由采食全价颗粒饲料,分别于28日龄、35日龄和42日龄断奶的幼兔,12周龄出栏体重无明显差异。

目前,国内外对补饲仔兔营养需要的研究报道很少,国外多采用"母仔料"方式对仔兔补料。该方式的优点是简化了喂养程序,提高了劳动效率,但并不能发挥仔兔最大生长速度。补饲仔兔的营养需要量如下:每千克日粮含消化能11.51~12.13兆焦、粗蛋白20%、粗纤维8%~10%、粗脂肪3%~5%、钙1.2%、磷0.6%~0.8%、赖氨酸1.0%、含硫氨基酸0.7%、精氨酸0.8%~1.0%、钠0.2%、氯0.3%、钾0.6%、镁0.04%、铜50~200毫克、铁100~150毫克、锰30~50毫克、锌50~100毫克、碘0.2毫克、维生素A1万国际单位、维生素D1000国际单位、维生素E50毫克。

(2)生长幼兔的营养需要:生长幼兔的营养需要应根据断奶体重、预期达到的生长速度和出栏体重而定。据试验,25~84日龄日增重30~40克的新西兰生长幼兔,每天需消化能980.73~1347.67千焦,可消化蛋白质10.0~13.7克。每增重1克需消化能28.20~40.01千焦,可消化蛋白质0.29~0.41克(表51)。

表51　　　　新西兰幼兔每天消化能和可消化蛋白质需要量

出栏体重(千克)	断奶体重(千克)	生长速度(克/天)					
		30		35		40	
		可消化能(千焦/千克)	可消化蛋白质(克)	可消化能(千焦/千克)	可消化蛋白质(克)	可消化能(千焦/千克)	可消化蛋白质(克)
2.00	0.40	980.73	10.0	1 054.37	10.7	1 128.01	11.5
	0.50	1 000.39	10.2	1 074.03	10.9	1 147.67	11.7
	0.60	1 020.06	10.4	1 093.70	11.1	1 167.34	11.9
	0.70	1 039.72	10.6	1 113.36	11.3	1 187.00	12.1

（续表）

出栏 体重 （千克）	断奶 体重 （千克）	生长速度（克/天）					
		30		35		40	
		可消化 能(千焦 /千克)	可消化 蛋白质 （克）	可消化 能(千焦/ 千克)	可消化 蛋白质 （克）	可消化 能(千焦/ 千克)	可消化 蛋白质 （克）
2.25	0.40	1 062.32	10.8	1 136.37	11.6	1 210.01	12.3
	0.50	1 081.56	11.0	1 155.62	11.8	1 229.26	12.5
	0.60	1 100.89	11.2	1 174.87	11.9	1 248.51	12.7
	0.70	1 120.06	11.4	1 194.11	12.1	1 267.75	12.9
2.5	0.40	1 143.91	11.6	1 217.54	12.4	1 291.18	13.1
	0.50	1 162.73	11.8	1 236.37	12.6	1 310.01	13.3
	0.60	1 181.56	12.0	1 255.20	12.8	1 328.84	13.5
	0.70	1 200.39	12.2	1 274.03	13.0	1 347.67	13.7

生长幼兔每千克日粮中,消化能含量为 10.46～11.51 兆焦、粗蛋白 16%～18%、粗纤维 10%～14%、粗脂肪 3%～5%、钙 1.0%、磷 0.5%～0.6%、含硫氨基酸 0.6%、钠 0.2%、氯 0.3%、镁 0.04%、铜 50～200 毫克、铁 100～150 毫克、锰 30～50 毫克、锌 50～100 毫克、碘 0.2 毫克、维生素 A 1 万国际单位、维生素 D 1 000 国际单位、维生素 E 50 毫克。

四、肉兔饲养标准

目前,我国尚无肉兔饲养标准。在实际生产中,主要参考法国 F. Lebas 标准和美国 NRC 标准(表 52、表 53)。肉兔含价料的精料补充料建议营养浓度如表 54、表 55 所示。

表52	法国 F. Lebas 肉兔饲养标准			
营养指标	4～12周龄 生长幼兔	哺乳兔	妊娠兔	维持量
消化能(兆焦/千克)	10.46	11.30	10.46	9.2
代谢能(兆焦/千克)	10.04	10.88	10.04	8.87
粗蛋白(%)	15	18	18	13
粗脂肪(%)	3	5	3	3
粗纤维(%)	14	12	14	15～16
不消化纤维(%)	12	10	12	13
钙(%)	0.5	1.1	0.8	0.6
磷(%)	0.3	0.8	0.5	0.4
钾(%)	0.8	0.9	0.9	
钠(%)	0.4	0.4	0.4	
氯(%)	0.4	0.4	0.4	
镁(%)	0.03	0.04	0.04	
硫(%)	0.04			
钴($\times10^{-6}$)	1.0	1.0		
铜($\times10^{-6}$)	5.0	5.0		
含硫氨基酸(%)	0.5	0.6		
赖氨酸(%)	0.6	0.75		
精氨酸(%)	0.9	0.8		
苏氨酸(%)	0.55	0.7		
色氨酸(%)	0.18	0.22		
组氨酸(%)	0.35	0.43		
异亮氨酸(%)	0.6	0.7		
苯丙氨酸 + 酪氨酸(%)	1.2	1.4		
缬氨酸(%)	0.7	0.85		
亮氨酸(%)	1.5	1.25		

表 53 美国 NRC 肉兔饲养标准

营养指标	生长	维持	妊娠	泌乳
消化能(兆焦/千克)	10.46	8.79	10.46	10.46
总消化养分(%)	65	55	58	70
粗纤维(%)	10~12	14	10~12	10~12
脂肪(%)	2	2	2	2
粗蛋白质(%)	16	12	15	17
钙(%)	0.4		0.45	0.75
磷(%)	0.22		0.37	0.5
镁(毫克)	300~400	300~400	300~400	300~400
钾(%)	0.6	0.6	0.6	0.6
钠(%)	0.2	0.2	0.2	0.2
氯(%)	0.3	0.3	0.3	0.3
铜(毫克)	3	3	3	3
碘(毫克)	0.2	0.2	0.2	0.2
锰(毫克)	8.5	2.5	2.5	2.5
维生素 A(国际单位/千克)	580		>1 160	
胡萝卜素(毫克)	0.83		0.83	
维生素 E(毫克)	40		40	40
维生素 K(毫克)			0.2	
烟酸(毫克)	180			
维生素 B_6(毫克)	39			
胆碱(克)	1.2			
赖氨酸(%)	0.65			
含硫氨基酸(%)	0.6			
精氨酸(%)	0.6			
组氨酸(%)	0.3			
亮氨酸(%)	1.1			
异亮氨酸(%)	0.6			
苯丙氨酸+酪氨酸(%)	1.1			
苏氨酸(%)	0.6			
色氨酸(%)	0.2			
缬氨酸(%)	0.7			

表 54　　　　　　　　　　肉兔全价料建议营养浓度

营养指标	补料仔兔	断奶幼兔	妊娠兔	哺乳兔	空怀兔	种公兔
消化能（兆焦/千克）	11.51~12.13	10.46~11.51	10.46	11.51~12.13	9.62	10.46
粗蛋白（%）	20	18~16	16	18~20	14	15~16
粗纤维（%）	8~10	10~14	14~15	10~12	16~20	14~15
粗脂肪（%）	3~5	3~5	2~3	3~5	2	2~3
钙（%）	1.2	1.0~1.2	1.0	1.2	0.5~0.6	1.0
磷（%）	0.6~0.8	0.5~0.6	0.5~0.6	0.6~0.8	0.3	0.5~0.6
赖氨酸（%）	1.0	1.0	0.6	0.8		0.7
含硫氨基酸（%）	0.7	0.6	0.5	0.6		0.5
精氨酸（%）	0.8~1.0	0.8~1.0	0.7~0.9	0.8~1.0		0.8~0.9
钠（%）	0.2	0.2	0.2	0.2	0.2	0.2
氯（%）	0.3	0.3	0.3	0.3	0.3	0.3
镁（%）	0.04	0.04	0.04	0.04	0.03	0.04
铜（$\times 10^{-6}$）	50~200	50~200	10	10~50		20
铁（$\times 10^{-6}$）	100~150	100~150	50	50~100		50
锌（$\times 10^{-6}$）	50~100	50~100	50	70		70
锰（$\times 10^{-6}$）	30~50	30~50	50	50		50
维生素 A（国际单位/千克）	8 000~10 000	8 000~10 000	8 000	8 000~10 000	8 000	10 000~12 000
维生素 D（国际单位/千克）	1 000	1 000	900	1 000		1 000
维生素 E（$\times 10^{-6}$）	50	50	50	50	50	50~100

表 55　　　　　　　　精料补充料建议营养浓度

营养指标	补料仔兔	生长幼兔	妊娠母兔	哺乳母兔	空怀母兔	种公兔
消化能(兆焦/千克)	11.5	11.51	11.29	12.54	10.46	11.29
粗蛋白(%)	20	20	18	20	16	18
粗纤维(%)	6~8	6~8	8~10	6~8	10~12	8~10
粗脂肪(%)	5	5	4	5	4	4
钙(%)	1.1~1.2	1.0~1.2	1.0~1.2	1.0~1.2	1.0~1.2	1.0~1.2
磷(%)	0.8	0.8	0.6	0.8	0.5~0.6	0.6
赖氨酸(%)	1.1	1.0	0.9	1.1	0.8	1.0
含硫氨基酸(%)	0.8	0.8	0.6	0.8	0.6	0.7
精氨酸(%)	1.0	1.0	0.9	1.0	0.9	1.0
食盐(%)	1.0	1.0	1.0	1.0	1.0	1.0
专用添加剂(%)	1~2	1~2	1~2	1~2	/	1~2
日喂量(%)	0~20	10~50	50~75	100~150	50	50~75

五、饲料选择与日粮配方

1. 常用饲料及其营养特性

肉兔饲料来源较为广泛,规模化生产应在了解各种饲料营养特性的基础上,科学合理搭配日粮,以满足不同类型肉兔对各种营养物质的需求,发挥生产潜力,获得最佳经济效益。

(1)青绿多汁饲料:水分含量60%~90%,质地柔软,适口性好,有机物质消化率60%~80%;富含胡萝卜素、未知促生长因子和植物激素,对肉兔生长、繁殖和泌乳等性能有良好的促进作用;紫花苜蓿、三叶草和刺槐叶等含有丰富的蛋白质,是肉兔理想的饲料来源;某些野生牧草和树叶还是廉价的中草药,对肉兔有防病治病作用。如葎草、车前草、鸡脚草、芜荽、韭菜等,可预防幼兔腹泻;蒲公英、酢酱草、野菊花等,可预防母兔乳房炎。

栽培牧草:种植栽培牧草既是解决规模化肉兔生产中饲草资源的重要途径,又是降低规模化肉兔生产成本最为有效的措施之一。适合我国气候特点、品质优良的栽培牧草品种很多,主要有紫花苜蓿、子粒苋、串叶松香草、冬牧70黑麦、黑麦草、墨西哥玉米、苏丹草、苦荬菜等。

青刈作物类:常用的有青刈地瓜秧、青刈大豆、青刈麦苗、玉米收割前采集的青玉米叶等。

块根块茎类：如胡萝卜、青萝卜、南瓜、西瓜皮等。

蔬菜及下脚料：如芫荽、卷心菜、韭菜、萝卜缨、莴苣叶等。

青绿树叶类：如刺槐叶、杨树叶、柳树叶、桑叶等。

野生牧草：常见的野生牧草主要有葎草（拉拉秧、涩拉秧）、车前草（猪耳朵草）、牛尾草、狗尾草、猫尾草、鸡脚草、结缕草、马唐、蒲公英、莎草、苦菜、苦蒿、野苜蓿、野豌豆等。因地理地貌、环境气候的不同，各地区的野生牧草种类有很大的差异。

在利用青绿多汁饲料时，应注意被农药污染过的、含露水或雨水的、有毒的青绿饲料不能喂，常见的有毒野草、野菜主要有芥菜、飞燕草、骆驼蓬、土豆秧、西红柿秧及蓖麻地里生长的野草等；采集后应立即摊开，防止因堆积时间太长而发热变黄、霉烂变质；最好置于草架上饲喂，以免造成浪费或引起肉兔腹泻；块根块茎类多汁饲料应切成块、丝后再喂，并注意一次喂量不宜过多；因青绿饲料种类繁多，营养差异很大，最好搭配饲喂。

（2）粗饲料：粗纤维含量高，因种类和采集期的不同，粗蛋白质和维生素等可利用养分含量差异很大，营养价值有很大的差异。如苜蓿干草粗蛋白含量为 12%～26%，槐叶粉为 18%～27%，花生秧为 8%～12%，大部分野生干草为 6%～12%，而玉米秸等秸秆一般仅为 3%～5%；现蕾前刈割的紫花苜蓿干物质中粗蛋白含量高达 26%，初花期刈割的一般为 17%，而盛花期刈割的仅 12% 左右。

干草类：如苜蓿干草、羊草、野生干草等。

作物秸秆类：如晒干的花生秧、地瓜秧、豆秸等。

树叶类：如晒干的刺槐叶、秋末树上落下的杨树叶、苹果叶、桃树叶等。

首选苜蓿草粉、槐叶粉、花生秧等营养价值较高的豆科牧草（秸秆、树叶），品质很差的一些农作物秸秆和野生牧草，如小麦秸、棉花秸、芦苇等最好不用；掌握适宜的采收时间，如紫花苜蓿最适宜刈割时期为初花期，一般野生青草和刺槐叶为每年的 8 月至 10 月上旬；尽量缩短晒制时间，切忌雨淋，以获得"青绿、芳香"的优质干草；豆科牧草（秸秆）叶片在晒制过程中极易脱落，应注意收集；含单宁较高的树叶如杨树叶、柳树叶等,在全价日粮中的比例不宜过高,一般不超过 20%。

(3)蛋白质饲料:营养全面,粗蛋白等各种营养物质均较丰富。粗蛋白含量一般为 35%~60%,消化率高达 70%~90%,必需氨基酸特别是含硫氨基酸含量较高。

植物性蛋白质饲料:如大豆、蚕豆等豆类子实及豆粕(饼)、花生粕(饼)、棉仁粕(饼)、豆腐渣等豆类加工副产品。

动物性蛋白质饲料:如鱼粉、蚯蚓、蚕蛹等。

蛋白质饲料在全价日粮中一般为 15%~20%,在精料补充料中为 25%~35%,既不能过高,亦不可过低,过高可诱发魏氏梭菌病等消化道疾病,过低可导致肉兔生产性能降低。注意豆类子实中因含抗胰蛋白酶等影响消化的物质,在使用前应加热处理;注意棉子粕(饼)、菜子粕(饼)含多种有毒物质,解毒后方可使用,并注意蛋氨酸的添加;注意动物性蛋白质饲料成本较高、适口性较差,而且受欧盟兔肉出口的限制,一般不提倡使用。

(4)能量饲料:有效能含量较高,糠麸类饲料消化能含量一般为 10.5 兆焦/千克,禾本科子实类一般为 13.5%~15.5 兆焦/千克,而动植物油类可高达 32.22 兆焦/千克;粗纤维含量低,含量最高的糠麸类一般为 10% 左右,禾本科子实一般仅为 1.1%~5.6%,动植物油中不含粗纤维;蛋白质含量较低,含量最高的麦类及其加工副产品一般为 12.0%~15.5%,玉米一般仅为 8.0% 左右,动植物油中不含蛋白质;含磷量较高,含钙较少;含 B 族维生素较多,含胡萝卜素、维生素 D 较少。

禾本科子实:常用的主要有玉米、小麦、大麦等。

糠麸类:如麦麸、小麦次粉等。

动植物油类:如猪大油、棉子油、菜子油等。

玉米在全价日粮中一般为 15%~30%,玉米等能量饲料比例过高极易诱发魏氏梭菌等消化道疾病;日粮中应至少有两种以上的能量饲料搭配使用,所占的比例应视营养和成本等因素综合考虑;在生长幼兔日粮中可适当添加 1%~2% 动植物油。

(5)矿物质饲料:有如下种类。

单纯补钙类:如石粉、贝壳粉等。

钙磷同补类:如骨粉、磷酸氢钙等。

食盐:补充日粮中钠和氯的不足,且有提高食欲等作用。

其他:如沸石、麦饭石、稀土等,含钙、磷以及多种微量和稀有元素。

该类饲料在肉兔日粮中的比例要求较严,过高可引起中毒或其他副作用,过低起不到相应的作用。一般矿物质饲料在全价饲料中食盐的含量为0.5%,夏季可提高至0.7%~1.0%;骨粉等类饲料1.0%~2.0%;沸石、麦饭石3%左右;因用量较少,在日粮配制时应逐级混合均匀,以免发生中毒。

(6)饲料添加剂:有如下种类。

维生素类添加剂:一般只在常年饲喂全价颗粒饲料、室内笼养、冬季缺青季节、种兔高频密配种期、运输过后或为防治某些疾病的需要等情况下添加,在以青绿饲料为基础饲料的生产方式下可不添加。

氨基酸类添加剂:最常用的为蛋氨酸和赖氨酸。一般仅用于幼兔,以促进幼兔的生长。

微量元素添加剂:主要含铜、铁、锌、锰、碘、硒、钴等元素。

驱虫保健剂:如抗球虫药、抗生素等,用于防治某些疾病。

饲料防腐剂:如山梨酸、丙酸钙等。

注意品牌、含量、用法及有效期等,切忌乱用,以免起不到应有的作用,造成浪费或发生事故;添加剂用量甚微,不宜直接拌入饲料,应逐级预混均匀;驱虫保健剂应视药物性质定期更换、交叉使用,以免产生抗药性。

目前世界养兔业发达的国家已广泛应用添加剂预混料。在我国肉兔专用添加剂预混料方面的研制与开发工作起步较晚,许多养兔场(户)随意选用猪鸡用添加剂预混料,效果不甚理想,有时还出现一定的副作用。

2.饲料原料的选择

我国饲草饲料资源十分丰富,在配制肉兔日粮时应注意对饲料原料的选择。因不同类饲料间、同类饲料不同原料间营养、适口性、价格差异很大;同一种饲料原料因产地、品种、收获时间、加工(晒制)方法和保存方法的不同,内在品质亦有很大差异,各种饲料原料在肉兔日粮配方中所占的比例有较大的差异;棉仁粕(饼)、菜子粕(饼)等原料虽然在价格等某些方面较同类饲料原料有一定优势,但由于含有游离棉酚等有毒物质,使得在肉兔日粮中的使用受到限制。

常用饲料原料在全价配合日粮和精料补充料中适宜的含量如表56所示。

表56　常用饲料原料在全价配合日粮和精料补充料中适宜的含量

饲料原料	含　量	
	全价配合日粮	精料补充料
能量饲料	40%～65%	65%～75%
玉　米	20%～35%	20%～40%
小　麦	20%～35%	20%～40%
麦　麸	10%～30%	20%～40%
大　麦	20%～40%	20%～40%
高　粱	5%～10%	10%～15%
动植物油	1%～2%	3%～4%
蛋白质饲料	15%～20%	25%～30%
豆粕(饼)	15%～20%	20%～25%
花生粕(饼)	10%～15%	15%～20%
解毒过的棉仁粕(饼)(非繁殖兔)	5%～8%	8%～12%
解毒过的菜子粕(饼)(非繁殖兔)	5%～8%	8%～12%
粗饲料	20%～60%	/
优质苜蓿粉(初花期)(CP > 17%)	40%～60%	/
中等苜蓿粉(13% < CP < 17%)	30%～50%	/
普通苜蓿粉(CP < 13%)	25%～45%	/
花生秧	20%～45%	/
地瓜秧	20%～40%	/
豆　秸	20%～35%	/
玉米秸(上1/3部分和玉米叶)	20%～30%	/
刺槐叶粉(CP > 18%)	40%～60%	/
普通青干草	20%～45%	/
矿物质饲料	2%～3%	3%～4%
食　盐	0.5%～0.7%	0.7%～1.0%
骨　粉	1%～2%	2%～3%
石　粉	1%～2%	2%～3%
贝壳粉	1%～2%	2%～3%
添加剂预混料	1%	2%～3%

3.日粮配方

(1)根据肉兔的品种、年龄、生长阶段、生理状态和当地气候条件合理选择饲养标准。

(2)立足当地资源,就地取材,做到质优价廉。不同地区的饲料资源差异很大,在进行日粮配制时,应视当地饲料资源特点,选用营养较为丰富、价格相对低廉的饲料,配合最低成本全价日粮。因不同的饲料种类营养成分差异很大,饲料品种的多样化,可相互弥补在某一方面营养物质的不足。一般在一种日粮中能量饲料最少选用两种,切忌单一使用玉米而造成玉米比例过高。在条件允许时,蛋白质饲料最好采用"两饼(粕)"搭配。

考虑到肉兔采食量,所配的日粮容积不宜过大,否则,即使营养全面,亦会因营养浓度过低而不能满足兔对营养物质的需要。

(3)注意某些有毒饲料的用量、解毒方法和使用范围。如棉子饼(粕),是我国产棉区常用的一种蛋白质较丰富的饲料,但因其含有对兔体有毒的有害物质——游离棉酚,不去毒会发生中毒现象。为安全起见,一般生长幼兔和成年母兔棉子饼(粕)解毒后的用量应控制在日粮总量的10%以内,而种公兔、哺乳母兔日粮中最好不要使用。对一些含有不良营养物质,虽然无法解毒,但仍可限制使用(如杨树叶、棉槐叶等)。

(4)有针对性地选用一些添加剂,特别是对生长幼兔尤为重要。在选用添加剂时一定要注意产品说明,最好选用相应的专用添加剂。

(5)配料时一定要将饲料搅拌均匀。对所占比例较少的成分(如食盐、骨粉、添加剂和预防性药物成分),应先进行预混。方法是先将这些少量成分与少量粉料(玉米面、麦麸等)拌匀,再连续3~4次逐级混合拌匀,最后再与大量的饲料混合在一起,以达到搅拌均匀的目的。

在有条件的情况下,最好将配方样品送到有关单位分析化验,这是因为某一种饲料经常因产地、加工方法的不同,各种营养物质的含量会有较大差异,使配方的计算值与其实际含量有一定的差异。如化验结果与计算值不相符,应以化验结果为准,并将其与营养需要量相比较,视情况决定是否进行调整。

生产验证是判断日粮配合科学合理与否的唯一标准。任何一种日粮配方,在无把握的情况下应先通过小群试验观察、验证,视生产效果的好坏决定该配方的取舍。如效果较好,可大规模推广应用;如效果不甚理想,则需查找原因。在原因不明的情况下,应向专家咨询,如确定是饲料原因,则应对配方进行调整。

实用配方如表 57 所示。

表 57　　　　　　　　　　肉兔常用饲料配方

饲料组成(%)	种公兔		补饲仔兔			生长幼兔		妊娠母兔		哺乳母兔	
	I	II	I	II	III	I	II	I	II	I	II
玉米	15.0	28.5	25.0	20.0	20.0	22.0	20.0	25.5	24.5	19.0	17.5
小麦	25.0										
麦麸	19.5	25.0	19.5	14.5	16.5	18.0	14.0	16.0	13.0	15.0	14.5
豆粕	12.0	23.0	20.0	12.0	10.	19.0	10.0	20.0	10.0	16.0	10.0
花生粕	10.0				10.0		8.0		9.0		7.0
棉子粕				10.0							
大麦根					20.0						
花生秧	15.0		32.0		20.0	38.0		35.0		45.0	
苜蓿粉		20.0		40.0			45.0		40.0		48.0
饲料酵母										2.0	
骨粉	2.0	2.0	2.0	2.0	2.0	1.5	1.5	2.0	2.0	1.5	1.5
专用添加剂	1.0	1.0	1.0	1.0	1.0	1.0	1.0	1.0	1.0	1.0	1.0
食盐	0.5	0.5	0.5	0.5	0.5	0.5	0.5	0.5	0.5	0.5	0.5

第三节　肉兔饲养管理技术

如果说优良的品种和合理均衡的全价饲料是养兔成功的前提,那么细致完善的饲养管理则是养兔成功的保证。饲养管理是肉兔生产的核心工作,是肉兔选育、繁殖、饲养、疾病防治等各种知识的综合应用。良种要有良法与之配套,才能充分发挥良种效应,取得良好的经济效益。否则,良种也会表现得平庸,甚至退化,疾病频发,"生得多死得多",导致经济效益低下。

一、肉兔的生活习性及消化特点

1. 感官及习性

肉兔的嗅觉、味觉、听觉发达,视觉较差;发情母兔可刺激公兔性欲;喜欢甜味和苦味的草、料,不爱吃带腥味的动物性饲料和发霉变质的饲料;对声音反应敏感,易受惊吓,可通过特殊声音训练建立采食、饮水等条件反射。兔舍内放音乐可增加采食量,促进消化,泌乳增加。

2. 啮齿

肉兔的第一对门齿是恒齿,永不脱换,不停生长,上颌门齿每年生长约 10 厘米,下颌 12.5 厘米,需硬物磨损。

3. 扒食

饲喂粉料的兔场 50% 以上存在扒食,饲喂颗粒料也有 20% ~ 30% 存在扒食的现象,饲料浪费严重。多是由于饲料配合不合理,混合不均,有异味等引起。生产中应注意合理搭配,充分搅拌,必要时加入调味剂,混合料、多汁料分开饲喂。

4. 惯食

肉兔对经常采食的饲料有偏爱,一旦更换难以很快适应,易引起采食量减少,消化不良。消化酶和盲肠内微生物不能马上适应新的饲料类型,肠内微生物结构失调,引起腹泻和肠炎。一般不要轻易改变饲料,确需改变应逐步进行。

5. 夜食

肉兔每天采食 30 ~ 40 次,夜间采食量和采食次数为全天的 60% ~ 75%。夏季白天气温高,食欲低;冬季夜间气温低,时间长,维持需要量较高。饲喂时应做到"早上喂得早,晚上晚而饱"。

6. 贪食

肉兔的胃容积大,胃壁薄,收缩力弱,幽门开口于胃的上部,胃中食糜排出较困难。特别是幼兔贪食适口性好的青绿多汁饲料,易引起消化不良,甚至腹泻。生产中应定时定量,避免过量。

7. 消化机能

肉兔的胃容积占消化道总容积的 35% 左右,为单胃动物中最大。胃排空缓慢,停喂 2 天,胃内容物仅减少 50%,具有相当的耐饥饿能力。生产中可采用每周停料 1 天的管理方式,对肉兔的采食量、生产性能等影响不大,可大大降低劳动强度和肉兔腹泻的发病率。

由于肉兔肠道的敏感性和脆弱性,在生产中兔舍的污浊潮湿、饲料霉变、饮水污染、饲料突变、腹壁受凉等均可引起肉兔消化道内环境的改变,发生腹泻和肠炎。一味地采用抗生素预防,往往适得其反。

二、肉兔饲养管理的原则

对肉兔的日常饲养管理,必须适应肉兔的生活习性及消化特点。

1. 合理搭配,饲料多样化

相比牛、羊、猪等家畜来说,肉兔生长发育快,繁殖力、产肉力高,单位体重营养物质的需要量明显要高。任何一种营养物质的缺乏或过量都会对其产生很大的影响,有时甚至是致命的。

由于饲料种类千差万别,营养成分各不相同,每一类、每一种饲料都有其自身的特点,在配制肉兔日粮时应根据各类型肉兔的生理需要,将多种不同种类的饲料科学搭配,方能取长补短、营养全价。即使在喂青粗饲料时亦应如此。俗话说"若让兔儿长得好,给吃多样草",就是这个道理。

2. 日粮组成相对稳定,饲料变换应逐渐过渡

肉兔的消化道非常敏感,饲料的突然改变往往会引起食欲下降,或贪食过多导致消化紊乱,产生胃肠道疾病,因此,应保持日粮组成的相对稳定。在饲料确需更换时,为使肉兔消化道有一个适应过程,应有约 1 周的过渡期,每次更换 1/3,每次 2～3 天,循序渐进。

3. 注意饲料品质,合理调制日粮

肉兔的饲料选择要做到"十不喂":腐烂、变质的饲料不喂;被粪尿污染的饲料不喂;沾有泥水、露水的青绿多汁饲料不喂;刚被农药污染过的饲草、树叶不喂;有毒的饲草不喂;易引起胀胃的饲料(如未经煮熟、焙炒等加热处理的豆类饲料,开花期的草木樨)不喂;易引起腹泻的多汁饲料(如大白菜、菠菜等)不宜单一或大量饲喂;冰冻的饲料不喂;发芽的土豆、染上黑斑病的地瓜不喂;含盐量较高的家庭剩菜不宜

单喂。

4. 定时定量,精心喂养

肉兔的饲喂制度有自由采食和限量采食两种。在养兔业发达的国家如法国、德国等,已普遍采用全价颗粒料,对营养需要量高的几种类型兔(如哺乳母兔、生长肥育兔等)多实行自由采食,以充分发挥其哺乳性能和生产性能。目前我国肉兔生产中,多实行限量、定时定量饲喂法,即固定每天的饲喂时间和相对一定的量,使肉兔养成定时采食和排泄的习惯,并根据各类型肉兔的需要和季节特点,规定每天的饲喂次数和每次的饲喂量。原则上让兔吃饱吃好,不能忽多忽少。

定时喂兔,要根据季节不同适当加以调整。大兔的采食量比较恒定,定量容易把握,小兔的定量要从开始抓起。初次定量,可设定一个日粮数,分餐供应。观察一二天,看准确与否,高了减,低了加。1 月龄的小兔,日采食量 30 克左右。随着小兔年龄的增长,适时增加日粮数量。所谓适时,就是不能每天都加量,这样做会出大问题。在冬、春、秋 3 个寒凉温爽的季节里,可以每隔 5 ~ 7 天每只兔一天增加 5 ~ 10 克料,具体可视兔的采食和消化状况而定。定时定量蕴含着丰富的知识和技巧,是饲养标准化的一个方面,运用得好,可以不浪费饲料,有利于卫生(笼底、兔体相当洁净),能及时发现问题、解决问题。实践证明,在饲料符合兔的生理营养需要的前提下,坚持运用定时定量的科学方法,兔子就会按人的设想健壮成长。

5. 保证充足的清洁饮用水

不同的季节、不同的生长阶段和生理时期,肉兔的需水量不同。夏季高温,兔散热困难,需要大量饮水来调节体温。幼兔生长发育快,体内代谢旺盛,单位体重的饮水量高于成年兔;母兔产后易感口渴,如饮水不足,容易发生残食或咬死仔兔现象;兔在采食大量青绿多汁饲料后,供水量可适当减少;在喂全价颗粒饲料时,应让兔自由饮水,在有条件的场(户),可安装自动饮水器。冬季最好饮温水,以免引起消化道疾病(表 58 ~表 60)。

表 58   气温对兔饮水量的影响

气温 （℃）	相对湿度 （%）	采食量 （克/天）	饲料利用率	饮水量 （克/天）
5	80	184	5.02	336
18	70	154	4.41	268
30	60	83	5.22	448

表 59   肉兔不同生理时期每天适宜的饮水量

生理时期	饮水量（升）
妊娠或妊娠初期母兔	0.25
成年公兔	0.28
妊娠后期母兔	0.57
哺乳期母兔	0.60
母兔 +7 只仔兔（6 周龄）	2.30
母兔 +7 只仔兔（8 周龄）	4.50

表 60   不同年龄生长兔的需水量

周 龄	平均体重 （千克）	每日需水量 （千克）	每千克饲料平均需水量 （千克）
9	1.17	0.21	2.0
11	2.10	0.23	2.1
13 ~ 14	2.5	0.27	2.1
17 ~ 18	3.0	0.31	2.2
23 ~ 24	3.8	0.31	2.2
25 ~ 26	3.9	0.34	2.2

6. 定期消毒, 保持兔舍干燥、卫生

肉兔是喜干燥爱清洁的小动物。肮脏潮湿的环境易导致肉兔发病, 特别是某些消化道疾病、寄生虫病等。因此, 每天要清扫兔舍、兔笼, 并定期对兔舍内及周围地面、兔笼、食槽、水槽、产仔箱定期消毒, 经常保持兔舍干燥、卫生, 使病原微生物无法生存、繁殖。这是增强肉兔体质、预防疾病的关键措施, 环境消毒应成为肉兔常生产管理中一项经常化、制度化的管理程序。

因季节、消毒对象的不同,兔舍、兔笼及养兔用具的消毒间隔时间有一定的差异。每天应对兔舍的地面进行清扫,保持地面清洁。不同季节要制定相应的消毒程序。冬季兔笼每月应至少消毒一次,食槽、水槽每半月消毒一次。夏季环境潮湿,病原微生物孳生很快,消毒的间隔时间应相应缩短。兔舍地面、兔笼每半月消毒一次,食槽、水槽每天洗刷干净,每周消毒一次。春秋季节的消毒时间间隔介于冬夏之间。

消毒方法因不同的消毒对象而异。兔场进口处要设消毒池。消毒池的跨度应大于进出车轮的周长。消毒池内放置草垫,倒入5%的火碱溶液或20%新鲜石灰乳、5%的来苏儿溶液,使药液略浸过草垫,行人、车辆通过时消毒。兔舍入口处可设小的消毒池或消毒室,消毒室内采用紫外线消毒(1 瓦/米^2,消毒 5 ~ 10 分钟);对于育种场等对环境条件要求很高的,还要设喷雾消毒,进入兔场的人员穿好隔离衣,在入口处进行全身喷雾消毒。兔舍地面、兔笼、墙壁的消毒方法是:先清扫、冲洗干净,然后用3%热火碱溶液(60 ~ 70℃)或5%来苏儿溶液、1:300 农福液喷洒消毒。兔笼可用火焰喷灯进行火焰消毒,效果更佳。金属兔笼不易用火碱消毒,以防笼具被腐蚀,影响使用寿命。兔笼底板的竹箅子可以用火碱等腐蚀性很强的药液浸泡消毒,过一段时间用清水冲去;也可以用清水浸泡洗刷,风干后再用火焰喷灯消毒。食槽、水槽等用具先洗刷,再用0.05%的新洁尔灭溶液浸泡30 ~60 分钟,取出用清水冲洗干净。产仔箱要在每只母兔使用后或被污染后进行消毒。木质产仔箱要先洗刷干净后,再用0.1% ~0.5%的过氧乙酸等喷雾消毒。铁皮产仔箱可以洗刷干净后用火焰喷灯消毒。室内可用紫外线消毒,每次30 ~60 分钟。或空出兔舍,采用熏蒸法消毒,用福尔马林按每立方米空间15 ~30 毫升,加等量水置于金属容器内,加热蒸发,密闭门窗 8 小时,再打开通风;或用过氧乙酸按 2 ~3克/米^3,稀释成3% ~5%的溶液,加热熏蒸后密闭 2 小时。梅雨季节,兔舍内地面可经常铺撒一层生石灰粉,既消毒又吸潮。

总之,应选择对人和兔安全,对设备没有破坏性和残留毒性的消毒剂。所有消毒剂的选择和应用应符合 NY 5131. NY 5133 的规定(NY/T 5131 –2002 无公害食品 肉兔饲养兽医防疫准则、NY/T 5133 –2002 无公

害食品 肉兔饲养管理准则)。

7. 通风换气,保持兔舍空气清新

肉兔对空气质量的敏感性要高于对温度的敏感性。兔舍温度较高时,有害气体(特别是氨气、硫化氢)的浓度也随之升高,易诱发各种呼吸系统疾病,特别是传染性鼻炎。封闭式兔舍应适当加大换气量,可以使兔舍内的空气质量变好,减少某些传染病的发生,夏季还有利于兔舍降温。半封闭式兔舍,要做好冬季通风换气工作(关于通风方法在前面已有叙述)。对仔兔应注意冷风的袭击,特别是要防止贼风的侵袭。兔舍小气候条件如表61所示。

表61 兔舍小气候条件

温 度(℃)	繁殖兔舍、幼兔舍	8 ~ 30
	育肥兔舍	5 ~ 30
	敞开式产仔箱	>15
	封闭式产仔箱	>10
相对湿度(%)	60 ~ 65	
有害气体浓度(×10^{-6})	氨气	<30
	二氧化碳	<350
	硫化氢	<10
光照强度(瓦/米²)	1.5 ~ 2	
光照时间(小时)	繁殖兔	14 ~ 16
	12 ~ 8 种公兔	
	12 ~ 8 育肥兔	
通风换气量(米³/千克·小时)	2 ~ 3	
空气流速(米/秒)	<0.5	

8. 保持兔舍安静

肉兔胆小怕惊,突然的惊吓易引起各种不良应激,如配种受阻、母兔流产、仔兔"吊奶"、肠套叠,以及肉兔在笼内乱跑乱撞受伤等。因此,兔舍周围要保持相对安静。饲养人员操作动作要轻,进出兔舍应穿工作服,禁止人员穿戴颜色鲜艳的衣服。

另外,兔舍要有防兽设施,防止狗、猫、黄鼠狼、老鼠、蛇的侵害。

9. 分群管理,加强检查

按肉兔品种、生产方向、年龄、性别和个体状况的强弱合理分群,便于管理,有利于兔的生长发育、选种和配种繁殖。种公兔、妊娠母兔、哺乳母兔、后备兔应单笼饲养。每天早晨喂兔前,应检查全群兔的健康状况,观察其姿态、食欲、饮水、粪便、眼睛、皮肤、耳朵及呼吸道是否正常,以便早发现病情,及时治疗。

三、种兔饲养管理

1. 种公兔的饲养管理

一只优良的种公兔在一生中可配种数十次,甚至上百次,其后代少则数百,多则数千,因此,种公兔的优劣对兔群的质量影响很大。俗话说:"公兔好,好一坡;母兔好,好一窝,"说的就是这个道理。

(1)科学饲养,提供全面、均衡的营养:种公兔的种用价值,首先取决于精液的数量和质量,而精液的数量和质量依赖于日粮的营养水平,尤其是蛋白质的质和量。

精液除水分外,主要成分是蛋白质,包括白蛋白、球蛋白、黏液蛋白等。生成精液的必需氨基酸有色氨酸、组氨酸、赖氨酸、精氨酸等,性机能活动中的激素和各种腺体的分泌以及生殖器官本身,也都需要蛋白质加以修补和滋养。饲料是这些蛋白质和氨基酸的唯一来源,因此,应在公兔的日粮中加入足够数量和质量的蛋白质饲料。蛋白质不仅要有数量,还要有质量,一般种公兔日粮中蛋白质比例应达到15%~16%,且要求氨基酸平衡。种公兔在配种期,除植物性蛋白质外,还应适当提供动物性蛋白质(如鱼粉等)。

维生素和矿物质对精液的影响也比较显著。饲料中缺乏维生素,精子的数目减少,异常精子增多;饲料中缺乏矿物质特别是钙,会引起精子发育不全、活力降低,公兔四肢无力;磷也是产生精液所必需;锌的缺乏会导致精子活力降低,畸形精子增多。种公兔饲料中维生素含量应比商品兔高20%~40%,如果日粮中缺乏维生素 A、D、E、B 等,可导致生殖机能紊乱,睾丸发生病理变化,阻碍精子生成,精液品质下降。据推荐,体重 4.0~5.0 千克的种公兔在配种期间,每只每天需要胡萝卜素 1.6~2.0 毫克,维生素 D 400~500 国际单位,维生素 E 8~10 毫克。在公兔日粮中添加蚕蛹、麦芽、稀土等,可提高种公兔的繁殖力。

种公兔的饲养可分为非配种期和配种期。在非配种期,应给予中等营养水平的日粮,勿使种公兔过肥或过瘦,保持中等以上膘情。一般在夏季,每天每只公兔喂给 50 克左右的精料补充料,青绿饲料自由采食。在配种前 15~20 天开始调整日粮,适当增加蛋白质饲料的比例,同时供给充足的优质青绿饲料。冬季青绿饲料缺乏,可提供一定量的胡萝卜、大麦芽或青刈麦苗等。配种旺季,要适当增加精料补充料的喂量,在条件允许的情况下,可补加少量动物性饲料(如鱼粉、鸡蛋等)。

总之,用作种公兔的饲料要求营养价值高,易消化,适口性好,蛋白质、矿物质和维生素等营养要满足种公兔的需要。切忌喂给体积大、难消化的饲料,以防增加消化道的负担,引起消化不良而抑制公兔的性活动。

(2)加强种公兔的选留:在选育过程中加大对公兔的选择强度,选作种用的公兔应来自优良亲本的后代。根据肉兔主要经济性状的遗传参数,确定合适的选种方法(表62、表63)。

表 62 肉兔主要经济性状遗传力[*]

品　　种	性　　状	遗传力	品　　种	性　　状	遗传力
塞北兔	初生重	0.18	新西兰白兔	产活仔数	0.329
	断奶重	0.24		总产仔数	0.269
	成年体重	0.53		初生个体重	0.207
	日增重	0.32		21 日龄窝重	0.173
	窝产仔数	0.19		断奶个体重	0.399
	泌乳力	0.115		初生窝重	0.364
	成年体长	0.23			
	成年胸围	0.42			

备注:[*]估计方法为父系半同胞。

表 63 肉兔主要经济性状间的表型相关与遗传相关[*]

品　　种	相关性状	表型相关	遗传相关
新西兰白兔	初生重与 21 日龄个体重	0.149	0.243
	初生重与断奶个体重	−0.079	0.146
	21 日龄体重与断奶个体重	0.199	0.230
	哺乳仔数与泌乳力	0.138	0.199

备注:[*]估测方法为半同胞组内相关。

对于公兔的选择,如果选择像日增重、成年体重这些遗传力都比较高的性状,可采用个体选择的方法,可获得较好的效果。多个性状同时选择时,可根据性状间的相关系数制定选择指数。

(3)掌握适宜的初配时间:种公兔的初配年龄因品种(系)的不同而有较大差异。一般中小型肉兔品种初配年龄早,大型品种晚。小型品种一般为4~5月龄,中型品种一般为6~7月龄,大型品种一般为7~8月龄。不论何品种,初配时体重最少不应低于成年体重的60%;在种兔场,应掌握在80%以上。表64列举了几个不同类型肉兔品种的性成熟和初配年龄。

表64　　　　　　　　　　　肉兔性成熟和配种年龄

品　　种	性成熟(月)	配种年龄(月)
新西兰兔	4~6	5.5~6.5
荷兰兔	3~5	4.5~5.5
比利时兔	4~6	7~8
青紫蓝兔	4~6	7~8
加利福尼亚兔	4~5	6~7
日本白兔	4~5	6~7
哈尔滨白兔	5~6	7~8
塞北兔	5~6	7~8
安阳灰兔	4~5	6~7

(4)合理安排配种强度:青年兔初配时每天1次,连续2天休息1天。壮年公兔1天2次,连续配种2天休息1天;或每天1次,连续配种3~4天休息1天。如果连续滥配,会使公兔过早失去配种能力,减少使用年限。精子密度和采精量随着采精频率的增加而显著下降(表65)。

表65　　　　　　　　　　　采精频率对精液质量的影响

性　状	低频组(A)		中频组(B)		高频组(C)	
	n	$\overline{X} \pm S$	n	$\overline{X} \pm S$	n	$\overline{X} \pm S$
密度(×10^6/毫升)	55	317.26±43.41[a]	115	257.72±42.09[b]	173	183.92±39.57[c]
采精良(毫升)	52	0.99±0.083[a]	107	0.76±0.08[b]	172	0.76±0.08[b]
精子活率(%)	40	70.93±4.63	93	68.84±4.51	137	70.60±4.50
精子畸形率(%)	40	27.29±3.77	84	26.63±4.38	128	35.48±4.26

备注:表中相同小写字母表示差异不显著(P>0.05),不同小写字母表示差异显著(P<0.05),以下同。低频组:每周采精2次;中频组:每周采精4次;高频组:每周采精6次。

(5)掌握合理的配种时间:在喂料前后半小时之内不宜配种或采精。冬季最好在中午前后;春秋季节上、下午均可;夏季高温季节应停止配种。环境温度达到31℃时,公兔射精量减少,精子活力低,甚至死亡。

精液品质参数在不同季节中具有显著差异。最适繁育季节为春季和冬季的后一个半月,春季精子活力最高,浓度也大。从夏季的头两周精液品质开始下降,在秋季的头一个半月中,精液中无精子。

(6)配种方法要得当:配种时应把母兔放入公兔窝内,而不能将公兔放入母兔窝内。因为公兔到了新的环境里,会分散注意力,拖延配种时间,甚至拒绝交配。

(7)影响种公兔配种能力的因素:

①遗传:种公兔繁殖性能的高低是可以遗传的,选择种公兔时必须考虑祖先的生产性能及遗传性。

②个体差异:除了考虑祖先的生产性能外,选择种公兔时,更重要的是应重视公兔本身的发育、体形外貌和生殖器官的发育情况。

体形外貌:选择品种特征明显,体形结构符合其生产类型的个体。总的要求是胸部宽而深,背腰宽而广,臀部丰满,四肢强有力,肌肉结实,体质健康,发育良好,没有外形缺陷,性欲强,交配动作快。

生殖器官:公兔睾丸要匀称,雄性强。隐睾、单睾或睾丸大小不一致的都不能留种。

疾病:患有脚皮炎、疥螨病的个体不能留作种用。

③年龄:青年公兔身体尚未发育完全,配种能力较差;中年公兔(1~2岁)生殖系统、内分泌系统都已完全成熟,此时配种能力最强;老年公兔(2.5岁以上)生殖机能衰退,配种能力下降。在现代化规模饲养情况下,种兔的使用年限大为缩短,一般种公兔使用年限为2~3年。

④配种强度:如种公兔长期配种负担过重,可导致性机能衰退,精液品质下降,母兔受胎率不高;但如配种强度过小或长期闲置不配,睾丸产生精子的机能就会减退,使精子活力差、畸形精子、死精子数增加。唯有合理使用种公兔,才能充分发挥其种用性能。

⑤营养:营养是种公兔旺盛性欲和最佳精液品质的物质保障。要保

持种公兔健壮的体格和高度的性反射,就必须保证饲料营养的全价性,特别是蛋白质、维生素、矿物质营养。

2. 种母兔的饲养管理

因母兔所处的生理状态不同,可分为空怀期、妊娠期和哺乳期。对种母兔的饲养管理,要根据各个时期不同的生理特点,采取相应的饲养管理操作规程。

(1)空怀期母兔的饲养管理:从幼兔断奶后到再次配种妊娠前的母兔为空怀母兔。空怀母兔饲养管理的关键是补饲催情,使其尽快复膘,利于进入下一个繁殖周期。这一时期可以适当增加精料补充料(50～75克/天),以促使母兔正常发情,为再次配种妊娠做准备。

①管理要跟上:适当增加光照时间,并保持兔舍通风良好。冬季和早春,母兔每天的光照时间应达 14 小时,光照强度为 1.5～2 瓦/米^2 左右,电灯高度为 2 米左右。可增加母兔性激素的分泌,利于发情受胎。

②保持母兔适当的膘情:空怀母兔要保持在七八成膘,才能保证有较高的受胎率。空怀母兔的膘情过肥,卵巢周围被脂肪包裹,卵子不易进入输卵管;而过瘦的母兔体弱多病,也不易受孕。生产中要根据母兔的膘情,及时调整日粮。过肥的母兔应减少精料喂量,多喂青绿多汁饲料,并加强运动;过瘦的母兔则应增加精料喂量。

③保证维生素的需要:配种前母兔除补加精料补充料外,应以青绿饲料为主。冬季和早春淡青季节,每天可供应 100 克左右的胡萝卜或冬牧70 黑麦苗、大麦芽等,以保证繁殖所需维生素(A、E)的供给,促使母兔正常发情;或在日粮中添加繁殖兔专用添加剂。

④安排适宜的产后配种间隔:在饲养管理条件较差的养兔场(户)可在母兔产后 25～40 天配种,饲养管理条件较好的场(户)可在产后 9～15天配种。如母兔体况很好或产仔数较少,可交替安排血配。据试验,新西兰母兔产后 25 天配种受胎率和窝产仔数显著高于产后 1 天,但母兔年提供的断奶仔兔数显著低于产后 9 天的配种数(表66)。

| 表 66 | | 配种间隔对母兔繁殖性能的影响 | | |

项　目	产后配种间隔			显著性
	1 天	9 天	25 天	
受胎率(%)	63.3^b	73.6^a	80.3^a	＊＊
产仔间隔(天)	49.7^b	50.5^b	60.1^a	＊＊＊
窝产仔数(只)	8.0^b	7.9^b	8.8^a	＊
窝产活仔(只)	7.4^b	7.3^b	8.1^a	＊
断奶窝仔数(只)	5.9^b	6.5^{ab}	6.7^a	＊
每只年产断奶仔兔(只)	36.0^{ab}	40.0	33.3^b	＊
母兔更新率(%)	192	175	167	
母兔平均体重(克)	3 999^b	4 219^a	4 234^a	＊＊＊
21 日龄窝重(克)	1 962^b	2 187^{ab}	2 242^a	＋
断奶窝重(克)	3 177^c	4 003^b	7 040^a	＊＊＊
饲料消耗(克/只·天)	260.7^c	290.5^b	347.8^a	＊＊

备注:同行数字上角字母不同时表示其平均数差异显著($p < 0.05$);＊ $p < 0.05$,＊＊ $p < 0.01$,＊＊＊ $p < 0.001$,＋表示 $p < 0.1$。

在现代规模化肉兔养殖中,35/42/49 天繁育模式是国际上应用广泛的高效繁育技术。在高效的繁殖模式中母兔不存在空怀期,因此对营养的要求就相应提高,后面将有详述。

⑤诱导发情:对于膘情正常,但不发情或发情不明显的母兔,在增加营养和改善饲养管理条件的同时可诱导发情。异性诱导法,每天将母兔放入公兔窝中一次,连续2~3 天,通过公兔的追逐爬跨刺激,提高卵巢的活性,诱使发情。激素刺激法,肌肉注射孕马血清(15~20 单位/只)、促排 3 号(3~5 微克/只),或人绒毛膜促性腺激素(100 单位/只),一次性注射。

对于经多方面处理仍不奏效的空怀母兔,应予以淘汰。

⑥选择肉兔配种最适期:母兔在发情旺期时配种,受胎率较高。"粉红早,黑紫迟,大红正当时",说的就是这个道理。母兔发情适期应根据行为表现和阴唇黏膜颜色的变化综合判定。当母兔表现接受交配,阴唇颜色大红或稍紫、明显充血肿胀时,是配种的理想时期。

⑦重复配或双重交配:重复配是指第一次交配后,经6~8 小时后用

同一只公兔重复交配一次。双重交配是指第一次交配后,过半小时再用另一只公兔交配;或采用2~3只公兔的精液混合输精。双重交配只适合于商品生产兔场。

(2)妊娠母兔的饲养管理:母兔妊娠期的长短因品种及营养条件的不同而有所差异,一般为31天。这一时期母兔饲养管理的要点是,根据妊娠母兔的生理特点和胎儿的生长发育规律采取科学的饲养管理措施。

①根据母兔体况科学饲养:对妊娠前期母兔(妊娠后1~18天)可采取与空怀母兔一样的喂法,以青绿饲料为主,适当搭配精料补充料(50~75克/天),以免因营养过高、母兔过胖而发生妊娠毒血症。在妊娠后期(妊娠后19~31天),特别要注意蛋白质、矿物质和维生素的供应。生产中要根据母兔的具体情况调整营养供给,如果母兔的体况很好,分娩前不必提高精料补充料喂量,有的还应减量,以免母兔产后奶水过多,仔兔一时吃不完而引起乳房炎;如果母兔体况不佳,特别在进行血配时,整个妊娠期不但不应减少精料补充料的喂量,还应适当增加。

②加强护理,防止流产:母兔流产多发生于妊娠中期(15~25天)。发生流产的原因很多,如突然惊吓,不正确摸胎,抓兔不当,饲料霉烂变质,冬季大量饮冷水、冰水,某些疾病(如巴氏杆菌病、沙门杆菌病等)等,均可引起母兔流产。

③做好接产工作:在母兔产前3~4天,将事先准备好的消毒产仔箱,放入干燥柔软的垫草,将产仔箱放到母兔笼内或悬挂于笼外,让母兔熟悉环境,拉毛营巢。

④整理产仔箱:母兔产仔完毕后要整理产仔箱,清点仔兔,取出死胎和沾有污血的湿草,剔除弱仔和多余公兔,并将产箱底铺成如碗状的窝底。如母兔拉毛不多,应人工辅助拔光乳头周围的毛,刺激泌乳,便于仔兔吃奶。

(3)哺乳母兔的饲养管理:母兔的泌乳性能对仔兔生长发育将是最直接的影响,因此,必须对哺乳母兔进行科学的饲养管理。

①影响母兔泌乳量的因素。

品种因素:遗传是影响母兔泌乳量最主要的因素。不同品种的母兔,泌乳量差异很大。日本大耳白兔和加利福尼亚兔是肉兔中泌乳量较大的品种,乳头数量多、产仔数多、护仔性强、母性好的母兔,泌乳能力高,因此常作为杂交用的母本。

营养因素:哺乳母兔对各种营养物质的需要量明显高于其他类型的肉兔。一只5.0千克日泌乳量250克的大型品种肉用母兔,日需要消化能6.0兆焦,可消化蛋白质52.5克,相当于需日采食消化能含量为12.13兆焦/千克、粗蛋白为18.0%的日粮450~500克。在实际生产中,由于生理条件的限制,哺乳母兔日采食量很难超过400克。因此,营养不足经常成为影响母兔泌乳量的主要限制因子。营养水平过低,特别是蛋白质营养缺乏,会使母兔消瘦,体弱多病,乳腺发育不好,泌乳量下降。据测定,哺育6~8只仔兔的加利福尼亚母兔,在自由采食全价颗粒饲料的条件下,在为期4周的哺乳期内,泌乳量平均每天为200~250克;而在每日补充100克精料补充料、自由采食青粗饲料的条件下,每天泌乳量仅100~150克。

饮水:饮水不足,不仅会严重降低母兔泌乳数量和质量,还会引起仔兔消化性下痢、母兔食仔和咬伤仔兔等现象。若母兔奶头附近粘有很多褥草,多数是因饮水不足、奶汁过浓所引起的。据测定,日泌乳150克的母兔,在20℃时需水量为500毫升以上;在夏季,为750毫升以上。日泌乳量达250克以上的母兔,在夏季的日需水量可达1 000毫升以上。

胎次:在良好的饲养管理条件下,对同一母兔个体而言,第一胎泌乳量较少,第三胎以后逐渐上升,第七、八胎后达到高峰,持续10个月,一般第十五胎后逐渐降低。但在低营养水平条件下,第一胎的泌乳量要优于第二、三胎,有随着胎次的增加而逐渐降低的趋势。这主要是由于母兔体内营养物质储存下降造成的。在同一哺乳期内,产后3周内泌乳量逐渐增高,一般在21天左右达到高峰,以后逐渐降低,到42天泌乳量仅为高峰期的30%~40%。

应激反应:易引起母兔惊吓的噪音、意外刺激、不规范操作和争斗,都可导致母兔在产后第一周内拒绝哺乳。在湿热的季节,环境不适母兔产奶量一般较少。感染乳腺炎和某些营养消耗性疾病亦可影响母兔的泌乳,甚至拒绝哺乳。生产实践表明,排除可引起母兔不良刺激因素,除加强管理外,最理想的解决途径是限定母兔仅在哺乳时接近仔兔。

②提高母兔泌乳量的关键技术措施。

供给充足的营养,特别是蛋白质营养。哺乳母兔全价日粮中消化能的含量应为 $11.51 \sim 12.13$ 兆焦/千克,粗蛋白不能低于 18%。试验证明,在哺乳母兔日粮中添加不超过 5% 的动物性蛋白质饲料,可较明显提高母兔的泌乳量。在采用以青绿饲料为主、辅以精料补充料的饲养方式下,精料补充料中蛋白质含量应在 20% 以上,每天喂量应为 $100 \sim 150$ 克,青绿多汁饲料喂量应在 1 千克以上。

保证清洁水的不间断供应,冬季应饮温水。

如母兔奶汁不足,应查明原因。如是营养不足,应及时调整日粮配方,提高能量和蛋白质水平,增喂多汁饲料,并采取下列应急方法催奶。

催奶片催奶:每只母兔每天 $1 \sim 2$ 片,仅适用于体况良好的母兔。

蚯蚓催奶:取活蚯蚓 $5 \sim 10$ 条,剖开后用清水洗净,再在水里加适量黄酒或米酒煮熟,连同汤拌入精料补充料中,分 $1 \sim 2$ 天饲喂,一般 2 次见效。

花生米催奶:将花生米 $8 \sim 10$ 粒用温水浸泡 $1 \sim 2$ 天,拌入精料补充料中,让兔自由采食,连用 $3 \sim 5$ 天,效果很好。

生南瓜子催奶:生南瓜子 30 克,连壳捣碎,拌入精料补充料中,连喂 $5 \sim 7$ 克。

黄豆催奶:每天用黄豆 $20 \sim 30$ 克煮熟(或打浆后煮熟),连喂 $5 \sim 7$ 克。

此外,经常饲喂蒲公英、苦荬菜、胡萝卜等青绿多汁饲料,可明显提高母兔的泌乳量。

③哺乳母兔管理措施。保持兔笼、产箱、器具的洁净卫生。消除笼具、产箱上的铁钉、木刺等锋利物,防止刺伤乳房及附近皮肤。如产箱不洁或有异味,母兔可能发生扒窝现象,扒死、咬死仔兔。遇到这种情况,应立即将仔兔取出,清理产仔箱,重新换上垫草垫料。

采用母仔隔离饲养,如果使用外挂式产箱,可在每天的哺乳时间将产箱门打开,让母兔进入产箱哺乳,待哺乳结束后关闭产箱门。如果使用木质产仔箱(即产箱放在母兔笼内),可以将产箱取出,集中放置,每天固定时间放入笼内哺乳。养成每天定时哺乳的习惯,这既可保证母兔和仔兔充分休息,又对预防仔兔"蒸窝"、肠炎和母兔乳房炎十分有利。每天观察仔兔吃奶、生长发育和母兔的精神状态、食欲、饮水量、粪便以及乳房周围皮肤的完整性等情况,及时剔除死仔弱仔。乳汁不足或过多时应采取相应对策,防止乳房炎的发生。乳汁过稠时,应增加青绿多汁饲料的喂量和饮水量;乳汁过多时,可适当增加哺乳仔兔的数量。母兔一旦瘫痪或患乳房炎,应停止哺乳,及时治疗。

四、仔兔饲养管理

从出生到断奶期间的小兔称为仔兔。仔兔从胚胎期转变为独立生活,环境发生了巨大变化。根据仔兔各期不同的生理特点,应分别做好饲养管理工作。

1. 仔兔睡眼期

仔兔从出生至 12 天左右,眼睛紧闭,除了吃奶,大部分时间在睡眠,故称为睡眠期。此阶段饲养管理应重点如下:

(1)注意冬季防寒保温,创造温度适宜的小环境。由于繁殖母兔多为夜间产仔,不能做到人员及时检查、护理,仔兔又无体温调节能力。在冬季及早春,舍内保温措施不利是导致初生仔兔低温致死的最主要原因。为此,在母兔冬繁时,应做好兔舍或产仔房的保温工作,使产房内温度保持在 10℃ 以上;控制产仔箱小环境,如铺好垫草,协助用兔毛遮盖好仔兔等。在有条件的情况下,可对母兔注射催产素或拔腹毛吮乳,实施定时产仔法,使母兔大多在白天产仔,这也是提高初生仔兔成活率的十分有效的措施。

(2)让仔兔早吃奶、吃足奶。母性强的母兔一边产仔,一边哺乳。一些护仔性差的母兔,尤其是初产母兔,如果产仔后 4~5 小时母兔不喂奶,则应采取人工辅助方法。即将母兔固定在产仔箱内,保持安静,让仔兔吃奶,一天 2 次,每次 20~30 分钟,训练 3~5 天后母兔即会自动哺乳。

如果母兔产仔数过多,应进行调整。一般肉用品种母兔哺乳以每窝 7~8 只为宜。对于过多的仔兔,如果初生个体重过小(不足 50 克),或公兔过多,可将其淘汰;对发育良好的仔兔,要找产期相近的母兔代养,代养时应先把"代奶保姆兔"拿出,再让保姆兔与其接触,一般均能寄养成功。

为了尽快扩大所需优良品种数量,提高良种母兔繁殖胎次,可将所需品种母兔与其他品种母兔同时配种、同时分娩,把良种仔兔部分寄养给保姆兔,使良种母兔提前配种。

仔兔出生后,若母兔死亡或患乳房炎,而又找不到寄养保姆兔时,可以配制"人工乳",即以牛奶、羊奶或稀释奶粉代替兔奶。但因牛奶中蛋白质、脂肪、灰分等主要营养物质含量较兔奶低(表67),人工乳虽可将一部分仔兔喂活,但生长速度远远不如自然哺乳者。

如同窝仔兔大小不均时,应采取人工辅助哺乳法,即让体弱仔兔先吃奶,然后再让体强兔吃奶,经过一段时间后,可促使仔兔生长发育均匀一致。

表67　　　　　　　　各种家畜乳的营养成分

畜种	脂肪	蛋白质	乳糖
肉兔乳	12.2	10.4	1.8
黑白花牛乳	3.5	3.1	4.9
山羊乳	3.5	3.1	4.6
绵羊乳	10.4	6.8	3.7
猪乳	7.9	5.9	4.9
马乳	1.6	2.4	6.1
驴乳	1.3	1.8	6.2
貂乳	8.0	7.0	6.9

(3)采用母仔隔离定时哺乳法。母兔分娩后将产仔箱置于产房内,每天1~2次定时将母兔捉送至产箱内给仔兔哺乳。这样虽增大了劳动强度,但可及时观察仔兔情况,便于给仔兔创造一个舒适的生活小环境,防止"吊乳"现象的发生,并能有效地防止鼠害、蛇害等,可明显提高仔兔成活率。

(4)经常更换垫草,保持产箱干燥卫生。产仔箱垫草过于潮湿,可发生"蒸窝"现象,严重影响到仔兔的睡眠休息和生长发育,应不定期更换。

(5)预防仔兔黄尿病。1周龄内仔兔极易发生黄尿病,主要是因为仔兔吃了患有乳房炎的乳汁,引起急性肠炎,以至粪便腥臭、发黄。病兔昏睡,全身发软,肛门及后躯周围被毛受到污染。一般黄尿病全窝仔兔发生,死亡率高。

（6）保持产房安静。嘈杂惊扰,易使母兔拒绝哺乳并频繁进出产仔箱,踩伤仔兔或将仔兔带出产仔箱外。

（7）每天进行细致的检查。主要检查吃奶、生长发育和产仔箱内垫草情况。健康仔兔,皮肤红润发亮,腹部饮满,吃饱奶后安睡不动。如果仔兔吃奶不足,就会急躁不安,在产箱内来回乱爬,头向上转来转去找奶吃,皮肤暗淡、无光、皱纹多。发现仔兔死亡应及时取出,以防母兔哺乳时感觉腹下发凉而受惊吓。

2. 仔兔开眼期

仔兔生后 12 天左右睁眼,从睁眼到断奶称为开眼期。因此,阶段单靠母兔奶汁已满足不了生长发育的需要,常常紧追母兔吃奶,故又称追奶期。这是养好仔兔的第二个关键时期,主要应做好以下几方面工作:

（1）检查开眼情况。如果到 14 天还未开眼,说明仔兔发育欠佳,应人工辅助其睁眼。注意要先用清水冲洗软化,清除干痂,不能用手直接强行拨开,否则,会造成眼睛失明。

（2）及早给仔兔补饲。仔兔出生 15 天后便跳出产箱采食少量草料,这时应给仔兔少量营养丰富而容易消化的饲料。如用鲜嫩青绿饲料诱食,至 20 日龄后应根据仔兔生理特点专门配制营养丰富的仔兔补饲料。仔兔在 25 日龄前以吃奶为主、吃料为辅,而在 25 日龄后应转变为以吃料为主、吃奶为辅。因开食以后的仔兔易患消化道疾病,由吃奶转变为吃料应逐步过渡,不能突变;喂料量也应逐渐增加,少喂多餐,一般每天 5～6 次(图35)。

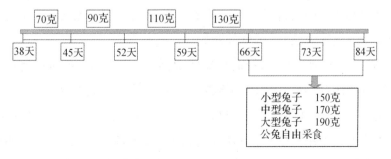

图35　仔幼兔日均采食量

（3）加强管理,预防球虫病。在夏秋季节,20日龄以后的仔兔最易发生肠型球虫病,且大多为急性过程。仔兔发病时突然倒下,两后肢、颈、背强直痉挛,头向后仰,两后肢伸直划动,发出惨叫。如不提前预防,仔兔会大批死亡。除药物预防外,还要严格管理。如母仔分养,定时哺乳,及时清粪,防止食槽、水槽被粪尿污染,兔舍、兔笼、食槽、水槽定期消毒。

（4）适时断奶。在良好的饲养管理条件下,当仔兔到了28～42日龄、体重达到500～750克时,即可断奶。断奶过早,会对幼兔生长发育产生一定影响;但断奶过晚,也不利于母兔复膘,影响母兔下一个繁殖周期。根据仔兔品种、生长发育情况、母兔体况及母兔是否血配等因素,确定适宜的断奶时间。一般肉兔品种的仔兔可在28～35日龄断奶,毛兔、皮兔品系的仔兔可在35～42日龄断奶。农村副业养兔,仔兔断奶时体重应在500克以上;而集约化、半集约化养兔,仔兔断奶时体重应达600克以上;对留种仔兔断奶时间应适当延长,体重达750克以上。对血配母兔,仔兔应在23～25日龄断奶,以给母兔留足1周的休息时间。对于早期断奶的仔兔应采取特殊的补饲法,如补饮牛奶、豆浆等。

（5）适法断奶。仔兔断奶方法可分为一次性断奶法和分期分批逐步断奶法。若全窝仔兔都健康且生长发育整齐均匀,可采取一次性断奶法;在规模较大的兔场,在断奶时可将仔兔成批转至幼兔育成舍;在养兔规模较小的兔场或农户,断奶时应将仔兔留在原窝,将母兔移走,亦称原窝断奶法。原窝断奶法可防止因环境的改变造成的仔兔精神不安、食欲不振等应激反应。据测定,原窝断奶法可提高断奶幼兔成活率10%～15%,且生长速度较快。

在大多数情况下,一窝内仔兔生长发育不均,体重大小不一。采取分期分批断奶法,即先将体格健壮、体重较大、不留种的仔兔断奶,让弱小或留种仔兔继续哺乳数日,再全部断奶。

（6）采用地窝繁育法,提高仔幼兔成活率。近年来,有的养兔企业采用地窝繁育法饲养仔幼兔,效果较好。纪东平采用了母兔生产、育仔在地窝中进行的方法,让母兔完全回归兔子打洞产仔的自然习性,避免母兔产前惊恐不安的情绪产生,母兔在环境清静、光线暗淡、温度适宜的环境生产、育仔,解决了母兔产前不拉毛,母乳不足,春秋冬三季喂奶时间过长,仔兔体温下降体力减弱,仔兔张不开嘴、吃不上奶饥饿而死亡的问题;同时也解决了吊奶仔兔掉出产仔箱,不能自主返回的死亡现象。确保初生的仔兔可以得到母兔很好的护理,为仔兔睡眠期和开眼期健康成长奠定了基础。地窝繁育能给母兔提供舒适、安静的环境,减少了人为干扰,使母兔产前拉毛多,拉毛率达到98%以上,奶水充足,泌乳护仔性能提高,仔兔能吃饱、睡好,生产发育良好。同时避免了母兔生产过程中造成的不必要伤亡(残食仔兔、蹬踏仔兔,仔兔产在笼底板上、掉在粪沟里等),大大提高了断奶仔兔成活率。

一般地窝繁育比原来产箱繁育一只母兔平均每窝可成活仔兔由6只提高到8～9只,断奶成活率可提高25%以上,断奶仔兔成活率可达95%～98%。

五、生长幼兔的饲养管理

从断奶至3月龄阶段的肉兔称为幼兔。这一阶段突出的特点是幼兔吃奶转为吃料,不再依赖母亲而完全独立生活。此时幼兔的消化器官仍处于发育阶段,消化机能尚不完善,肠道黏膜自身保护功能尚不健全,因而抗病力差,易受多种细菌和球虫病的侵袭,是养兔生产中难度最大、问题最多的时期。规模化兔场此阶段死亡率一般为10%～20%,而在粗放饲养管理条件下,死亡率可高达70%以上,故应特别注意做好饲养管理和疾病防治工作。

1.影响幼兔成活率的因素

(1)断奶仔兔的体况差,营养不良,独立生活能力不强,抗病力弱,一旦其他措施跟不上,就容易感染疾病而死亡。

(2)对外界环境适应能力差。断奶幼兔对生活环境、饲料的突变极为敏感,在断奶后1周内常常感到孤独,表现极为不安,食欲不振,生长停滞,消化器官易发生应激性反应,引发胃肠炎而死亡。

(3)日粮配合不合理。有的农户和兔场为了追求幼兔快速生长,盲目使用高蛋白、高能量、低纤维饲料;有的日粮虽经简单配合,但营养指标往往达不到幼兔生长要求,使幼兔营养不良、体弱多病。

(4)饲喂不当。有的养兔户和兔场在喂兔时没有严格的饲喂程序,不定时、不定量,使幼兔饥饱不匀、贪食过多,诱发胃肠炎。

(5)预防及管理措施不利,发生球虫病。球虫病是危害幼兔最严重的疾病之一,死亡率可高达70%以上,一旦发病,治疗效果不理想。

2.提高幼兔成活率的综合措施

在养兔生产中,幼兔成活率直接影响经济效益以及兔业的健康发展。幼兔阶段是饲料报酬高、经济效益最大的阶段,同时也是死亡高发期。在养兔生产中,如果缺乏科学合理的饲养管理技术,饲喂次数不当,幼兔吃食过多或过少,均会对幼兔生长造成不良影响。

(1)在哺乳期内,合理调整每只母兔哺乳仔兔数量,不要单纯追求过多的哺乳只数,应确保哺乳期仔兔能吃足奶,体质强壮。生产实践证明,母兔产多少就哺乳多少的做法是不科学的,必须将仔兔加以调整。

(2)始终保持母兔良好的体况,掌握适宜的繁殖强度。在养兔生产中,不宜过多追求每只母兔的年产仔数,应视母兔膘情及场(户)的具体情况,因地制宜地确定繁殖强度,否则会明显降低仔、幼兔的成活率。

(3)饲料的更换应逐渐进行。在幼兔断奶后1周,腹泻发病率较高,这种情况多发生于早期断奶幼兔。为此,在断奶后第一周应维持饲料不变,继续供给仔兔补饲料;从第二周开始逐渐更换,可每两天换1/3,第三周换成生长幼兔料。

(4)配制相应的断奶幼兔料。根据幼兔生长发育的需要配制断奶兔全价饲料,这样既可满足各类型幼兔最大生长的营养需求,又可防止胃肠炎。在日粮配制时,特别应注意添加维生素、微量元素和含硫氨基酸等。

(5)建立完善的饲喂制度。断奶幼兔一般日喂4~6次,应定时定量,少喂勤添,防止消化道疾病。

(6)加强管理并注意药物预防,防止球虫病。在夏秋季节,幼兔一般从20日龄即开始预防球虫病。球虫病的预防应采取环境控制与药物预防相结合的方法,二者缺一不可。有条件的农户,可采用"架上养兔"的方法,即用竹条或镀锌铁丝做成漏粪底网,周围围栏,将网架高。既通风透光,又干燥卫生,对预防球虫病效果很好。

(7)供应充足的饮水。幼兔单位体重对水的需要量要高于成年兔,如饮水不足,会引起体重下降,生长受阻,在高温情况下这种表现尤为明显。因此,保证饮水是幼兔快速生长的重要条件,在有条件的情况下,最好使用自动饮水器让幼兔自由饮水。

（8）合理分群，精心喂养。幼兔断奶后，应根据生产目的、体重大小、体质强弱、性别、年龄进行分群，一般每笼 3~4 只，不宜过多，否则会影响采食、饮水及生长发育。

（9）及时注射各种疫苗，杜绝各种传染病。断奶幼兔应及时注射兔瘟疫苗；在饲养管理条件较差的兔场应注射大肠菌苗、魏氏梭菌苗、葡萄球菌苗和预防疥螨病的药物；在封闭式兔舍，还应注射巴氏杆菌苗、波氏杆菌疫苗等。

（10）细致观察，发现异常尽早治疗。在每天喂料前，对全群幼兔进行普查一遍，主要观察采食情况、粪便和精神状态等情况。在普查结束后，对个别怀疑有病的个体进行重点检查，确定病因，及时隔离，制定严密的治疗方案。

六、育成兔饲养管理

从 3 月龄至初配（5~7 月龄）的兔称为后备兔，又称青年兔、育成兔。这一时期兔的消化器官已得到充分锻炼，采食量大，抗病力强，一般很少患病。在饲养方面，应适当增加青粗料的比例，以青粗料为主，精料为辅，防止兔的体况过肥或过瘦，以免影响以后的配种繁殖。要注意矿物质饲料的补充，以免影响兔的骨骼生长。单笼饲养，防止早配。3 月龄以后的兔逐渐达到性成熟，进入初情期，但尚未达到体成熟，不宜过早配种。为防止早配、乱配，应将后备兔单笼饲养，一笼一兔。每月对后备兔进行体尺外貌和体重的测定，经测定合格后，编入核心群。对不宜做种用的个体，应及时淘汰。加强管理，预防疥螨病、脚皮炎。一旦发病，轻者及时治疗后留用，重者应严格淘汰。

七、全进全出管理模式

国外与良种相配套的饲养管理和繁育模式为"全进全出的循环繁育模式"，即工厂化生产。全进全出的畜牧业生产方式在家禽业运用得最好，国内兔业界仅青岛康大在实施这种模式。这种生产管理模式的技术基础是繁殖控制技术和人工授精技术，在笼具和房舍的设计上也有所配合。运用这种管理技术，每个兔舍在 77 天左右就会轮流空舍空栏 10 天左右，彻底清理、清洗、消毒,疾病的发生概率会大大降低。饲养工作程序化,每周和每天的工作内容计划性很强且相对固定,便于管理。由于生产效率大大提高,员工每天的累计工作时间基本上在 8 小时左右,每周员工可以休息一天。不用每天都安排人到兔舍内值夜班护理刚出生的仔兔,值夜班的时间相对集中和固定。全进全出养殖场工作内容和时间安排相对固定。

这种全进全出的方式可以是一对兔舍之间轮换全进全出、空舍消毒,也可以是在不固定兔舍之间依次进行,每个舍的生产状态相差 1 周。

在人工授精之前对母兔实施繁殖控制技术,使之集中发情,统一进行人工授精。母兔产后第 11 天又进行人工授精,在母兔人工授精前 6 天开始从 12 小时光照增加到 16 小时光照,以促进发情,光照强度控制在 60 勒克斯。这种光照强度和时间持续到人工授精后 10 天结束,恢复到每天 12 小时光照。在人工授精前 48~50 小时用孕马血清(PMSG600)注射,每只 0.5 毫升。人工授精后即刻注射促排卵激素 0.2 毫升。在仔兔 35 日龄断奶后,将母兔(已怀孕 24 天)移至另外准备好的空舍待产,仔兔留在原兔舍育肥至 70 日龄出栏,出栏后彻底清理、清洗、消毒、空舍,等待下一批次的怀孕母兔的搬进。肉兔全进全出模式如图 36 所示。

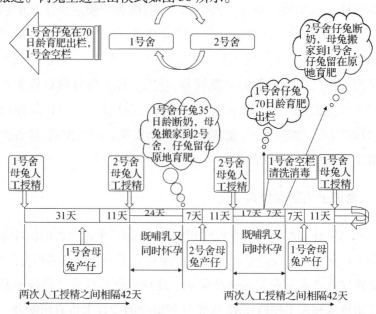

图 36 康大兔业全进全出模式

　　在全进全出的管理模式下,卫生管理和防疫也都程序化。在年初制定生产计划的同时,这些管理项目也都逐一落实。事实上,规模化养殖企业如果实施了这种全进全出的繁育模式,疾病的发生得到有效控制,其花费在疾病防控方面的成本有 70% 是消毒剂,近 20% 是疫苗费用,几乎不做大群用药,更不做个体治疗。

　　采用这种全进全出的管理技术,规模化养殖企业减少了 80%～90% 的公兔饲养量,人均饲养母兔数量从 150～200 只提高到 300～500 只,平均每只母兔年贡献出栏商品兔从 20 只左右提高到 40 只以上。饲养人员的劳动强度得到缓解,工作时间控制在每天 8 小时,每人有机会每周休息 1 天,为留住专业人员创造了条件。

　　应用全进全出的饲养管理和繁育模式生产的商品肉兔均匀度好,屠宰出成率比以前高出 2%～3%,产成品规格一致。这为兔产品深加工创造更高的附加值提供了有力保障,也是大型兔业产业化企业所追求的目标之一。

图书在版编目(CIP)数据

畜禽养殖新技术/唐仲明等编著. —济南:山东科学技术出版社,2014(2015.重印)

(新型职业农民技能培训丛书)

ISBN 978-7-5331-7280-0

Ⅰ.①畜… Ⅱ.①唐… Ⅲ.①畜禽–饲养管理 Ⅳ.①S815

中国版本图书馆 CIP 数据核字(2014)第 042209 号

新型职业农民技能培训丛书

畜禽养殖新技术

唐仲明 等编著

主管单位:山东出版传媒股份有限公司
出 版 者:山东科学技术出版社
　　　　　地址:济南市玉函路 16 号
　　　　　邮编:250002　电话:(0531)82098088
　　　　　网址:www.lkj.com.cn
　　　　　电子邮件:sdkj@sdpress.com.cn
发 行 者:山东科学技术出版社
　　　　　地址:济南市玉函路 16 号
　　　　　邮编:250002　电话:(0531)82098071
印 刷 者:山东金坐标印务有限公司
　　　　　地址:莱芜市赢牟西大街 28 号
　　　　　邮编:271100　电话:(0634)6276022

开本:720mm×1020mm　1/16
印张:17
版次:2014 年 7 月第 1 版　2015 年 12 月第 2 次印刷

ISBN 978-7-5331-7280-0
定价:29.00 元